U0872862

2011

浙江科技统计年鉴

浙江省科学技术厅
浙 江 省 统 计 局 编

ZHEJIANG UNIVERSITY PRESS
浙江大学出版社

《浙江科技统计年鉴》编辑委员会

编辑说明

为反映浙江科技进步状况和区域创新能力，满足宏观管理部门制定科技发展规划和调整科技政策的需要，省科技厅、省统计局在征询有关部门意见的基础上，共同编辑整理了这本科技统计资料书。

本书收集了浙江各类科技活动的投入产出等方面统计数据，较为全面、系统地描述了浙江区域科技活动的规模、水平、布局、构成与发展，是有关管理部门和社会各界了解、研究和分析浙江科技政策以及科技活动情况的主要资料工具书。

本书共分七个部分。第一部分为全社会科技活动的综合统计资料，主要有科技活动人员构成与投入情况、科技活动经费构成与投入情况、地方财政科技拨款情况、科技成果产出及获奖、技术市场成交等指标的综合资料；第二、三、四、五部分则依次为研究与开发机构、规模以上工业企业、大中型工业企业、高等院校的科技活动统计资料，主要有机构情况、科技活动人员情况、科技活动经费筹集与支出情况、科技项目(课题)情况、成果和知识产权等科技产出情况的内容；第六部分为浙江高技术产业发展状况的综合资料；第七部分为全国及分省(市、区)情况的综合资料。本书的最后还附录了主要指标解释，便于读者了解科技统计数据资料的统计定义、口径范围和统计方法。

目　　录

一、综　　合

二、研究与开发机构

三、规模以上工业企业情况

四、大中型工业企业情况

五、高等院校

六、高技术产业

七、全国及分省(市、区)情况

一、综　合

1—1　土地面积和行政区划(2010 年)

城　市	土地面积（平方公里）	市辖区（个）	县(县级市)（个）	建制镇（个）	乡（个）	村（个）
合　计	**104141**	**32**	**58**	**728**	**443**	**29303**
浙东北	**45864**	**21**	**25**	**363**	**83**	**8994**
杭州市	16596	8	5	97	31	2081
宁波市	9816	6	5	78	11	2576
嘉兴市	3915	2	5	44		816
湖州市	5818	2	3	44	15	988
绍兴市	8279	1	5	79	15	2188
舟山市	1440	2	2	21	11	345
浙西南	**58277**	**11**	**33**	**365**	**360**	**20309**
温州市	11786	3	8	118	142	5405
金华市	10941	2	7	76	36	4807
衢州市	8841	2	4	47	45	2029
台州市	9411	3	6	64	28	5028
丽水市	17298	1	8	60	109	3040

1—2　历年生产总值(1978—2010)

年份	全省生产总值(亿元)	第一产业	第二产业	#工业	#建筑业	第三产业	人均生产总值(元)
1978	123.72	47.09	53.52	46.97	6.55	23.11	331
1979	157.75	67.56	64.07	55.59	8.48	26.12	417
1980	179.92	64.61	84.07	73.71	10.36	31.24	471
1981	204.86	69.06	94.68	84.08	10.60	41.12	531
1982	234.01	84.88	98.44	87.21	11.23	50.69	599
1983	257.09	82.89	113.12	102.55	10.57	61.08	650
1984	323.25	104.40	141.48	127.91	13.57	77.37	810
1985	429.16	123.88	198.91	178.68	20.23	106.37	1067
1986	502.47	136.29	230.89	206.63	24.26	135.29	1237
1987	606.99	159.41	281.47	249.69	31.78	166.11	1478
1988	770.25	195.68	354.39	315.36	39.03	220.18	1853
1989	849.44	210.95	386.25	346.50	39.75	252.24	2023
1990	904.69	225.04	408.18	363.74	44.44	271.47	2138
1991	1089.33	245.22	494.11	438.36	55.75	350.00	2558
1992	1375.70	262.67	653.43	581.73	71.70	459.60	3212
1993	1925.91	315.97	983.96	876.26	107.70	625.98	4469
1994	2689.28	438.65	1398.12	1243.37	154.75	852.51	6201
1995	3557.55	549.96	1854.52	1645.51	209.01	1153.07	8149
1996	4188.53	594.94	2232.17	1983.90	248.27	1361.42	9552
1997	4686.11	618.90	2554.57	2285.24	269.33	1512.64	10624
1998	5052.62	609.30	2766.95	2484.97	281.97	1676.37	11394
1999	5443.92	606.31	2974.74	2679.68	295.06	1862.87	12214
2000	6141.03	630.98	3273.93	2945.70	328.23	2236.12	13415
2001	6898.34	659.78	3572.88	3181.93	390.94	2665.68	14664
2002	8003.67	685.20	4090.48	3640.84	449.64	3227.99	16841
2003	9705.02	717.85	5096.38	4462.97	633.42	3890.79	20149
2004	11648.70	814.10	6250.38	5491.33	759.05	4584.22	23817
2005	13417.68	892.83	7164.75	6344.71	820.03	5360.10	27062
2006	15718.47	925.10	8511.51	7585.47	926.04	6281.86	31241
2007	18753.73	986.02	10154.25	9090.74	1063.51	7613.46	36676
2008	21462.69	1095.96	11567.42	10328.72	1238.70	8799.31	41405
2009	22990.35	1163.08	11908.49	10518.21	1390.28	9918.78	43842
2010	27722.31	1360.56	14297.93	12657.78	1640.15	12063.82	51711

注:1.本表按当年价格计算。2000年以后人均生产总值均按常住人口计算。

2.从2004年起第一产业包括农林牧渔服务业。

1—3 历年总户数和总人口数(年底数)

年份	总户数（万户）	总人口数（万人）	按性别分		按农业和非农业分	
			男性	女性	农业人口	非农业人口
1978	897.62	3750.96	1948.29	1802.67	3321.96	429.00
1979	905.32	3792.33	1967.40	1824.93	3332.57	459.76
1980	923.58	3826.58	1985.59	1840.99	3346.40	480.18
1981	965.92	3871.51	2007.55	1863.96	3362.04	509.47
1982	990.66	3924.32	2034.98	1889.34	3387.79	536.53
1983	1014.03	3963.10	2056.06	1907.04	3413.05	550.05
1984	1038.85	3993.09	2071.46	1921.63	3425.47	567.62
1985	1081.20	4029.56	2090.69	1938.87	3395.35	634.21
1986	1122.09	4070.07	2112.05	1958.02	3417.19	652.88
1987	1167.30	4121.19	2137.38	1983.81	3455.14	666.05
1988	1211.08	4169.85	2161.26	2008.59	3487.61	682.24
1989	1240.41	4208.88	2180.83	2028.05	3515.46	693.42
1990	1259.49	4234.91	2193.71	2041.20	3538.13	696.78
1991	1276.80	4261.37	2206.65	2054.72	3555.37	706.00
1992	1297.81	4285.91	2218.72	2067.19	3560.13	725.78
1993	1311.07	4313.30	2232.72	2080.58	3563.24	750.06
1994	1321.54	4341.20	2246.57	2094.63	3565.19	776.01
1995	1339.82	4369.63	2259.54	2110.09	3567.14	802.49
1996	1353.99	4400.09	2273.54	2126.55	3570.17	829.92
1997	1369.79	4422.28	2282.85	2139.43	3557.19	865.09
1998	1389.44	4446.86	2293.29	2153.57	3539.78	907.08
1999	1410.25	4467.46	2302.64	2164.82	3519.79	947.67
2000	1440.40	4501.22	2316.54	2184.68	3506.20	995.02
2001	1447.67	4519.84	2323.87	2195.97	3473.63	1046.21
2002	1466.19	4535.98	2330.30	2205.68	3438.76	1097.22
2003	1485.72	4551.58	2335.61	2215.97	3394.08	1157.50
2004	1509.29	4577.22	2345.26	2231.96	3353.16	1224.06
2005	1534.16	4602.11	2354.19	2247.91	3335.30	1266.81
2006	1556.53	4629.43	2364.97	2264.46	3317.26	1312.17
2007	1578.85	4659.34	2377.12	2282.22	3308.21	1351.13
2008	1595.70	4687.85	2388.98	2298.87	3292.37	1395.48
2009	1604.17	4716.18	2400.16	2316.02	3282.23	1433.95
2010	1607.86	4747.95	2413.13	2334.83	3279.06	1468.90

注：本表资料为公安年报数。

1—4 从业人员情况(1978—2010 年,年底数)

单位:万人

年份	从业人员总数	在岗职工合计				城镇私营和个体从业人员	乡村从业人员	其他从业人员
			国有单位	城镇集体单位	其他单位			
1978	1794.96	312.89	183.14	129.75		1.51	1480.56	
1979	1829.90	339.91	196.78	143.13		2.00	1487.99	
1980	1856.42	359.73	208.50	151.23		3.51	1493.18	
1981	1954.53	397.35	223.62	155.73		4.11	1571.07	
1982	2021.74	374.33	232.29	142.04		5.25	1642.16	
1983	2141.16	382.75	237.68	145.07		7.61	1750.80	
1984	2248.91	402.51	228.26	172.72	1.53	9.55	1836.85	
1985	2318.56	426.57	240.71	183.81	2.05	12.09	1879.90	
1986	2386.42	443.04	251.92	188.73	2.39	12.87	1930.51	
1987	2444.73	459.65	263.46	192.97	3.22	15.69	1969.39	
1988	2502.73	475.74	274.30	196.97	4.47	22.54	2004.45	
1989	2522.86	470.12	274.95	189.34	5.83	27.03	2025.71	
1990	2554.46	476.02	280.87	189.12	6.03	29.84	2048.60	
1991	2579.36	492.81	293.41	191.09	8.31	30.98	2049.22	6.35
1992	2600.38	491.37	297.96	181.62	11.79	38.29	2065.04	5.68
1993	2615.89	502.36	300.59	176.12	25.65	52.54	2052.66	8.33
1994	2640.51	500.88	294.13	170.42	36.33	82.39	2024.39	32.85
1995	2621.47	498.61	294.59	161.89	42.13	96.44	2015.45	10.97
1996	2625.06	495.35	290.22	156.25	48.88	108.99	2010.21	10.51
1997	2619.66	482.26	285.05	144.53	52.68	110.27	2016.20	10.93
1998	2612.54	455.80	256.61	102.94	96.25	122.86	2021.56	12.32
1999	2625.17	427.45	233.15	80.21	114.09	163.34	2021.24	13.14
2000	2726.09	398.53	208.19	58.93	131.41	208.56	2106.14	12.86
2001	2796.65	372.39	185.36	41.28	145.75	236.00	2173.63	14.63
2002	2858.56	367.14	179.67	35.49	151.98	280.97	2185.87	24.58
2003	2918.74	373.21	170.40	30.53	172.28	349.19	2168.74	27.60
2004	2991.95	447.47	176.44	36.05	234.98	383.11	2144.28	17.09
2005	3100.76	522.93	177.93	31.17	313.83	373.22	2196.42	8.19
2006	3172.38	590.47	182.27	28.51	379.70	467.05	2094.49	20.37
2007	3405.01	641.17	185.94	27.68	427.56	630.48	2107.84	25.52
2008	3486.53	689.35	186.98	25.30	477.07	685.34	2009.99	101.85
2009	3591.98	749.57	191.00	28.10	530.44	748.44	2006.63	87.34
2010	3636.02	812.14	196.48	27.60	588.06	878.59	1845.53	99.75

注:1978—2000 年按户籍统计,2001—2009 年按所在地统计。在岗职工合计 2008 年前为职工数。

1—5 地方财政科技拨款情况(1990—2010)

年份	财政科技拨款(亿元)	科技三项费	科学事业费	财政科技拨款占财政支出比重(%)
1990	1.50	0.77	0.73	1.87
1991	1.73	0.91	0.81	2.03
1992	1.93	0.96	0.95	2.03
1993	2.26	1.11	1.11	1.80
1994	2.78	1.32	1.37	1.82
1995	3.49	1.78	1.63	1.94
1996	4.42	2.04	2.19	2.07
1997	5.57	2.94	2.41	2.32
1998	7.30	4.08	2.98	2.55
1999	9.46	5.59	3.39	2.80
2000	13.98	9.18	3.95	3.24
2001	18.55	12.05	5.12	3.10
2002	24.94	16.05	6.12	3.33
2003	29.41	19.52	7.17	3.28
2004	38.35	25.18	9.15	3.61
2005	50.01	34.10	10.56	3.95
2006	62.88	41.52	12.81	4.29
2007	72.88			4.03
2008	88.19			3.99
2009	99.30			3.74
2010	121.40			3.78

1—6 省本级财政科技拨款情况(1999—2010)

	省本级地方财政科技拨款(亿元)				占本级财政支出比重(%)
		科技三项费	科学事业费	科技基建费	
1999	3.32	1.37	1.93	0.02	5.94
2000	3.97	1.76	2.20	0.01	5.99
2001	5.13	2.23	2.89	0.01	5.71
2002	6.52	3.33	3.12	0.07	6.19
2003	7.52	3.87	3.58	0.06	6.52
2004	10.01	5.53	4.48	0.01	7.29
2005	12.96	7.90	4.79	0.01	8.10
2006	16.48	9.09	5.58	0.01	9.04
2007	16.99				8.50
2008	18.86				7.50
2009	20.42				6.27
2010	22.02				6.29

1—7　科技活动人员构成情况(1990—2010)

单位：人

年份	科技活动人员合计	研究机构	高等院校	工业企业	其他部门
1990	76925	14718	15958	41244	5005
1991	86518	15795	15760	46208	8755
1992	98103	14332	15891	55088	12792
1993	111264	13095	16311	64048	17810
1994	109883	11966	15549	62215	20153
1995	121764	10873	15453	73762	21676
1996	130191	10981	16051	74980	28179
1997	141729	11551	9718	81919	38541
1998	149212	11080	10777	88733	38622
1999	150883	10734	10647	93832	35670
2000	152885	8950	12660	99842	31433
2001	164157	8066	15178	107067	33846
2002	189443	7915	19659	122153	39716
2003	208861	7588	21763	134673	44837
2004	209278	7509	22930	149910	28929
2005	257750	8657	25077	196739	27277
2006	310525	9098	25436	240696	35295
2007	350467	10636	26496	273068	40267
2008	415878	10791	28594	324035	52458
2009	450086	11177	53160	333106	52643
2010	500287	10112	56822	381762	51591

1—8 研究与试验发展(R&D)活动人员构成情况(1990—2010)

单位:人年

年 份	R&D人员合 计	研究机构	高等院校	工业企业	其他部门
1990	12324				
1991	13018				
1992	13929				
1993	14904				
1994	15630				
1995	16255				
1996	17068				
1997	17649				
1998	23097				
1999	27401				
2000	28604	2893	5252	16160	4299
2001	39156	2739	5679	24279	6459
2002	44585	2828	7740	26574	7443
2003	49566	2928	8157	31330	7152
2004	58460	2802	10291	39785	5582
2005	80117	3189	10641	61108	5179
2006	108123	3388	10450	88029	6256
2007	130462	4451	10837	105550	9624
2008	160299	4053	11340	130286	14620
2009	185069	4048	12038	150888	18095
2010	223484	4227	13000	185743	20515

1—9 科技活动经费构成情况(1990—2010)

单位:亿元

年 份	科技活动经费	科研机构	高等院校	工业企业	其他部门
1990	8.60	2.36	0.52	5.49	0.23
1991	9.86	2.15	0.69	6.76	0.26
1992	14.12	3.00	1.27	9.48	0.37
1993	17.93	3.66	2.66	10.95	0.66
1994	23.21	3.12	1.91	17.23	0.95
1995	32.57	4.59	2.45	24.37	1.17
1996	37.96	4.77	2.53	29.31	1.35
1997	51.33	7.21	4.23	34.35	5.53
1998	60.89	8.18	4.46	41.56	6.69
1999	76.78	10.49	5.81	52.37	8.11
2000	104.89	9.56	7.39	76.95	10.99
2001	124.29	11.16	9.17	91.04	12.92
2002	150.03	10.60	11.26	112.44	15.73
2003	185.20	14.68	13.61	139.72	17.19
2004	243.85	15.68	19.09	191.22	17.86
2005	321.42	19.43	20.32	264.24	17.43
2006	407.85	21.17	24.87	333.66	28.15
2007	516.78	25.05	26.11	426.92	38.7
2008	619.52	27.72	27.84	508.81	55.15
2009	717.08	25.31	36.6	562.55	92.62
2010	832.44	30.15	48.08	675.50	78.70

1—10　科技活动经费投入情况(1990—2010)

年　份	科技活动经费（亿元）	占 GDP 比重（%）	R&D 活动经费（亿元）	占 GDP 比重（%）
1990	8.6	0.96	2.04	0.23
1991	9.86	0.91	2.27	0.21
1992	14.12	1.03	3.46	0.25
1993	17.93	0.94	4.43	0.23
1994	23.21	0.87	7.88	0.30
1995	32.57	0.92	9.14	0.26
1996	37.96	0.92	10.50	0.25
1997	51.33	1.11	15.19	0.33
1998	60.89	1.22	19.70	0.39
1999	76.78	1.43	27.05	0.50
2000	104.89	1.71	36.59	0.60
2001	124.27	1.80	44.74	0.65
2002	150.03	1.87	57.65	0.72
2003	185.20	1.91	77.76	0.80
2004	243.85	2.09	115.55	0.99
2005	321.42	2.39	163.29	1.22
2006	407.85	2.59	224.03	1.43
2007	516.78	2.76	286.32	1.53
2008	619.52	2.89	345.76	1.61
2009	717.08	3.12	398.84	1.73
2010	832.44	3.00	494.23	1.78

1—11　研究与试验发展(R&D)经费情况(1990—2010)

单位:亿元

年份	R&D活动经费支出	按执行部门分				按经费来源分			
		研究机构	高等院校	工业企业	其他部门	政府资金	企业资金	国外资金	其他资金
1990	2.04	0.96	0.51	0.52	0.05				
1991	2.27	0.87	0.69	0.64	0.06				
1992	3.46	1.21	1.25	0.90	0.09				
1993	4.43	1.48	1.77	1.04	0.13				
1994	7.88	1.33	1.82	4.52	0.21				
1995	9.14	1.85	2.42	4.63	0.24				
1996	10.50	2.23	2.43	5.56	0.29				
1997	15.19	2.96	3.04	7.85	1.34				
1998	19.70	3.10	3.00	11.80	1.80				
1999	27.05	3.04	3.71	17.80	2.50				
2000	36.59	3.21	3.33	26.54	3.51	5.73	26.93	0.53	3.40
2001	44.74	3.32	5.09	32.04	4.29	6.59	32.73	0.64	4.78
2002	57.65	2.97	6.58	42.58	5.52	6.77	42.20	0.17	8.51
2003	77.76	4.35	7.88	59.62	5.91	9.46	57.70	0.32	10.28
2004	115.55	4.62	13.33	91.10	6.50	13.78	97.42	0.63	3.72
2005	163.29	11.58	13.90	130.41	7.40	24.12	134.74	0.55	3.88
2006	224.03	12.38	15.99	183.39	12.27	28.00	190.28	1.12	4.63
2007	286.32	13.63	18.18	235.55	18.96	30.94	246.40	2.50	6.48
2008	345.76	13.89	19.15	283.73	28.99	37.08	296.46	4.39	7.83
2009	398.84	12.85	23.91	330.10	31.98	36.63	354.22	2.48	5.51
2010	494.23	15.36	34.55	407.43	36.89	48.00	435.45	3.27	7.53

1—12　地方国有企事业单位专业技术人员数(1991—2010)

单位:人

	总　计	工程技术人员	农业技术人员	科学技术人员	卫生技术人员	教学人员	其　他
1991	624459	103472	13826	4721	80837	274985	146618
1992	652234	107934	13243	4487	86260	281172	159138
1993	676167	113001	12861	4556	90396	286600	168753
1994	696455	116672	14648	4358	94353	292171	174253
1995	703133	118630	14856	4447	97658	304513	163029
1996	741998	125584	17472	4357	103331	322953	168301
1997	768769	128788	17817	4551	109286	337230	171097
1998	770929	128201	18767	3894	108782	344290	166995
1999	792969	132877	19456	4027	115026	357441	164142
2000	784993	125710	19183	4075	117971	368294	149760
2001	766471	112939	19195	4205	121796	377050	131286
2002	761390	107786	18319	4207	125686	385007	120385
2003	777986	110674	18926	5140	130700	392515	120031
2004	898859	93731	18954	2486	150235	405641	227812
2005	814699	98224	19214	6281	153944	413375	123661
2006	828474	100016	18749	5952	158926	420777	124054
2007	840539	100576	19379	6176	162583	423577	128248
2008	853938	102978	18733	6363	166264	427803	131797
2009	863487	102941	18492	6577	172390	432339	130748
2010	845636	98338	17079	4446	175744	426760	123269

1—13　按行业分的事业单位专业技术人员(2010)

单位:人

项目	总计	按职务分			
		高级岗位		中级岗位	
		四级及以上	五至七级	八至九级	十级
总数	**737681**	**7378**	**83337**	**1064**	**324724**
农林牧渔业	23281	88	1734	51	9594
交通运输仓储及邮电通讯业	7586	16	761	42	3180
信息传输、计算机服务和软件业	1034	5	80		402
批发和零售业					
住宿和餐饮业	167		2		55
金融保险业	554		7	2	219
房地产业	1632	5	92	3	760
租赁和商务服务业	596		17		212
科学研究技术服务和地质勘查业	13476	224	3034	35	5991
水利环境和公共设施管理业	14852	54	1463	10	6102
居民服务和其他服务业	2539	18	297	11	1046
教育	434627	3108	56882	142	217654
卫生、社会保障和社会福利业	182554	3457	14984	60	58165
文化体育和娱乐业	25981	365	2719	57	10291
公共管理和社会组织	28802	38	1265	79	11053
其他行业					

单位:人

项目	按职务分			
	初级岗位			其他
	十一级	十二级	十三级	
总数	**1571**	**204620**	**91071**	**23916**
农林牧渔业	156	7295	3763	519
交通运输仓储及邮电通讯业	73	2558	756	153
信息传输、计算机服务和软件业	6	354	153	34
批发和零售业				
住宿和餐饮业		55	55	
金融保险业	6	32	283	5
房地产业	2	523	219	27
租赁和商务服务业	12	215	125	13
科学研究技术服务和地质勘查业	80	2683	1150	261
水利环境和公共设施管理业	35	5028	1841	291
居民服务和其他服务业	15	681	413	41
教育	430	106863	38339	11073
卫生、社会保障和社会福利业	477	60167	35558	9595
文化体育和娱乐业	77	7914	3665	830
公共管理和社会组织	202	10252	4751	1074
其他行业				

1—14 按行业分的企业单位专业技术人员(2010)

单位:人

项目	总数	按职务分				
		高级职务	#正高级职务	中级职务	初级职务	未聘任专业技术职务
总数	**107955**	**6274**	**152**	**28541**	**51717**	**21423**
农林牧渔业	981	34	1	246	663	38
采矿业	1109	87		374	608	40
制造业	22442	1546	37	6358	10633	3905
电力、燃气及水的生产和供应业	11335	764		3478	5869	1224
建筑业	9376	750	4	2891	4520	1215
交通运输仓储及邮电通讯业	18642	1225	7	5516	9894	2007
信息传输、计算机服务和软件业	555	26		92	198	239
批发和零售业	13199	339	3	2513	6712	3635
住宿和餐饮业	2881	35	1	215	983	1648
金融保险业	9088	143	2	1873	3614	3458
房地产业	3409	284	3	1157	1181	787
租赁和商务服务业	2271	76		434	1391	370
科学研究、技术服务和地质勘查业	1900	298	17	584	713	305
水利环境和公共设施管理业	3878	189	6	1123	2078	488
居民服务和其他服务业	2121	92		568	1241	220
教育	354	30	3	177	124	23
卫生、社会保障和社会福利业	314	16		116	161	21
文化体育和娱乐业	4100	340	68	826	1134	1800

项　目	按专业分					
	工　程 技术人员	农　业 技术人员	科　学 技术人员	卫　生 技术人员	教学人员	其　他 专技人员
总数	**48113**	**505**	**290**	**3307**	**729**	**55011**
农林牧渔业	287	240	15	9	1	429
采矿业	372			215		522
制造业	11856	56	116	796	269	9349
电力、燃气及水的生产和供应业	7061	8		33	10	4223
建筑业	7498			36	6	1836
交通运输仓储及邮电通讯业	8971	6	1	126	98	9440
信息传输、计算机服务和软件业	354		31		6	164
批发和零售业	1755	170	5	982	8	10279
住宿和餐饮业	268			95	1	2517
金融保险业	390			1	2	8695
房地产业	1625	1	1	1	5	1776
租赁和商务服务业	551	1		712	8	999
科学研究、技术服务和地质勘查业	1556		118	1	3	222
水利环境和公共设施管理业	2499	22	1	4	4	1348
居民服务和其他服务业	1286	1		3	4	827
教育	13			3	300	38
卫生、社会保障和社会福利业	6			288		20
文化体育和娱乐业	1765		2	2	4	2327

1—15 技术市场成交合同数量与成交金额(1990—2010)

	合同项数(项)	技术开发	技术转让	技术咨询	技术服务	成交金额(万元)	技术开发	技术转让	技术咨询	技术服务
1990	8336	1375	526	1436	4999	13623	3999	1285	951	7387
1991	9200	1014	538	1502	6146	16236	4064	2805	1564	7804
1992	12670	1788	671	2188	8023	30829	5478	4121	4171	17060
1993	15769	876	437	3824	10632	71485	7520	4366	12153	47374
1994	14436	550	458	4387	9041	71966	6866	5339	18463	41298
1995	17954	467	491	5206	11790	97768	10510	10396	22174	54689
1996	19031	759	360	4554	13358	107293	12239	4831	22463	67761
1997	19808	849	378	5296	13285	133232	14018	8516	27906	82792
1998	21774	1094	314	5294	15072	162275	21432	7032	34486	99324
1999	25479	1713	542	6435	16789	188496	35651	12124	42448	96273
2000	31218	4391	395	11163	15269	276275	73794	13419	69398	119664
2001	33728	4014	510	10328	18876	316652	88501	12115	84019	132017
2002	38400	4143	458	13975	19824	389438	91372	17510	124756	155800
2003	50861	5886	489	21046	23440	530352	120639	24097	207732	177884
2004	39974	6862	562	18825	13725	581465	170182	27396	233855	150032
2005	20628	6788	816	8361	4663	386954	197527	34666	87409	67352
2006	17734	6900	682	6908	3244	399618	241660	26982	73721	57255
2007	16400	6508	830	5711	3351	454184	282385	38620	69574	63605
2008	17391	6313	739	7048	3291	589189	393090	64078	92339	39680
2009	12786	6221	717	3871	1977	565071	434138	58277	44345	28310
2010	12826	7135	536	3223	1932	603478	453192	80240	37065	32981

1—16 科协系统科技活动情况(2009—2010)

项　目	单位	科协合计		省科协		市科协		县级科协	
		2009	2010	2009	2010	2009	2010	2009	2010
机构数	个	102	102	1	1	11	11	90	90
人员数	人	1197	1341	162	299	315	331	720	711
学术活动									
学术会议									
次数	次	1510	1573	29	8	449	507	1032	1058
参加人数	人	194645	271180	2150	6000	94760	169929	97735	95251
科技培训									
办培训班	个	8396	6786	78	52	2407	815	5911	5919
培训人次	人次	618380	561955	4800	3613	203869	102585	409711	455757
科普活动									
讲座次数	次	7733	8643	10	74	1721	1805	6002	6764
听讲人数	人次	1755041	3971926	5600	22200	323157	2079221	1426284	1870505
展览次数	次	2988	2854	10	22	283	358	2695	2474
参观人数	人次	4605394	4780087	419700	240000	713390	838760	3472304	3701327
咨询活动									
完成合同	项	2955	2352	179	327	692	571	2084	1454
合同实现金额	千元	415241	724170	11565	12000	58029	44960	345647	667210
技术交易额	千元	346031	668424	11565	12000	55779	40260	278687	616164
出版									
编著科技图书	种	17	20			4	8	13	12
年发行总量	册	240000	491130			153000	325000	87000	166130

1—17 科协系统省级学会情况(2000—2010)

项　目	单位	2000	2001	2002	2003	2004	2005	2006	2007	2008	2009	2010
机构数	个	133	133	138	144	147	149	149	153	156	157	160
会员数	人	153909	134412	158487	135243	132062	148298	158427	155008	156523	169856	171028
学术活动												
学术会议												
次数	次	441	488	468	486	517	567	634	652	621	637	587
参加人数	人	41535	47425	46336	48904	58954	66100	76158	70349	82543	81493	79565
交流论文数	篇	12399	19728	12378	16904	14092	22988	21155	33617	26074	23475	16959
科技培训												
办培训班	个	265	242	282	326	350	286	460	440	435	335	363
培训人次	人次	26872	16237	20744	24910	25754	20625	45929	56007	46892	29666	46121
科普活动												
讲座次数	次	426	373	321	328	588	696	668	674	588	613	734
听讲人数	人次	99885	72361	37053	65740	77955	117214	322887	208156	153174	235496	335215
展览次数	次	103	37	48	105	88	118	71	72	66	87	173
参观人数	人次	278144	97880	110317	307790	326814	445843	153108	268860	220432	1496979	1568147
青少年科技竞赛次数	次	20	44	23	30	30	33	41	50	20	25	31
咨询活动												
完成合同	项	288	238	268	283	309	319	245	211	289	148	137
合同实现金额	千元	5490	20555	8426	11549	12591	38009	8057	52289	10793	8798	6712
技术交易额	千元	1507	4220	3009	7437	2573	2682	3178	51024	1160	5670	4710
出版												
主办科技期刊	种	49	38	14	51	51	42	46	42	46	48	47
年发行总数	册	2376465	569530	236600	1712535	999100	1052500	1382500	1448900	817295	1518030	1614535
编著科技图书	种	57	133	78	178	21	24	36	32	36	20	5
年发行总量	册	63057	394200	259300	306800	95000	160500	91500	130800	121001	142500	53100

1—18 专利申请量和授权量(1990—2010)

单位:件

年份	申请量合计	发明	实用新型	外观设计	授权量合计	发明	实用新型	外观设计
1990	2243	256	1754	233	989	43	882	64
1991	2571	300	1965	306	1217	49	1006	162
1992	3194	377	2382	435	1577	63	1343	171
1993	3343	423	2353	567	2946	129	2404	413
1994	3495	389	2373	733	2028	62	1612	354
1995	4042	357	2323	1362	2131	54	1455	622
1996	5162	403	2845	1914	2410	45	1377	988
1997	6262	493	3062	2707	3167	64	1487	1616
1998	7074	571	3309	3194	4470	47	1967	2456
1999	8177	587	3465	4125	7071	108	3524	3439
2000	10316	859	4439	5018	7495	184	3439	3872
2001	12828	1093	5216	6519	8312	174	3549	4589
2002	17265	1843	6390	9032	10479	188	3860	6431
2003	21463	2750	7758	10955	14402	398	4928	9076
2004	25294	3578	9021	12695	15249	785	5492	8972
2005	43221	6776	12723	23722	19056	1110	6778	11168
2006	52980	8333	15940	28707	30968	1424	10503	19041
2007	68933	9532	19270	40131	42069	2213	16108	23748
2008	89965	12063	25168	52734	52955	3269	20002	29684
2009	108563	15655	40436	52472	79945	4818	25295	49832
2010	120783	18027	50249	52507	114643	6410	47617	60616

1—19 测绘部门主要指标完成情况(2004—2010)

项　　目	2004	2005	2006	2007	2008	2009	2010
测绘生产总投入(亿元)	7.30	7.88	9.11	9.86	11.42	12.83	15.13
测绘生产总值(万元)	13357	13063	20106	22250	23348	30656	35920
年末测绘人数(人)	6616	7324	7741	7796	8682	9686	10295
劳动生产率(元/人)	110355	107534	117675	126500	131577	132475	146970
1∶1万地形图测制与更新(副)	417	763	822	913	743	1446	1819
1∶5千地形图测制与更新(副)				410			124
提供各种比例尺地形图(张)	17362	20721	33564	68443	86603	72404	53470

1—20　标准计量、质量监督机构和人员数(2004—2010)

项　目	2004	2005	2006	2007	2008	2009	2010
质量技术监督行政部门及其技术机构(个)	190	186	192	190	191	250	254
省级机构数(个)	14	14	15	15	15	15	15
市级机构数(个)	55	52	51	51	52	51	52
县(市、区)级机构数(个)	121	120	126	124	124	184	187
产品质量监督检验机构数(个)	810	943	987	1024	1116	1122	1195
省级院(所)	144	151	121	125	132	128	127
市级院(所)	418	507	392	406	410	429	498
县级院(所)	248	285	474	493	574	565	570
年末职工总数(人)	4761	4903	5133	5295	5747	5732	5915
专业技术人员(人)	2224	2330	2433	2545	2777	2718	2679
业务管理人员(人)	655	668	774	701	884	895	1002
行政人员(人)	1515	1471	1544	1621	1761	1874	1945
工人(人)	367	434	382	428	325	245	285
已建省级社会公用计量标准(大类)	10	10	10	10	10	15	10
已建市级社会公用计量标准(大类)	10	10	10	10	10	58	10
已开展强制检定工作计量器具(项)	683	41	43	42	41	41	41
强制检定计量器具实际检出数(万台件)	58	61	96	140.77	216.07	586.35	588.46
计量仪器检定(万台件)	143	135	135	150.20	217.09	613.65	614.50
产品质量监督检验受检企业数(个)	17113	19999	25612	25101	22844	28617	27948
本年度财政拨款(万元)	43060	51823	59348	85812	94233	102674	106977
＃省级机构拨款(万元)	8154	9353	11118	22704	19809	31298	26969
市级机构拨款(万元)	13985	16967	19605	25263	32541	30947	35952
县级机构拨款(万元)	20920	25502	28625	37845	41883	40429	44055
固定资产总值(万元)	74754	87220	116160	138284	166794	193566	216826
省级固定资产(万元)	15263	19049	18729	24988	29247	28597	35268
市级固定资产(万元)	24213	27863	43790	53829	64919	88730	94677
县级固定资产(万元)	35278	40308	53641	59466	72628	76239	86882
现有工作用房(万平方米)	35.37	31.32	34.48	33.44	34.41	36.55	43.97
标准馆藏总量(万件)	20	20	20	25	35	41	65
国内标准(万件)	16.0	15.0	13.0	13.5	13.0	15.2	15.2
国外标准(万件)	4.0	5.0	7.0	11.5	22.0	25.8	50.5
打击假冒伪劣案件立案数(个)	10667	9889	11000	10310	8778	6260	6252

1—21 高新技术产品进出口贸易情况(2008—2010)

单位:万美元

	出口			进口			进出口		
	2008	2009	2010	2008	2009	2010	2008	2009	2010
高新技术产品	**1371965**	**987401**	**1473528**	**864844**	**617480**	**896057**	**2236809**	**1604881**	**2369585**
生物技术	5704	7486	8169	10	6	104	5714	7491	8273
生命科学技术	266518	202959	260183	50536	58336	77162	317054	261296	337346
光电技术	267161	164808	194899	294149	221069	312392	561310	385877	507291
计算机与通信技术	533525	364579	483326	92420	53468	73805	625945	418048	557132
电子技术	182770	136230	382292	292808	187980	259251	475578	324210	641543
计算机集成制造技术	81451	71486	91554	119280	80315	153910	200731	151800	245464
材料技术	26924	32697	44535	11993	11034	13736	38917	43731	58271
航空航天技术	4658	4716	5471	3125	4686	5025	7783	9402	10496
其他技术	3255	2441	3099	521	586	672	3776	3027	3771

1—22 分地区工业制成品、高新技术产品进出口情况(2008—2010)

单位:万美元

地区	出口								
	2008年			2009年			2010年		
	总值	工业制成品	高新技术产品	总值	工业制成品	高新技术产品	总值	工业制成品	高新技术产品
杭州地区	3359819	3254371	495902	2717877	2629464	322226	3533741	3423425	447715
宁波地区	4632651	4492243	536792	3865035	3748829	362919	5196745	5043146	520142
温州地区	1190188	1172330	45582	1093597	1077500	37605	1454283	1432183	48124
嘉兴地区	1411066	1399954	76622	1234028	1226369	66753	1604065	1590668	109730
湖州地区	490677	470395	25321	407581	393170	10175	586077	567536	34136
绍兴地区	1749466	1722852	71336	1576262	1553124	68933	2108906	2081447	121338
金华地区	897705	886078	23602	859671	850047	29977	1218836	1209929	47013
衢州地区	90038	84039	11649	72975	67628	7024	120461	112759	10465
舟山地区	328609	196696	166	373998	258256	196	693734	516825	631
台州地区	1176266	1156983	84115	1006778	989934	80165	1396260	1376029	133307
丽水地区	103137	100844	876	93494	90180	1430	134881	130255	926

单位:万美元

地区	进口								
	2008 年			2009 年			2010 年		
	总值	工业制成品	高新技术产品	总值	工业制成品	高新技术产品	总值	工业制成品	高新技术产品
杭州地区	1444763	1000559	322263	1323534	914273	211690	1701808	1147808	297362
宁波地区	2150696	1523043	438297	2216404	1625514	316487	3093679	2123822	440086
温州地区	209155	133424	6681	234189	164719	8836	255091	177203	11402
嘉兴地区	572681	433389	54443	486570	373628	43493	677973	509278	77318
湖州地区	68731	31164	4125	75732	38696	2353	106693	52345	4099
绍兴地区	632155	596315	16726	473022	450130	14916	592706	546293	29536
金华地区	57823	49008	4543	74542	60524	3802	101108	81026	12470
衢州地区	42593	28664	1082	45494	30197	1169	68459	33003	1126
舟山地区	276735	95700	7419	328524	102650	7578	379524	109747	7362
台州地区	204736	61898	9220	196469	64185	6877	303878	95557	15156
丽水地区	23683	6214	44	17562	5559	279	18404	4372	355

1—23 全省科技成果获奖情况(1990—2010)

单位:项

年份	国家自然科学奖	国家技术发明奖	国家科技进步奖	省科技进步奖	省重大科技贡献奖
1990	—	3	16	297	—
1991	2	7	14	299	—
1992	—	4	6	297	—
1993	1	4	24	300	—
1994	—	—	—	299	—
1995	5	5	19	—	—
1996	—	3	12	300	—
1997	2	6	22	300	—
1998	—	1	16	299	—
1999	1		11	299	—
2000			13	300	—
2001		1	8	300	—
2002	2		4	279	—
2003		1	8	280	3
2004		2	13	280	—
2005	3		11	280	2
2006	1	2	9	280	—
2007	2	6	21	273	3
2008		6	17	279	—
2009		8	31	277	3
2010	1	2	15	279	—

二、研究与开发机构

2—1 县及县以上政府部门属研究与开发机构情况(2000—2010)

	单位	2000	2001	2002	2003	2004	2005	2006	2007	2008	2009	2010
机构数	个	215	189	169	162	147	151	147	148	146	144	146
从业人员	人	13034	12584	7987	7912	7574	7803	7937	8015	8337	8694	8867
科技活动人员	人	8553	8251	5893	5512	5563	6160	6552	7046	7480	6927	7118
R&D 人员	人年	2252	2012	1691	1725	1741	1926	2036	2099	2320	2324	2374
基础研究	人年	42	56	100	157	137	133	125	159	167	168	317
应用研究	人年	682	610	489	380	516	552	473	535	609	459	562
试验发展	人年	1438	1314	1096	1170	1078	1186	1423	1375	1515	1666	1441
科技经费筹集额	万元	122896	91823	92179	118583	119735	148209	180238	215735	252758	263798	287954
政府资金	万元	56069	53674	56601	68532	83439	112868	131735	159350	181660	192904	212224
科技经费内部支出	万元	110644	84759	83379	101193	105877	124211	145943	171085	208112	221402	257300
R&D 经费内部支出	万元	133	76	33	107	83	397	121	325	334	345	103121
基础研究	万元	719	482	804	2323	1973	2748	2539	4058	6938	5965	12345
应用研究	万元	7630	6077	5029	6213	9766	14569	16423	21612	21313	22959	31788
试验发展	万元	16805	13271	13289	16741	17774	22553	33332	34335	50664	63580	58333
固定资产原值	万元	199451	207643	220424	261311	293604	348349	403689	426387	518431	5933	11016
课题数	个	2028	1990	1976	1936	1906	2327	3043	3717	3310	3260	3411
课题经费支出	万元	19381	22414	24967	33048	49062	61567	69650	86192	95332	103035	115658
课题投入人员	人年	3431	3036	3131	3264	3376	3843	4092	4626	4786	4682	4458
专利申请量	项	30	31	76	88	70	96	121	144	206	271	367
专利授权量	项	18	13	40	11	23	51	56	50	88	90	191
发表科技论文	篇	2037	1880	2075	2168	2275	2545	2755	2967	3346	3285	3610
出版科技著作	部	93	77	86	87	120	98	90	89	110	109	107

注:2002 年起不含转制机构数据

2—2 县级以上政府部门属研究与开发机构情况(1986—2010)

年份	机构数（个）	从事科技活动人员（人）	科学家工程师	科技经费筹集额（万元）	政府拨款	科技经费支出额（万元）	人员费用
1986	153			14015	8877	12580	3067
1987	152			17721	10431	15234	3001
1988	156			18920	14073	27715	4065
1989	161			24889	11974	25070	4026
1990	163			33801	15801	29169	5123
1991	164			29623	9330	26494	5001
1992	165			40512	14410	37017	6156
1993	162			47139	14289	45206	9001
1994	161			53069	18251	48025	13993
1995	161			62021	11784	59248	15589
1996	161			72172	25110	63407	18189
1997	162			91503	31795	83434	20806
1998	164			126704	47919	107580	23018
1999	160			126740	50194	113565	28392
2000	146			120587	54365	108129	27263
2001	127			89248	51719	82109	26341
2002	110	5470	3756	89540	54571	80771	28286
2003	104	5095	3746	115029	65770	97981	38157
2004	96	5171	3836	116542	80373	102949	34213
2005	99	5798	4543	144821	109676	120907	31646
2006	99	6178	4917	176610	128341	142664	38853
2007	100	6677	5491	211682	155461	167207	44752
2008	98	6285	5049	247818	177210	203732	51972
2009	97	6555		259300	188672	217138	57000
2010	95	6714		281040	205659	250360	60634

2—3 全省各类科技机构概况(2010)

	单位	政府部门属科技机构					非政府部门属研究与开发机构和综合技术服务业有R&D活动的事业单位	转制机构
		县以上部门属研究与开发机构合计	自然科学和技术领域	社会与人文科学领域	科技信息和文献机构	县属研究与开发机构		
机构数	个	95	80	4	11	51	100	49
职工总数	人	8354	7738	266	350	513	14519	5472
单位在职从事科技活动人员	人	6714	6132	255	327	404	9877	2665
大学本科及以上学历*	人	5242	4785	214	243	298	8352	1787
R&D人员折合全时工作量	人年	2320	2168	152		54	6228	757
科技活动收入	千元	2810400	2638618	84477	87305	69139	3442495	559107
政府拨款	千元	2056589	1900269	84477	71843	65651	483125	163765
科技经费内部支出	千元	2503601	2324990	88445	90166	69397	2896457	665671
资产购建支出	千元	598120	582925	3211	11984	24503	480976	138554
R&D经费内部支出	千元	1024663	959899	64764		6550	1516800	202208
固定资产	千元	3355654	3180644	31560	143450	110161	3661388	1805344
课题数	个	3278	3134	90	54	133	1008	444
课题经费支出	千元	1135763	1057153	61537	17073	20816	1870179	305150
R&D课题经费支出	千元	646242	601795	44447		4604	1408785	153123
课题投入人员	人年	4211	3944	186	81	247	7458	1504
R&D课题投入人员	人年	2198	2068	130		48	5348	726
专利申请受理	项	365	362		3	2	1501	141
专利授权	项	186	186			5	695	86
科技论文	篇	3508	3001	407	100	102	1274	418
科技专著	种	100	67	31	2	7	24	3

注:以后各表的范围为县以上政府部门属研究与开发机构。即自然、社人、信息文献三个领域中的机构。

*:县属为大专以上学历

2—4　县级以上政府部门属自然科学研究与开发机构概况(2010)

	机构数（个）	从业人员总数（人）	单位在职科技活动人员	大学本科及以上学历	经费收入总额（千元）	政府资金	经费支出总额（千元）	科技经费支出
总　计	**80**	**7738**	**6132**	**4785**	**3282447**	**2042273**	**2950107**	**2324990**
按隶属关系分组								
地方部门属	71	6095	4720	3633	2318970	1253687	2188806	1627579
省级部门属	22	3528	2876	2324	1617387	870697	1514991	1171144
副省级城市属	8	288	247	182	126452	86426	103813	99969
地市级部门属	41	2279	1597	1127	575131	296564	570002	356466
中央部门属	9	1643	1412	1152	963477	788586	761301	697411
中国科学院	1	336	336	302	178939	166756	141108	141108
按服务的国民经济行业分组								
农、林、牧、渔业	30	3215	2421	1894	1307537	1029069	1284229	963943
农业	17	1740	1226	855	564754	432589	565396	386546
林业	4	208	150	128	75513	71780	68616	61157
渔业	4	246	195	145	101720	92550	92624	77380
农、林、牧、渔服务业	5	1021	850	766	565550	432150	557593	438860
制造业	14	794	700	485	272446	159024	225133	189952
农副食品加工业	2	19	15	9	2057	1203	2273	1569
饮料制造业	1	51	32	27	41074	22989	25233	13510
化学原料及化学制品制造业	1	102	96	58	15034	9076	16759	13004
医药制造业	2	158	120	89	23020	17398	34341	24807
非金属矿物制品业	1	22	22	2	2202	1998	1978	1289
通用设备制造业	3	289	283	217	136040	65180	102359	95269
专用设备制造业	3	140	122	79	50417	39183	37665	36657
工艺品及其他制造业	1	13	10	4	2602	1997	4525	3847
电力、燃气及水的生产和供应业	1	98	78	61	38898	7051	30644	26840
电力、热力的生产和供应业	1	98	78	61	38898	7051	30644	26840
科学研究、技术服务和地质勘查业	21	2216	1906	1482	1126746	695160	959786	790198
研究与试验发展	8	1067	921	724	403588	316783	375937	349521
专业技术服务业	7	837	776	625	499818	351087	386571	363456
科技交流和推广服务业	5	147	97	80	53829	14171	38312	31523

	机构数（个）	从业人员总数（人）	单位在职科技活动人员	大学本科及以上学历	经费收入总额（千元）	政府资金	经费支出总额（千元）	科技经费支出
地质勘查业	1	165	112	53	169511	13119	158966	45698
水利、环境和公共设施管理业	12	1388	1002	843	530187	145711	444245	348577
水利管理业	2	419	335	280	175145	56468	141940	133926
环境管理业	10	969	667	563	355042	89243	302305	214651
卫生、社会保障和社会福利业	1	7	6	2	708	528	694	354
卫生	1	7	6	2	708	528	694	354
文化、体育和娱乐业	1	20	19	18	5925	5730	5376	5126
体育	1	20	19	18	5925	5730	5376	5126
按机构所属学科分组								
自然科学领域	6	612	523	399	523092	310297	422561	295345
信息科学与系统科学	1	7	6	5	1276	1231	1224	924
地球科学	3	546	462	347	514689	308116	411943	285187
生物学	2	59	55	47	7127	950	9394	9234
农业科学领域	34	3717	2697	2066	1445374	1118985	1400860	1033253
农学	23	2909	2178	1657	1180259	893124	1157543	844426
林学	7	562	324	264	163395	133311	150693	111447
水产学	4	246	195	145	101720	92550	92624	77380
医学科学领域	6	606	472	348	191852	129275	205676	179935
基础医学	3	111	105	77	50907	39272	40180	39463
临床医学	1	7	6	2	708	528	694	354
预防医学与公共卫生学	1	377	286	220	120490	73027	135976	120766
中医学与中药学	1	111	75	49	19747	16448	28826	19352
工程科学与技术领域	32	2770	2411	1950	1113602	475989	911109	807484
工程与技术科学基础学科	3	292	276	214	88662	51752	79267	72664
材料科学	2	358	358	304	181141	168754	143086	142397
机械工程	5	495	456	345	212681	69652	169022	154567
能源科学技术	1	25	18	14	6668	5775	6614	5662
核科学技术	1	43	27	19	16086	10320	15414	12964
电子与通信技术	3	128	105	61	23311	15260	20922	16087
化学工程	1	48	48	40	6358	4862	6103	6099
食品科学技术	1	13	9	7	1617	953	1757	1053

	机构数（个）	从业人员总数（人）	单位在职科技活动人员	大学本科及以上学历	经费收入总额（千元）	政府资金	经费支出总额（千元）	科技经费支出
水利工程	3	517	413	341	214043	63519	172584	160766
环境科学技术及资源科学技术	9	724	616	523	306065	67012	254223	205846
安全科学技术	1	77	62	60	42939	10327	28238	26979
管理学	2	50	23	22	14031	7803	13879	2400
社会、人文科学领域	2	33	29	22	8527	7727	9901	8973
艺术学	1	13	10	4	2602	1997	4525	3847
体育科学	1	20	19	18	5925	5730	5376	5126
按机构中从事科技活动人员规模分组								
500～999 人	1	842	688	635	494097	376443	492866	378781
300～499 人	3	1105	1025	876	638409	475347	498532	463426
200～299 人	4	1275	1033	793	584067	343544	535371	491481
100～199 人	8	1558	1121	801	654383	295663	646895	379884
50～99 人	17	1413	1193	881	471231	289371	394306	323016
30～49 人	14	862	571	442	278311	167958	229063	174272
20～29 人	11	343	263	192	84246	49988	79251	64148
10～19 人	11	231	163	117	63472	31902	60721	40023
0～9 人	11	109	75	48	14231	12057	13102	9959
地方属机构按地区分组								
杭州市	21	3724	2965	2367	1667667	879122	1566227	1214268
宁波市	8	288	247	182	126452	86426	103813	99969
温州市	14	988	662	469	239271	94377	267123	126686
嘉兴市	2	152	131	86	70047	24454	50001	28699
湖州市	3	194	156	120	54657	44109	53313	40666
绍兴市	1	49	41	33	14492	14150	15458	14348
金华市	6	188	146	111	36492	30054	38313	34512
衢州市	5	47	38	30	7976	7419	7334	5322
舟山市	5	154	113	64	26369	15588	23935	13627
台州市	4	208	130	102	50075	32666	45030	33296
丽水市	2	103	91	69	25472	25322	18259	16186

2—5　县级以上政府部门属自然科学研究与开发机构人员按工作性质分类情况(2010)

单位：人

	单位在职科技人员	科技管理	课题活动	科技服务	生产经营活动人员	其他人员
总　计	**6132**	**897**	**4077**	**1158**	**644**	**962**
按隶属关系分组						
地方部门属	4720	722	3028	970	559	816
省级部门属	2876	450	1948	478	315	337
副省级城市属	247	48	176	23	6	35
地市级部门属	1597	224	904	469	238	444
中央部门属	1412	175	1049	188	85	146
中国科学院	336	40	254	42		
按学科领域分组						
自然科学领域	523	57	435	31	43	46
农业科学领域	2697	373	1895	429	407	613
医学科学领域	472	94	268	110	57	77
工程科学与技术领域	2411	367	1457	587	137	222
社会、人文科学领域	29	6	22	1		4
地方属机构按地区分组						
杭州市	2965	462	1925	578	388	371
宁波市	247	48	176	23	6	35
温州市	662	85	346	231	57	269
嘉兴市	131	12	109	10	8	13
湖州市	156	21	113	22	19	19
绍兴市	41	2	39			8
金华市	146	25	85	36		42
衢州市	38	7	29	2		9
舟山市	113	15	51	47	20	21
台州市	130	28	82	20	61	17
丽水市	91	17	73	1		12

2—6 县级以上政府部门属自然科学研究与开发机构科技活动人员情况(2010)

单位:人

	单位在职科技活动人员	学历					职称		
		博士毕业	硕士毕业	本科毕业	大专毕业	其他	高级职称	中级职称	其他
总计	**6132**	**660**	**1514**	**2611**	**797**	**550**	**1906**	**2331**	**1895**
按隶属关系分组									
地方部门属	4720	375	1089	2169	663	424	1413	1842	1465
省级部门属	2876	322	722	1280	366	186	902	1194	780
副省级城市属	247	11	53	118	32	33	94	80	73
地市级部门属	1597	42	314	771	265	205	417	568	612
中央部门属	1412	285	425	442	134	126	493	489	430
中国科学院	336	92	131	79	13	21	107	83	146
地方属机构按地区分组									
杭州市	2965	304	716	1347	402	196	941	1223	801
宁波市	247	11	53	118	32	33	94	80	73
温州市	662	34	147	288	121	72	171	253	238
嘉兴市	131	18	31	37	10	35	31	53	47
湖州市	156	4	47	69	16	20	33	42	81
绍兴市	41	1	4	28	5	3	13	18	10
金华市	146	1	30	80	22	13	30	47	69
衢州市	38		2	28	8		15	10	13
舟山市	113		10	54	19	30	20	31	62
台州市	130	2	38	62	11	17	28	55	47
丽水市	91		11	58	17	5	37	30	24

2—7 县级以上政府部门属自然科学研究与开发机构经费收入情况(2010)

单位:千元

	科技活动收入	政府资金	财政拨款	承担政府科研项目收入	其他	非政府资金	技术性收入	国外资金	生产经营收入	其他收入
总计	**2638618**	**1900269**	**1032660**	**700621**	**39826**	**738349**	**701686**	**7694**	**306881**	**336948**
按隶属关系分组										
地方部门属	1763852	1143320	672837	365467	34504	620532	590344	1428	280656	274462
省级部门属	1267962	797791	481105	257245	20709	470171	440581	1428	212155	137270
副省级城市属	93079	83486	34010	26685	12910	9593	9496		29774	3599
地市级部门属	402811	262043	157722	81537	885	140768	140267		38727	133593
中央部门属	874766	756949	359823	335154	5322	117817	111342	6266	26225	62486
中国科学院	178798	166756	61492	72264		12042	12042			141
按服务的国民经济行业分组										
农、林、牧、渔业	1058762	951520	519158	357289	19291	107242	103814	2093	27169	221606
农业	414106	396490	179783	196203	2227	17616	16591	800	18051	132597
林业	71396	68427	30795	25816	4750	2969	2275	486	490	3627
渔业	92816	89320	37365	29990	12314	3496	2475	119	3868	5036
农、林、牧、渔服务业	480444	397283	271215	105280		83161	82473	688	4760	80346
制造业	239440	146561	86467	51728	476	92879	89064		14425	18581
农副食品加工业	1470	1129	690	439		341	341			587
饮料制造业	25868	21879	7509	7545		3989	3989		13820	1386
化学原料及化学制品制造业	12257	6912	5307	1605		5345	5345			2777
医药制造业	19221	14125	7993	5872	260	5096	5096			3799
非金属矿物制品业	1513	1309	1309			204				689
通用设备制造业	128426	61750	37310	23239	136	66676	66676			7614
专用设备制造业	48688	37460	24352	13028	80	11228	7617			1729
工艺品及其他制造业	1997	1997	1997						605	
电力、燃气及水的生产和供应业	28693	4955		4325	630	23738	18758	4980	1079	9126
电力、热力的生产和供应业	28693	4955		4325	630	23738	18758	4980	1079	9126
科学研究、技术服务和地质勘查业	917268	661454	368539	241057	4591	255814	231624	371	157742	51736

	科技活动收入	政府资金	财政拨款	承担政府科研项目收入	其他	非政府资金	技术性收入	国外资金	生产经营收入	其他收入
研究与试验发展	380637	301400	124563	135395	125	79237	55047	371	6916	16035
专业技术服务业	465936	335795	230587	97872	4336	130141	130141		2150	31732
科技交流和推广服务业	45330	12953	5863	4010	130	32377	32377		6343	2156
地质勘查业	25365	11306	7526	3780		14059	14059		142333	1813
水利、环境和公共设施管理业	388447	129771	52779	46222	14547	258676	258426	250	106466	35274
水利管理业	155180	49518	27645	17844	1713	105662	105662		615	19350
环境管理业	233267	80253	25134	28378	12834	153014	152764	250	105851	15924
卫生、社会保障和社会福利业	528	528	528							180
卫生	528	528	528							180
文化、体育和娱乐业	5480	5480	5189		291					445
体育	5480	5480	5189		291					445
按机构所属学科领域分组										
自然科学领域	359602	298215	205416	89539	260	61387	61387		142333	21157
农业科学领域	1153129	1034444	559476	390190	19371	118685	115257	2093	64104	228141
医学科学领域	174618	116021	61994	45957	125	58597	31049	191	3205	14029
工程科学与技术领域	943792	444112	198588	174935	19779	499680	493993	5410	96634	73176
社会、人文科学领域	7477	7477	7186		291				605	445
地方属机构按地区分组										
杭州市	1320662	796156	492846	244133	10889	524506	496187	1059	202196	144809
宁波市	93079	83486	34010	26685	12910	9593	9496		29774	3599
温州市	132719	86526	47196	33914	196	46193	44895	119	5388	101164
嘉兴市	38368	23594	10876	12467		14774	14524	250	26731	4948
湖州市	45984	41458	14603	15769	10020	4526	4526		4331	4342
绍兴市	13520	13520	4756	8440						972
金华市	32172	26604	19724	6670	210	5568	5344			4320
衢州市	6335	6335	5415	910						1641
舟山市	16165	12609	9365	3023	221	3556	3556		6643	3561
台州市	41174	29358	17750	6078	58	11816	11816		5593	3308
丽水市	23674	23674	16296	7378						1798

2—8 县级以上政府部门属自然科学研究与开发机构经费支出情况(2010)

单位:千元

	科技经费内部支出	科技经费日常支出	人员劳务费	设备购置费	其他日常支出	科研基建	生产经营支出	其他支出
总　计	**2324990**	**2175848**	**555929**	**433783**	**1186136**	**149142**	**229752**	**355087**
按隶属关系分组								
地方部门属	1627579	1535136	397937	263610	873589	92443	207352	313597
省级部门属	1171144	1132412	242008	234441	655963	38732	168304	175253
副省级城市属	99969	90088	28213	4213	57662	9881	340	3504
地市级部门属	356466	312636	127716	24956	159964	43830	38708	134840
中央部门属	697411	640712	157992	170173	312547	56699	22400	41490
中国科学院	141108	108108	40484	38181	29443	33000		
按服务的国民经济行业分组								
农、林、牧、渔业	963943	908161	219296	151017	537848	55782	27888	253358
农业	386546	368269	119112	45174	203983	18277	16659	123441
林业	61157	54091	11184	18911	23996	7066	1586	5873
渔业	77380	67729	19348	6102	42279	9651	4883	10071
农、林、牧、渔服务业	438860	418072	69652	80830	267590	20788	4760	113973
制造业	189952	182062	50360	42266	89436	7890	10623	23324
农副食品加工业	1569	1569	778	385	406			704
饮料制造业	13510	6685	2445	63	4177	6825	10461	1262
化学原料及化学制品制造业	13004	13004	4108	1116	7780			3755
医药制造业	24807	24807	7272	9449	8086			9534
非金属矿物制品业	1289	1289	1116	90	83			689
通用设备制造业	95269	94204	25171	13398	55635	1065		5856
专用设备制造业	36657	36657	9053	17765	9839			1008
工艺品及其他制造业	3847	3847	417		3430		162	516
电力、燃气及水的生产和供应业	26840	26840	10190	566	16084		733	3071
电力、热力的生产和供应业	26840	26840	10190	566	16084		733	3071
科学研究、技术服务和地质勘查业	790198	729851	189251	189818	350782	60347	121904	47680

	科技经费内部支出	科技经费日常出支				科研基建	生产经营支出	其他支出
			人员劳务费	设备购置费	其他日常支出			
研究与试验发展	349521	308197	88460	73661	146076	41324	5573	20839
专业技术服务业	363456	347383	82226	111832	153325	16073	984	22131
科技交流和推广服务业	31523	28573	6215	4030	18328	2950	4787	2002
地质勘查业	45698	45698	12350	295	33053		110560	2708
水利、环境和公共设施管理业	348577	323454	85049	47278	191127	25123	68604	27064
水利管理业	133926	131610	21070	20554	89986	2316	609	7405
环境管理业	214651	191844	63979	26724	101141	22807	67995	19659
卫生、社会保障和社会福利业	354	354	300		54			340
卫生	354	354	300		54			340
文化、体育和娱乐业	5126	5126	1483	2838	805			250
体育	5126	5126	1483	2838	805			250
按机构所属学科领域分组								
自然科学领域	295345	292296	57807	77237	157252	3049	110560	16656
农业科学领域	1033253	967846	242637	159521	565688	65407	60192	268375
医学科学领域	179935	171990	37967	47016	87007	7945	3205	22536
工程科学与技术领域	807484	734743	215618	147171	371954	72741	55633	46754
社会、人文科学领域	8973	8973	1900	2838	4235		162	766
地方属机构按地区分组								
杭州市	1214268	1153184	255717	227904	669563	61084	166374	185585
宁波市	99969	90088	28213	4213	57662	9881	340	3504
温州市	126686	121231	49108	8036	64087	5455	4835	95324
嘉兴市	28699	28448	8866	11076	8506	251	18576	2726
湖州市	40666	39600	12983	3470	23147	1066	3981	8666
绍兴市	14348	14024	5550	354	8120	324		1110
金华市	34512	25612	7986	2374	15252	8900		3801
衢州市	5322	5312	3017	132	2163	10		2012
舟山市	13627	13627	7964	363	5300		7086	3222
台州市	33296	27824	11802	2822	13200	5472	6160	5574
丽水市	16186	16186	6731	2866	6589			2073

2—9 县级以上政府部门属自然科学研究与开发机构基本建设情况(2010)

单位:千元

	基本建设投资实际完成额			科研基建				
		科研仪器设备	科研土建工程		政府资金	企业资金	事业单位资金	其他资金
总　计	**189420**	**30053**	**119089**	**149142**	**127162**	**7**	**21973**	**0**
按隶属关系分组								
地方部门属	132721	29597	62846	92443	70512	7	21924	
省级部门属	39022	8696	30036	38732	38732			
副省级城市属	9881	2400	7481	9881	9881			
地市级部门属	83818	18501	25329	43830	21899	7	21924	
中央部门属	56699	456	56243	56699	56650		49	
中国科学院	33000		33000	33000	33000			
地方属机构按地区分组								
杭州市	61084	19578	41506	61084	48288		12796	
宁波市	9881	2400	7481	9881	9881			
温州市	45733	5319	136	5455	5220	7	228	
嘉兴市	251		251	251	251			
湖州市	1066	1066		1066	1066			
绍兴市	324	324		324	324			
金华市	8900	900	8000	8900			8900	
衢州市	10	10		10	10			
舟山市								
台州市	5472		5472	5472	5472			
丽水市								

2—10 县级以上政府部门属自然科学研究与开发机构资产情况(2010)

单位:千元

	年末固定资产原价	科研房屋建筑物	科研仪器设备	进口
总　计	**3180644**	**1073193**	**1555720**	**672866**
按隶属关系分组				
地方部门属	2033483	703038	860440	272536
省级部门属	1435470	454219	663062	206624
副省级城市属	112348	60821	40526	19066
地市级部门属	485665	187998	156852	46846
中央部门属	1147161	370155	695280	400330
中国科学院	411520	204609	206911	48123
地方属机构按地区分组				
杭州市	1249490	218604	668381	210147
宁波市	112348	60821	40526	19066
温州市	246711	125189	86359	25730
嘉兴市	260078	231299	6725	541
湖州市	47935	17271	21580	11394
绍兴市	8852	1085	7767	2844
金华市	32655	13082	6932	370
衢州市	5599	350	1331	
舟山市	21472	10975	6507	
台州市	36810	20727	9124	2444
丽水市	11533	3635	5208	

2—11 县级以上政府部门属自然科学研究与开发机构课题情况(一)(2010)

	课题数合计(个)	当年开题	当年完成	课题经费内部支出(千元)	政府资金	课题投入人员(人年)	其中研究人员
合计	**3134**	**1306**	**1524**	**1057153**	**787027**	**3944**	**2271**
按课题活动类型分组							
基础研究	220	88	97	48380	41631	214	124
应用研究	362	139	154	208183	194571	492	259
试验发展	1028	321	437	345232	301696	1361	763
研究与试验发展成果应用	805	306	383	190484	155736	1033	654
科技服务	719	452	453	264874	93394	844	472

2—12 县级以上政府部门属自然科学研究与开发机构课题情况(二)(2010)

	课题数合计(个)	R&D课题	课题经费内部支出(千元)	政府资金	R&D课题经费	课题投入人员(人年)	其中:R&D人员	其中:外聘流动学者	其中:在读研究生
总　计	**3134**	**1610**	**1057153**	**787027**	**601795**	**3944**	**2068**	**139**	**284**
按隶属关系分组									
地方部门属	2354	1038	616271	412915	243218	3105	1428	116	194
省级部门属	1631	785	468464	295269	187227	2045	1051	19	145
副省级城市属	92	50	48202	31267	19475	155	89		
地市级部门属	631	203	99604	86378	36516	905	288	97	49
中央部门属	780	572	440882	374113	358577	840	640	23	90
中国科学院	198	196	108108	86738	107529	142	138	18	15
按服务的国民经济行业分组									
农、林、牧、渔业	1881	964	386655	354296	215563	1960	1074	14	156
农业	614	273	150236	146449	87452	816	415	1	12
林业	230	160	44844	44629	26119	161	107	2	29
渔业	99	43	31488	27994	9390	145	61	1	3
农、林、牧、渔服务业	938	488	160087	135223	92603	838	491	10	111
制造业	256	66	39406	28042	9116	265	86	12	6
农副食品加工业	6		859	595		7			
饮料制造业	20	9	4517	1969	835	33	8		2
化学原料及化学制品制造业	29	5	5477	1675	1565	22	7		
医药制造业	88	13	11245	11186	2031	95	39		
非金属矿物制品业									
通用设备制造业	100	39	7837	6036	4685	68	32	12	4
专用设备制造业	13		9471	6581		40			
工艺品及其他制造业									
电力、燃气及水的生产和供应业	61	4	21247	6668	3069	65	16		
电力、热力的生产和供应业	61	4	21247	6668	3069	65	16		
科学研究、技术服务和地质勘查业	680	482	406322	334952	328142	1113	704	102	108
研究与试验发展	450	343	203161	170948	167395	774	490	102	97
专业技术服务业	182	119	182997	157107	152947	245	187		11

	课题数合计(个)	R&D课题	课题经费内部支出(千元)	政府资金	R&D课题经费	课题投入人员(人年)	其中：R&D人员	其中：外聘流动学者	其中：在读研究生
科技交流和推广服务业	11	5	1768	1520	770	13	5		
地质勘查业	37	15	18396	5377	7030	82	23		
水利、环境和公共设施管理业	255	94	203360	62907	45904	541	188	11	15
水利管理业	107	37	125903	35469	25128	212	72	3	
环境管理业	148	57	77458	27438	20776	329	116	8	15
卫生、社会保障和社会福利业									
卫生									
文化、体育和娱乐业	1		163	163					
体育	1		163	163					
按课题所属学科分组									
自然科学领域	359	259	239923	203639	189335	537	385	22	46
信息科学与系统科学	9	4	7604	3080	1098	21	13	4	3
力学	1		39			1			
物理学	5	5	636	470	636	6	6		
化学	25	14	2050	833	1135	48	13	12	8
地球科学	168	121	190937	161825	156334	255	188		11
生物学	151	115	38658	37431	30132	206	166	6	24
农业科学领域	1699	863	371124	331863	206927	1838	994	13	143
农学	1174	571	247029	214454	153154	1242	710	11	100
林学	279	165	65270	63025	30022	278	133	2	29
畜牧、兽医科学	117	79	22067	21092	14911	133	93	1	13
水产学	129	48	36757	33292	8841	185	58		1
医学科学领域	209	119	61686	57340	35305	400	271		16
基础医学	68	63	21006	20835	18726	169	156		8
临床医学	2	2	1000	1000	1000	8	8		
预防医学与公共卫生学	42	32	19665	16520	4778	114	54		4
药学	16	16	10180	9150	10180	43	43		3
中医学与中药学	81	6	9835	9835	621	68	11		1
工程科学与技术领域	823	369	383228	193014	170228	1129	418	96	77
工程与技术科学基础学科	6	3	1380	1105	479	9	2	1	1
信息与系统科学相关工程与技术	53	10	5798	3390	1072	63	10	11	17

2—12 续表 2

	课题数合计（个）	R&D课题	课题经费内部支出（千元）	政府资金	R&D课题经费	课题投入人员（人年）	其中：R&D人员	其中：外聘流动学者	其中：在读研究生
自然科学相关工程与技术	14	4	2413	268	822	21	10		
材料科学	206	186	109878	86819	106543	181	140	32	21
冶金工程技术	2	1	533	533	37	4			
机械工程	36	6	5331	2314	560	53	5	11	7
动力与电气工程	55	25	8892	3885	2649	48	23	5	4
能源科学技术	26	6	13624	11659	1668	47	9	1	
核科学技术	1		1180	1180		3			
电子与通信技术	52	14	4113	2478	2965	34	12	5	
计算机科学技术	7	5	1605	770	1530	12	7	3	2
化学工程	26	5	6031	2135	1630	57	8	19	10
产品应用相关工程技术	1		131	131		6		3	2
纺织科学技术	1	1	50	50	50	2	2		
食品科学技术	42	12	6587	4550	1008	40	9	1	2
土木建筑工程	3		241	180		5			
水利工程	140	35	139109	41631	27338	242	79	3	
环境科学技术及资源科学技术	134	50	73973	28230	20777	282	93	2	12
安全科学技术	10	6	1780	1310	1100	15	9		
管理学	8		579	397		7			
社会、人文科学领域	44		1192	1172		41		8	3
经济学	21		595	575		18		4	1
政治学	3		67	67		5		2	1
社会学	3		53	53		4		2	1
图书馆、情报与文献学	4		242	242		4			
教育学	12		72	72		9			
体育科学	1		163	163					
按课题技术领域分组									
非技术领域	43		11446	8367		70		8	3
信息技术	68	15	14749	7448	3257	88	28	7	19
生物技术	1438	924	329110	299516	225148	1610	1100	25	160
新材料	219	199	102241	81515	98742	197	147	35	22
能源技术	87	18	43935	22736	15050	108	38	1	1

	课题数合计（个）	R&D课题	课题经费内部支出（千元）	政府资金	R&D课题经费	课题投入人员（人年）	其中：R&D人员	其中：外聘流动学者	其中：在读研究生
激光技术	15	12	917	847	682	12	10	5	
自动化技术	32	10	6142	2874	2746	88	14	31	16
航天技术	1		20	20		1			
海洋技术	325	186	251883	193516	178609	597	297	15	34
其他技术领域	906	246	296710	170189	77560	1175	434	12	27
按课题来源分组									
中央政府部门下达课题	692	488	395111	381933	327633	963	719	11	107
国家重大科技专项	29	23	19897	19587	13569	49	34	1	8
国家自然科学基金课题	116	116	18411	17439	18411	121	121	2	19
863 计划课题	46	46	24185	23657	24185	85	85	1	13
国家科技支撑（攻关）计划课题	86	69	22341	21899	17891	93	69	1	18
国家星火计划课题	7		2565	1839		8			
国家 973 计划课题	22	22	19323	19135	19323	43	43		3
公益性行业科研专项	83	62	91011	87313	83792	166	132	1	12
其他课题	303	150	197380	191064	150463	397	234	6	36
地方政府部门下达课题	1822	859	378858	337821	198969	2302	1151	103	134
地方自然科学基金课题	143	143	14017	12547	14017	142	142	3	20
地方科技攻关计划课题	573	322	146887	135981	96185	865	484	87	64
地方社会科学基金课题	11	9	497	396	473	16	15	5	2
其他课题	1095	385	217456	188897	88293	1279	510	8	49
企业委托课题	343	93	174012	18905	20382	457	86	22	26
自选课题	170	109	64855	30652	45017	120	61	1	9
国际合作课题	29	22	10073	5898	5539	25	20	1	5
其他课题	78	39	34244	11819	4255	77	31	2	3
按课题合作形式分组									
与境外机构合作	31	23	6807	4837	4817	29	22	1	4
与国内高校合作	197	127	51966	44109	35454	261	164	3	17
与国内独立研究机构合作	239	163	82383	76920	65141	319	221	3	26
与境内注册的外商独资企业合作	1	1	320		320	2	2		1
与境内注册的其他企业合作	233	94	51208	27743	23604	277	120	23	32
独立研究	2308	1151	730078	500622	355086	2846	1422	108	192

2—12 续表 4

	课题数合计（个）	R&D课题	课题经费内部支出（千元）	政府资金	R&D课题经费	课题投入人员（人年）	其中：R&D人员	其中：外聘流动学者	其中：在读研究生
其他	125	51	134391	132798	117374	211	117	1	13
按课题的社会经济目标分组									
环境保护、生态建设及污染防治	194	82	96785	46815	30307	369	126	16	27
环境一般问题	12		2634	1945		13			
环境与资源评估	15	6	8843	6623	2269	28	13	1	3
环境监测	13	3	7546	5296	4313	23	7	1	3
生态建设	27	13	9995	8379	3374	28	12		2
环境污染预防	16	6	17860	2906	2681	47	11	4	8
环境治理	105	50	48777	20841	17000	224	80	10	12
自然灾害的预防、预报	6	4	1130	825	670	6	3		
能源生产、分配和合理利用	115	25	50010	25667	20075	157	47	6	4
能源一般问题研究	5	2	4707	175	4267	3	1		
能源转换技术	2	2	1178	1178	1178	7	7	1	1
能源输送、储存与分配技术	3	2	656	125	175	3	2		
可再生能源	66	9	24267	8711	7298	74	23	1	1
能源设施和设备建造	14	3	1838	208	43	28	3	3	
能源安全生产管理和技术	2		416	350		3			
节约能源的技术	20	5	12492	10464	2750	37	9	2	1
能源生产、输送、分配、储存、利用过程中污染的防治与处理	3	2	4457	4457	4364	3	2		1
卫生事业的发展	231	129	55566	52895	36049	388	275		17
卫生一般问题	73	5	9258	9258	391	57	5		
诊断与治疗	21	14	2425	2405	2078	35	30		3
预防医学	22	21	10020	9495	8240	61	53		2
公共卫生	17	12	5024	4824	957	33	14		
营养和食品卫生	15	4	1943	818	210	12	3		
药物滥用和成瘾	9	9	5769	5608	5769	22	22		
社会医疗	2	1	600	600	500	3	2		1
卫生医疗其他研究	72	63	20527	19887	17904	165	146		10
教育事业发展	20	4	3275	2834	469	19	2		
教育一般问题	15	4	528	528	469	11	2		
非学历教育与培训	5		2747	2306		8			

	课题数合计（个）	R&D课题	课题经费内部支出（千元）	政府资金	R&D课题经费	课题投入人员（人年）	其中：R&D人员	其中：外聘流动学者	其中：在读研究生
基础设施以及城市和农村规划	63	12	17946	11918	7570	73	19	2	16
交通运输	5	2	2281	479	56	6	2		
通信	3	2	295	285	250	9	8	1	3
广播与电视	1	1	26	25	26	2	2		
城市规划与市政工程	4	1	7733	7279	6918	4	1		
农村发展规划与建设	47	6	5097	2985	320	46	6	1	14
交通运输、通信、城市与农村发展对环境的影响	3		2513	865		6			
社会发展和社会服务	62	12	11478	8825	3378	64	12	7	4
社会发展和社会服务一般问题	10		315	315		12		4	2
公共安全	31	10	8985	7717	2359	36	10	1	1
就业	2		28	28		1			
政府与政治	2		41	41		4		2	1
科技发展	8	1	1258	223	969	4		1	
国土资源管理	4	1	385	183	50	4	2		
其他社会发展和社会服务	5		466	318		4			
地球和大气层的探索与利用	213	128	286855	181421	170656	380	228		10
地壳、地幔、海底的探测和研究	30	24	12580	7585	7835	46	22		1
水文地理	83	30	117694	33331	23654	168	62		
海洋	94	73	154918	140287	139047	156	143		8
大气	2	1	218	218	120	3	1		
地球探测和开发其他研究	4		1445			8			
民用空间的探测及开发	17	17	4488	4488	4488	13	13		
卫星服务	17	17	4488	4488	4488	13	13		
促进农林牧渔业发展	1734	930	387130	350665	230342	1928	1104	13	151
农林牧渔业发展一般问题	196	45	54641	45219	27955	226	99		22
农作物种植及培育	727	376	153906	147898	99604	801	477	4	50
林业和林产品	223	134	50204	48048	25470	227	112	2	24
畜牧业	89	56	18275	17569	12498	107	68		11
渔业	99	40	30330	27847	8049	143	50	3	2
农林牧渔业体系支撑	379	274	75841	61622	56077	400	291	5	38
农林牧渔业生产中污染的防治与处理	21	5	3934	2463	690	25	7		3

	课题数合计（个）	R&D课题	课题经费内部支出（千元）	政府资金	R&D课题经费	课题投入人员（人年）	其中：R&D人员	其中：外聘流动学者	其中：在读研究生
工商业发展	455	250	128205	89434	86913	506	219	84	49
促进工商业发展的一般问题	11	2	1404	944	191	13	2	2	1
产业共性技术	155	146	65786	52477	62565	106	92	18	8
非能源资源矿产的开采	1		600	600		5			
食品、饮料和烟草制品业	21	9	4270	2072	835	33	8	1	3
纺织业、服装及皮革制品业	14	9	1726	895	1341	36	14	14	7
化学工业	29	12	13617	10036	11751	85	43	17	10
非金属与金属制品业	13	13	2362	1446	2362	9	9	1	
机械制造业（不包括电子设备、仪器仪表及办公机械）	63	34	7389	5494	3911	71	26	18	12
电子设备、仪器仪表及办公机械	14	10	1983	1249	1593	25	12	8	4
其他制造业	7	2	1187	380	427	12	2	3	2
建筑业	12	1	1132	501	80	13	1		
信息与通信技术（ICT）服务业	46	5	17665	8652	1585	63	7	4	2
技术服务业	65	6	6994	4547	262	28	3	1	
商业及其他服务业	1		1950			1			
工商业活动中的环境保护、污染防治与处理	3	1	142	142	10	5	1		1
非定向研究	17	17	3130	1090	3130	20	20	5	3
自然科学领域的非定向研究	12	12	2802	792	2802	18	18	5	3
工程与技术科学领域的非定向研究	3	3	268	238	268	1	1		
医学科学领域的非定向研究	2	2	60	60	60	1	1		
其他民用目标	11	2	4448	3138	580	26	2	5	3
国防	2	2	7838	7838	7838	1	1		
地方属机构课题按地区分组									
杭州市	1590	716	451698	286325	173794	1959	945	10	127
宁波市	92	50	48202	31267	19475	155	89		
温州市	300	95	43820	38713	14339	441	113	97	52
嘉兴市	101	66	20167	13618	11709	141	99	8	15
湖州市	78	34	15716	13646	5342	122	64		
绍兴市	21	10	2830	1170	1225	29	10		
金华市	52	24	2676	2530	1355	42	18		
衢州市	27	4	2090	2090	290	24	3		
舟山市	27	7	6160	4456	2144	42	10	1	
台州市	41	25	15161	14870	9917	86	55		
丽水市	25	7	7750	4230	3628	64	23		

2—13 县级以上政府部门属自然科学研究与开发机构课题经费内部支出情况(2010)

单位:千元

	课题经费内部支出	基础研究	应用研究	试验发展	R&D成果应用	科技服务
总 计	**1057153**	**48380**	**208183**	**345232**	**190484**	**264874**
按隶属关系分组						
地方部门属	616271	13326	53151	176741	154193	218860
省级部门属	468464	13326	48159	125742	98145	183092
副省级城市属	48202		1773	17702	7458	21269
地市级部门属	99604		3219	33297	48590	14499
中央部门属	440882	35054	155032	168491	36291	46014
中国科学院	108108	14941	21482	71106		579
地方属机构课题按地区分组						
杭州市	451698	13135	43712	116947	103530	174374
宁波市	48202		1773	17702	7458	21269
温州市	43820		6496	7843	16682	12799
嘉兴市	20167	191	846	10671	1971	6488
湖州市	15716		212	5130	10174	200
绍兴市	2830			1225	1605	
金华市	2676		112	1243	1275	46
衢州市	2090			290	1050	750
舟山市	6160			2144	2261	1755
台州市	15161			9917	4065	1179
丽水市	7750			3628	4122	

2—14 县级以上政府部门属自然科学研究与开发机构课题投入人员情况(2010)

单位:人年

	课题投入人员	基础研究	应用研究	试验发展	R&D成果应用	科技服务
总　计	**3944**	**214**	**492**	**1361**	**1033**	**844**
按隶属关系分组						
地方部门属	3105	133	323	972	954	723
省级部门属	2045	133	279	638	460	535
副省级城市属	155		10	79	19	47
地市级部门属	905		33	255	475	142
中央部门属	840	82	169	389	78	121
中国科学院	142	5	22	112		3
地方属机构课题按地区分组						
杭州市	1959	123	237	585	492	522
宁波市	155		10	79	19	47
温州市	441		47	67	234	93
嘉兴市	141	10	22	68	25	17
湖州市	122		6	58	55	3
绍兴市	29			10	19	
金华市	42		2	16	20	4
衢州市	24			3	11	10
舟山市	42			10	14	19
台州市	86			55	24	7
丽水市	64			23	41	

2—15 县级以上政府部门属自然科学研究与开发机构专利情况(2010)

	专利申请受理数(件)	发明专利	专利授权数(件)	其中:发明专利	其中:国外授权	有效发明专利数(件)	专利所有权转让及许可数(件)	专利所有权转让与许可证收入(千元)
总计	**362**	**283**	**186**	**112**	**0**	**361**	**12**	**12647**
按隶属关系分组								
地方部门属	194	141	138	85		263	6	425
省级部门属	155	123	111	73		232	3	235
副省级城市属	5	3	5	3		13		
地市级部门属	34	15	22	9		18	3	190
中央部门属	168	142	48	27		98	6	12222
中国科学院	127	113	16	12		15	5	12042
按服务的国民经济行业分组								
农、林、牧、渔业	145	117	100	74		233	2	135
制造业	24	13	17	8		19	3	140
电力、燃气及水的生产和供应业	1							
科学研究、技术服务和地质勘查业	172	143	43	25		96	7	12372
水利、环境和公共设施管理业	18	9	26	5		13		
文化、体育和娱乐业	2	1						
按机构所属学科领域分组								
自然科学领域	10	7	5	2		13		
农业科学领域	151	121	108	80		265	3	315
医学科学领域	23	22	8	8		48		
工程科学与技术领域	176	132	65	22		35	9	12332
社会、人文科学领域	2	1						
地方属机构按地区分组								
杭州市	137	114	106	72		213	2	155
宁波市	5	3	5	3		13		
温州市	27	10	13	2		7	3	190
嘉兴市	6	2	3	1		3		
湖州市	11	8	7	5		17	1	80
绍兴市								
金华市	2	2	1	1		1		
衢州市								
舟山市	3	1	3	1		2		
台州市	1	1				7		
丽水市	2							

2—16 县级以上政府部门属自然科学研究与开发机构论文、著作及其他科技产出情况(2010)

	科技论文(篇)	国外发表	科技著作(种)	形成国家或行业标准数(项)	集成电路布图设计登记数(件)	植物新品种权授予数(项)	软件著作权数(件)	新药证书数(件)
总　计	**3001**	**489**	**67**	**38**	**0**	**23**	**35**	**0**
按隶属关系分组								
地方部门属	2151	198	33	25		15	28	
省级部门属	1508	172	25	24		5	26	
副省级城市属	81	3						
地市级部门属	562	23	8	1		10	2	
中央部门属	850	291	34	13		8	7	
中国科学院	182	143						
按服务的国民经济行业分组								
农、林、牧、渔业	1681	181	48	12		23	21	
制造业	158	40	4	2			1	
电力、燃气及水的生产和供应业	17		1	2				
科学研究、技术服务和地质勘查业	856	247	13	21			10	
水利、环境和公共设施管理业	271	21	1	1			3	
卫生、社会保障和社会福利业								
文化、体育和娱乐业	18							
按机构所属学科领域分组								
自然科学领域	219	66	5				6	
农业科学领域	1789	214	55	14		23	21	
医学科学领域	316	31	3					
工程科学与技术领域	659	178	4	24			8	
社会、人文科学领域	18							
地方属机构按地区分组								
杭州市	1451	155	24	24		8	27	
宁波市	81	3						
温州市	253	13	5	1		2	1	
嘉兴市	71	14				2		
湖州市	69	4	1					
绍兴市	12							
金华市	52							
衢州市	15							
舟山市	9	9						
台州市	69		1			3		
丽水市	69		2					

2—17 县级以上政府部门属自然科学研究与开发机构 R&D 人员情况(2010)

	R&D 人员（人）	女性	按工作量分		按学历分			
			R&D 全时人员	R&D 非全时人员	博士毕业	硕士毕业	本科毕业	其他
总计	**3146**	**981**	**1577**	**1569**	**590**	**1058**	**1140**	**358**
按隶属关系分组								
地方部门属	2069	693	1160	909	342	643	812	272
省级部门属	1433	536	906	527	305	446	520	162
副省级城市属	101	23	69	32	9	28	54	10
地市级部门属	535	134	185	350	28	169	238	100
中央部门属	1077	288	417	660	248	415	328	86
中国科学院	324	104	90	234	92	131	80	21
按机构所属学科领域分组								
自然科学领域	379	91	172	207	69	126	138	46
农业科学领域	1744	523	859	885	322	551	676	195
医学科学领域	329	166	219	110	34	107	118	70
工程科学与技术领域	694	201	327	367	165	274	208	47
地方属机构按地区分组								
杭州市	1305	497	773	532	260	404	491	150
宁波市	101	23	69	32	9	28	54	10
温州市	297	75	92	205	21	114	117	45
嘉兴市	117	41	92	25	44	34	22	17
湖州市	75	21	58	17	4	23	40	8
绍兴市	10	1	10		1	2	5	2
金华市	33	6	17	16	1	10	14	8
衢州市	3	2	3			1	2	
舟山市	15	3	5	10		4	10	1
台州市	76	13	32	44	2	15	33	26
丽水市	37	11	9	28		8	24	5

2—18 县级以上政府部门属自然科学研究与开发机构 R&D 人员折合全时工作量(2010)

	R&D 折合全时工作量(人年)	按活动类型分			按工作岗位性质分		
		基础研究人员	应用研究人员	试验发展人员	研究人员	技术人员	其他辅助人员
总　计	**2168**	**220**	**520**	**1428**	**1347**	**579**	**242**
按隶属关系分组							
地方部门属	1499	138	346	1015	948	386	165
省级部门属	1092	138	290	664	726	249	117
副省级城市属	90		11	79	41	46	3
地市级部门属	317		45	272	181	91	45
中央部门属	669	82	174	413	399	193	77
中国科学院	139	5	22	112	95	32	12
按服务的国民经济行业分组							
农、林、牧、渔业	1135	123	235	777	783	218	134
农业	459		59	400	302	100	57
林业	111	5	6	100	66	11	34
渔业	62		30	32	27	31	4
农、林、牧、渔服务业	503	118	140	245	388	76	39
制造业	96		7	89	57	31	8
饮料制造业	8		1	7	3	3	2
化学原料及化学制品制造业	11			11	10	1	
医药制造业	40		6	34	12	22	6
通用设备制造业	37			37	32	5	
电力、燃气及水的生产和供应业	21			21	15	6	
电力、热力的生产和供应业	21			21	15	6	
科学研究、技术服务和地质勘查业	711	85	220	406	354	270	87

	R&D折合全时工作量（人年）	按活动类型分			按工作岗位性质分		
		基础研究人员	应用研究人员	试验发展人员	研究人员	技术人员	其他辅助人员
研究与试验发展	493	13	117	363	238	177	78
专业技术服务业	187	72	99	16	96	85	6
科技交流和推广服务业	7			7	3	4	
地质勘查业	24		4	20	17	4	3
水利、环境和公共设施管理业	205	12	58	135	138	54	13
水利管理业	75		31	44	51	23	1
环境管理业	130	12	27	91	87	31	12
按机构所属学科领域分组							
自然科学领域	238	72	103	63	116	107	15
农业科学领域	1221	123	264	834	805	267	149
医学科学领域	281	8	67	206	128	100	53
工程科学与技术领域	428	17	86	325	298	105	25
地方属机构按地区分组							
杭州市	963	126	242	595	642	211	110
宁波市	90		11	79	41	46	3
温州市	141		58	83	88	42	11
嘉兴市	113	12	27	74	82	21	10
湖州市	64		6	58	29	26	9
绍兴市	10			10	5	4	1
金华市	21		2	19	16	4	1
衢州市	3			3	3		
舟山市	11			11	7	3	1
台州市	59			59	24	19	16
丽水市	24			24	11	10	3

2—19 县级以上政府部门属自然科学研究与开发机构 R&D 经费支出情况(2010)

单位:千元

	R&D经费内部支出	按活动类型分			按来源分					R&D经费外部支出
		基础研究	应用研究	试验发展	政府资金	企业资金	事业单位资金	国外资金	其他资金	
总　计	**959899**	**82543**	**302401**	**574955**	**847399**	**48923**	**41641**	**2866**	**19070**	**101567**
按隶属关系分组										
地方部门属	478619	39080	110946	328593	379222	39103	40818	1156	18320	26960
省级部门属	405682	39080	103265	263337	314129	38963	33385	1156	18049	26600
副省级城市属	19675		1784	17891	19424		90		161	360
地市级部门属	53262		5897	47365	45669	140	7343		110	
中央部门属	481280	43463	191455	246362	468177	9820	823	1710	750	74607
中国科学院	140529	19526	28075	92928	134015	6514				1000
按机构所属学科领域分组										
自然科学领域	187008	23136	143275	20597	183102	3883	23			58607
农业科学领域	493029	39282	111433	342314	433513	30542	8449	2398	18127	41600
医学科学领域	70174	408	4552	65214	46518		22495	218	943	
工程科学与技术领域	209688	19717	43141	146830	184266	14498	10674	250		1360
地方属机构按地区分组										
杭州市	389977	38889	99742	251346	301372	36733	32917	906	18049	26600
宁波市	19675		1784	17891	19424		90		161	360
温州市	20349		8250	12099	20268	81				
嘉兴市	12812	191	846	11775	10617	1945		250		
湖州市	5660		212	5448	5491	59			110	
绍兴市	1305			1305	1305					
金华市	5076		112	4964	1521	146	3409			
衢州市	470			470	470					
舟山市	2144			2144	1222		922			
台州市	16513			16513	16374	139				
丽水市	4638			4638	1158		3480			

2—20 县级以上政府部门属自然科学研究与开发机构 R&D 经费内部支出情况(2010)

单位:千元

	R&D 经费内部支出	经常费支出	人员费用	设备购置费	其他	基本建设费	仪器设备费	土建费
总计	**959899**	**887721**	**237330**	**225538**	**424853**	**72178**	**2973**	**69205**
按隶属关系分组								
地方部门属	478619	449606	128736	96252	224618	29013	2883	26130
省级部门属	405682	384519	91910	91477	201132	21163	1395	19768
副省级城市属	19675	17275	10306	1750	5219	2400	466	1934
地市级部门属	53262	47812	26520	3025	18267	5450	1022	4428
中央部门属	481280	438115	108594	129286	200235	43165	90	43075
中国科学院	140529	107529	39905	38181	29443	33000		33000
按服务的国民经济行业分组								
农、林、牧、渔业	464920	439130	109227	73997	255906	25790	1917	23873
农业	156003	144121	58277	15633	70211	11882	1221	10661
林业	39102	38096	5432	10736	21928	1006	40	966
渔业	10161	9674	5534	655	3485	487	287	200
农、林、牧、渔服务业	259654	247239	39984	46973	160282	12415	369	12046
制造业	16410	14382	6433	1531	6418	2028	535	1493
饮料制造业	3129	1636	800	20	816	1493		1493
化学原料及化学制品制造业	3022	3022	520	319	2183			
医药制造业	2536	2536	1887	490	159			
通用设备制造业	7723	7188	3226	702	3260	535	535	
电力、燃气及水的生产和供应业	5225	5225	2744	79	2402			
电力、热力的生产和供应业	5225	5225	2744	79	2402			
科学研究、技术服务和地质勘查业	425469	381475	102764	130676	148035	43994	471	43523

	R&D经费内部支出	经常费支出				基本建设费		
			人员费用	设备购置费	其他		仪器设备费	土建费
研究与试验发展	234887	194970	75160	62172	57638	39917		39917
专业技术服务业	180325	176438	22574	67577	86287	3887	281	3606
科技交流和推广服务业	2173	1983	602	845	536	190	190	
地质勘查业	8084	8084	4428	82	3574			
水利、环境和公共设施管理业	47875	47509	16162	19255	12092	366	50	316
水利管理业	26474	26108	7111	8632	10365	366	50	316
环境管理业	21401	21401	9051	10623	1727			
按机构所属学科领域分组								
自然科学领域	187008	184161	27685	67519	88957	2847		2847
农业科学领域	493029	465746	119834	77656	268256	27283	1917	25366
医学科学领域	70174	63257	25825	20612	16820	6917		6917
工程科学与技术领域	209688	174557	63986	59751	50820	35131	1056	34075
地方属机构按地区分组								
杭州市	389977	368061	83635	85482	198944	21916	1389	20527
宁波市	19675	17275	10306	1750	5219	2400	466	1934
温州市	20349	19427	11138	1630	6659	922	914	8
嘉兴市	12812	12636	7599	2764	2273	176		176
湖州市	5660	5626	4430	305	891	34	34	
绍兴市	1305	1225	1102	123		80	80	
金华市	5076	5076	1410	1728	1938			
衢州市	470	470	340		130			
舟山市	2144	2144	1262	174	708			
台州市	16513	13028	5732	1985	5311	3485		3485
丽水市	4638	4638	1782	311	2545			

2—21 县级以上政府部门属自然科学研究与开发机构 R&D 经费外部支出情况(2010)

单位:千元

	R&D 经费外部支出	对国内科研机构支出	对国内高等学校支出	对国内企业支出	对境外机构支出
总　计	**101567**	**65508**	**27687**	**5582**	**2790**
按隶属关系分组					
地方部门属	26960	26600	360		
省级部门属	26600	26600			
副省级城市属	360		360		
中央部门属	74607	38908	27327	5582	2790
中国科学院	1000	1000			
按机构所属学科领域分组					
自然科学领域	58607	27908	22327	5582	2790
农业科学领域	41600	36600	5000		
工程科学与技术领域	1360	1000	360		
按机构服务的国民经济行业分组					
农、林、牧、渔业	41600	36600	5000		
农业	15000	10000	5000		
农、林、牧、渔服务业	26600	26600			
科学研究、技术服务和地质勘查业	59607	28908	22327	5582	2790
研究与试验发展	1000	1000			
专业技术服务业	58607	27908	22327	5582	2790
水利、环境和公共设施管理业	360		360		
环境管理业	360		360		
地方属机构按地区分组					
杭州市	26600	26600			
宁波市	360		360		

2—22　县级以上政府部门属自然科学研究与开发机构 R&D 经常费支出情况(2010)

单位:千元

	R&D经常费支出	按活动类型分			按来源分				
		基础研究	应用研究	试验发展	政府资金	企业资金	事业单位资金	国外资金	其他资金
总　计	**887721**	**75904**	**286523**	**525294**	**776284**	**48923**	**40578**	**2866**	**19070**
按隶属关系分组									
地方部门属	449606	37419	105054	307133	351249	39103	39778	1156	18320
省级部门属	384519	37419	98037	249063	292966	38963	33385	1156	18049
副省级城市属	17275		1773	15502	17024		90		161
地市级部门属	47812		5244	42568	41259	140	6303		110
中央部门属	438115	38485	181469	218161	425035	9820	800	1710	750
中国科学院	107529	14941	21482	71106	101015	6514			
按机构所属学科领域分组									
自然科学领域	184161	22764	141037	20360	180278	3883			
农业科学领域	465746	37645	105289	322812	406230	30542	8449	2398	18127
医学科学领域	63257	363	4227	58667	39601		22495	218	943
工程科学与技术领域	174557	15132	35970	123455	150175	14498	9634	250	
地方属机构按地区分组									
杭州市	698647	60772	254155	383720	604516	40039	32677	2616	18799
宁波市	124804	14941	23255	86608	118039	6514	90		161
温州市	19427		7943	11484	19346	81			
嘉兴市	12636	191	846	11599	10441	1945		250	
湖州市	5626		212	5414	5457	59			110
绍兴市	1225			1225	1225				
金华市	5076		112	4964	1521	146	3409		
衢州市	470			470	470				
舟山市	2144			2144	1222		922		
台州市	13028			13028	12889	139			
丽水市	4638			4638	1158		3480		

2—23 县级以上政府部门属自然科学研究与开发机构对外科技服务活动情况(2010)

单位:人年

	合计	科技成果的示范性推广工作	为用户提供可行性报告、技术方案、建议及进行技术论证等技术咨询工作	地形、地质和水文考察、天文、气象和地震的日常观察	为社会和公众提供的检验、检疫、测试、标准化、计量、计算、质量控制和专利服务	科技信息文献服务	其他科技服务活动	科技培训工作
总计	**2297**	**422**	**388**	**31**	**857**	**73**	**367**	**159**
按隶属关系分组								
地方部门属	1942	370	306	29	735	48	320	134
省级部门属	1267	203	217	27	578	32	139	71
副省级城市属	85	36	10	1	14	2	15	7
地市级部门属	590	131	79	1	143	14	166	56
中央部门属	355	52	82	2	122	25	47	25
中国科学院	122	7	49		41	1	22	2
地方属机构按地区分组								
杭州市	1307	171	222	26	681	28	119	60
宁波市	85	36	10	1	14	2	15	7
温州市	299	85	43		24	12	101	34
嘉兴市	10	1	1		1		5	2
湖州市	20	8	2		2	1	6	1
绍兴市	17	3			5		4	5
金华市	51	17	2	1		1	26	4
衢州市	27	6	12				6	3
舟山市	55	21				1	30	3
台州市	48	11	14	1	8	3	6	5
丽水市	23	11					2	10

2—24 县级以上政府部门属自然科学研究与开发机构重点发展学科情况(2010)

	部门数 (个)	科技活动人员 (人)	科技经费内部支出 (千元)
总　计	**103**	**2069**	**352648**
按隶属关系分组			
地方部门属	83	1418	178276
省级部门属	73	1254	151731
副省级城市属	5	59	17458
地市级部门属	5	105	9087
中央部门属	20	651	174372
中国科学院	5	209	6428
按重点发展学科的组成类型分组			
国家(重点)实验室	2	71	55500
国家工程技术(研究)中心	4	152	7678
部门、地方(重点)实验室	49	1081	170072
部门、地方工程技术(研究)中心	14	302	48196
其他	34	463	71202
按重点发展学科的主要研究方向分组			
信息科学与系统科学	1	8	550
物理学	1	5	600
化学	1	10	3271
地球科学	3	153	97000
生物学	11	234	41425
农学	36	626	100275

	部门数（个）	科技活动人员（人）	科技经费内部支出（千元）
林学	9	142	37439
畜牧、兽医科学	7	78	12596
水产学	2	26	2471
基础医学	1	22	5769
预防医学与公共卫生学	2	61	5000
药学	1	60	4000
中医学与中药学	6	65	1490
工程与技术科学基础学科	1	5	1050
材料科学	6	249	11928
机械工程	1	21	750
食品科学技术	2	21	3014
土木建筑工程	1	16	800
水利工程	3	116	10299
环境科学技术及资源科学技术	7	114	12671
安全科学技术	1	37	250
地方属机构按地区分组			
杭州市	59	1113	139083
宁波市	5	59	17458
温州市	10	141	7700
嘉兴市	6	75	10077
湖州市	2	22	3088
台州市	1	8	870

2—25 县级以上政府部门属自然科学研究与开发机构人员流动情况(2010)

单位:人

	本年新增人员	应届高校毕业生	招聘的其他人员	其他新增人员	本年减少人员	离退休人员	离开本单位的人员	其他减少人员	本年不在岗人员
总计	**590**	**299**	**215**	**76**	**319**	**126**	**154**	**39**	**78**
按隶属关系分组									
地方部门属	369	200	124	45	213	102	90	21	23
省级部门属	200	93	87	20	133	69	50	14	22
副省级城市属	6	3		3	7	3	3	1	1
地市级部门属	163	104	37	22	73	30	37	6	
中央部门属	221	99	91	31	106	24	64	18	55
中国科学院	127	55	64	8	48		46	2	
地方属机构按地区分组									
杭州市	203	95	90	18	125	67	43	15	22
宁波市	6	3		3	7	3	3	1	1
温州市	83	54	16	13	37	9	25	3	
嘉兴市	13	5	7	1	12	5	7		
湖州市	27	21	4	2	9	3	5	1	
绍兴市	2	2			3	3			
金华市	12	4	5	3	8	6	2		
衢州市					2	2			
舟山市	8	3	1	4	3	1	2		
台州市	9	9			5	2	2	1	
丽水市	6	4	1	1	2	1	1		

2—26 县级以上政府部门属自然科学研究与开发机构招聘人员情况(2010)

单位:人

	应届高校毕业生	招聘的其他人员					
			来自研究院所	来自企业		来自高等院校	来自国外	来自政府部门
					外资或合资企业			
总　计	**299**	**215**	**26**	**90**	**0**	**18**	**29**	**3**
按隶属关系分组								
地方部门属	200	124	18	42		15	5	3
省级部门属	93	87	14	24		3	5	2
副省级城市属	3							
地市级部门属	104	37	4	18		12		1
中央部门属	99	91	8	48		3	24	
中国科学院	55	64		32		1	23	
地方属机构按地区分组								
杭州市	95	90	15	29		4	1	1
宁波市	3							
温州市	54	16		12		4		
嘉兴市	5	7	1			1	4	1
湖州市	21	4	2	1				
绍兴市	2							
金华市	4	5				5		
舟山市	3	1				1		
台州市	9							
丽水市	4	1						1

2—27　县级以上政府部门属自然科学研究与开发机构流出人员情况(2010)

单位:人

	流出人员	流向政府部门	流向企业	外资或合资企业	出国	流向高等学校	流向研究院所
总　计	**154**	**17**	**96**	**5**	**7**	**9**	**20**
按隶属关系分组							
地方部门属	90	15	52	2	3	3	14
省级部门属	50	4	30	1	1	2	11
副省级城市属	3	2					1
地市级部门属	37	9	22	1	2	1	2
中央部门属	64	2	44	3	4	6	6
中国科学院	46	1	35		4	2	2
地方属机构按地区分组							
杭州市	43	5	23	1	1	2	11
宁波市	3	2					1
温州市	25	5	20	1			
嘉兴市	7		7				
湖州市	5		2		2		
金华市	2	1				1	
舟山市	2						1
台州市	2	2					
丽水市	1						1

2—28 县级以上政府部门属社会与人文科学研究与开发机构概况(2010)

	机构数(个)	从业人员总数(人)	单位在职科技活动人员	大学本科及以上学历	经费收入总额(千元)	政府资金	经费支出总额(千元)	科技经费支出
总　计	**4**	**266**	**255**	**214**	**92120**	**89430**	**94099**	**88445**
按隶属关系分组								
地方部门属	4	266	255	214	92120	89430	94099	88445
省级部门属	3	235	224	185	79848	77381	81827	77006
地市级部门属	1	31	31	29	12272	12049	12272	11439
按机构所属学科分组								
社会、人文科学领域	4	266	255	214	92120	89430	94099	88445
马克思主义	1	142	133	113	42100	40070	42918	39520
考古学	1	58	56	40	24250	23827	26681	25743
经济学	1	35	35	32	13498	13484	12228	11743
社会学	1	31	31	29	12272	12049	12272	11439
按机构中从事科技活动人员规模分组								
100～199 人	1	142	133	113	42100	40070	42918	39520
50～99 人	1	58	56	40	24250	23827	26681	25743
30～49 人	2	66	66	61	25770	25533	24500	23182
按地区分组								
杭州市	4	266	255	214	92120	89430	94099	88445

2—29 县级以上政府部门属社会与人文科学研究与开发机构人员工作性质情况(2010)

单位:人

	单位在职科技活动	科技管理人员	课题活动人员	科技服务人员	生产经营活动人员	其他人员
总计	**255**	**47**	**187**	**21**	**0**	**11**
按隶属关系分组						
地方部门属	255	47	187	21		11
省级部门属	224	36	172	16		11
地市级部门属	31	11	15	5		
按机构所属学科领域分组						
社会、人文科学领域	255	47	187	21		11
马克思主义	133	22	100	11		9
考古学	56	12	39	5		2
经济学	35	2	33			
社会学	31	11	15	5		
按地区分组						
杭州市	255	47	187	21		11

2—30 县级以上政府部门属社会与人文科学研究与开发机构科技活动人员情况(2010)

单位:人

	单位在职科技活动人员	学历					职称		
		博士毕业	硕士毕业	本科毕业	大专毕业	其他	高级职称	中级职称	其他
总计	**255**	**28**	**91**	**95**	**30**	**11**	**133**	**82**	**40**
按隶属关系分组									
地方部门属	255	28	91	95	30	11	133	82	40
省级部门属	224	25	82	78	29	10	122	70	32
地市级部门属	31	3	9	17	1	1	11	12	8
按地区分组									
杭州市	255	28	91	95	30	11	133	82	40

2—31 县级以上政府部门属社会与人文科学研究与开发机构经费收入情况(2010)

单位：千元

	科技经费收入	政府资金	财政拨款	承担政府科研项目收入	生产经营活动收入	其他收入
总　计	**84477**	**84477**	**62493**	**21984**	**423**	**7220**
按隶属关系分组						
地方部门属	84477	84477	62493	21984	423	7220
省级部门属	73261	73261	51632	21629	423	6164
地市级部门属	11216	11216	10861	355		1056
按机构所属学科领域分组						
社会、人文科学领域	84477	84477	62493	21984	423	7220
马克思主义	36890	36890	36890			5210
考古学	23069	23069	13069	10000	423	758
经济学	13302	13302	1673	11629		196
社会学	11216	11216	10861	355		1056
按地区分组						
杭州市	84477	84477	62493	21984	423	7220

2—32 县级以上政府部门属社会与人文科学研究与开发机构经费支出情况(2010)

单位：千元

	科技经费内部支出	科技经费日常支出	人员劳务费	设备购置费	其他日常支出	其他支出
总　计	**88445**	**88445**	**20426**	**3211**	**64808**	**5654**
按隶属关系分组						
地方部门属	88445	88445	20426	3211	64808	5654
省级部门属	77006	77006	16808	3123	57075	4821
地市级部门属	11439	11439	3618	88	7733	833
按机构所属学科领域分组						
社会、人文科学领域	88445	88445	20426	3211	64808	5654
马克思主义	39520	39520	7980	2052	29488	3398
考古学	25743	25743	6169	912	18662	938
经济学	11743	11743	2659	159	8925	485
社会学	11439	11439	3618	88	7733	833
按地区分组						
杭州市	88445	88445	20426	3211	64808	5654

2—33　县级以上政府部门属社会与人文科学研究与开发机构资产情况(2010)

单位:千元

	年末固定资产原价	科研房屋建筑物	科研仪器设备	进口
总　计	**31560**	**0**	**11262**	**400**
按隶属关系分组				
地方部门属	31560		11262	400
省级部门属	29190		11262	400
地市级部门属	2370			
按地区分组				
杭州市	31560		11262	400

2—34　县级以上政府部门属社会与人文科学研究与开发机构课题情况(一)(2010)

	课题数合计(个)	当年开题	当年完成	课题经费内部支出(千元)	政府资金	课题投入人员(人年)	其中研究人员
合计	**90**	**85**	**80**	**61537**	**61237**	**186**	**169**
按课题活动类型分组							
基础研究	42	42	38	26502	26202	79	79
应用研究	20	20	17	13580	13580	39	39
试验发展	6	6	5	4365	4365	12	12
研究与试验发展成果应用	7	2	7	1530	1530	6	6
科技服务	15	15	13	15560	15560	50	33

2—35 县级以上政府部门属社会与人文科学研究与开发机构课题情况(二)(2010)

	课题数合计(个)	R&D课题	课题经费内部支出(千元)	政府资金	R&D课题经费	课题投入人员(人年)	R&D人员
总　计	**90**	**68**	**61537**	**61237**	**44447**	**186**	**130**
按隶属关系分组							
地方部门属	90	68	61537	61237	44447	186	130
省级部门属	58	43	57942	57642	42382	169	119
地市级部门属	32	25	3595	3595	2065	17	11
按课题所属学科分组							
工程科学与技术领域	5	4	1020	1020	340	4	2
环境科学技术及资源科学技术	1	1	70	70	70	1	1
管理学	4	3	950	950	270	4	2
社会、人文科学领域	85	64	60517	60217	44107	182	128
马克思主义	5	5	415	415	415	2	2
哲学	2	1	205	205	105	1	
宗教学	3	3	240	240	240	1	1
历史学	6	4	7390	7390	6870	21	18
考古学	35	35	10950	10650	10950	39	39
经济学	16	3	23215	23215	8735	68	22
政治学	2	2	150	150	150	1	1
社会学	8	6	17167	17167	16217	44	42
民族学与文化学	7	4	710	710	350	4	2
教育学	1	1	75	75	75	1	1
按课题来源分组							
中央政府部门下达课题	1	1	4692	4692	4692	12	12
国家社会科学基金课题	1	1	4692	4692	4692	12	12
地方政府部门下达课题	59	43	28185	27885	20095	96	64
地方社会科学基金课题	10	7	9410	9410	9050	27	24
其他课题	49	36	18775	18475	11045	69	39
自选课题	30	24	28660	28660	19660	78	54
按地区分组							
杭州市	90	68	61537	61237	44447	186	130

2—36　县级以上政府部门属社会与人文科学研究与开发机构课题经费内部支出情况(2010)

单位:千元

	经费支出合　计	基础研究	应用研究	试验发展	R&D成果应用	科技服务
总　计	**61537**	**26502**	**13580**	**4365**	**1530**	**15560**
按隶属关系分组						
地方部门属	61537	26502	13580	4365	1530	15560
省级部门属	57942	26262	12170	3950		15560
地市级部门属	3595	240	1410	415	1530	
按地区分组						
杭州市	61537	26502	13580	4365	1530	15560

2—37　县级以上政府部门属社会与人文科学研究与开发机构课题投入人员情况(2010)

单位:人年

	投入人员合　计	基础研究	应用研究	试验发展	R&D成果应用	科技服务
总　计	**186**	**79**	**39**	**12**	**6**	**50**
按隶属关系分组						
地方部门属	186	79	39	12	6	50
省级部门属	169	78	31	10		50
地市级部门属	17	1	8	2	6	
按地区分组						
杭州市	186	79	39	12	6	50

2—38 县级以上政府部门属社会与人文科学研究与开发机构论文、著作和专利情况(2010)

	科技论文（篇）	国外发表	科技著作（种）	专利申请受理数（件）	专利授权数（件）	拥有发明专利总数（件）
总　计	**407**	**0**	**31**	**0**	**0**	**0**
按隶属关系分组						
地方部门属	407		31			
省级部门属	336		24			
地市级部门属	71		7			
按机构所属学科领域分组						
社会、人文科学领域	407		31			
按地区分组						
杭州市	407		31			

2—39 县级以上政府部门属社会与人文科学研究与开发机构R&D人员情况(2010)

	R&D人员（人）	女性	按工作量分		按学历分			
			R&D全时人员	R&D非全时人员	博士毕业	硕士毕业	本科毕业	其他
总　计	**181**	**62**	**119**	**62**	**27**	**61**	**76**	**17**
按隶属关系分组								
地方部门属	181	62	119	62	27	61	76	17
省级部门属	161	55	114	47	24	55	66	16
地市级部门属	20	7	5	15	3	6	10	1
按机构所属学科领域分组								
社会、人文科学领域	181	62	119	62	27	61	76	17
马克思主义	105	40	75	30	22	45	38	
考古学	56	15	39	17	2	10	28	16
经济学								
社会学	20	7	5	15	3	6	10	1
按地区分组								
杭州市	181	62	119	62	27	61	76	17

2—40 县级以上政府部门属社会与人文科学研究与开发机构 R&D人员折合全时工作量情况(2010)

单位:人年

	R&D折合全时工作量(人年)	按活动类型分			按工作岗位性质分		
		基础研究人员	应用研究人员	试验发展人员	研究人员	技术人员	其他辅助人员
总　计	**152**	**97**	**42**	**13**	**130**	**6**	**16**
按隶属关系分组							
地方部门属	152	97	42	13	130	6	16
省级部门属	141	96	34	11	119	6	16
地市级部门属	11	1	8	2	11		
按机构所属学科分组							
社会、人文科学领域	152	97	42	13	130	6	16
马克思主义	88	43	34	11	80	6	2
考古学	53	53			39		14
经济学							
社会学	11	1	8	2	11		
按地区分组							
杭州市	152	97	42	13	130	6	16

2—41 县级以上政府部门属社会与人文科学研究与开发机构 R&D经费支出情况(2010)

单位:千元

	R&D经费内部支出	按活动类型分			按来源分	R&D经费外部支出
		基础研究	应用研究	试验发展	政府资金	
总　计	**64764**	**40908**	**15477**	**8379**	**64764**	**0**
按隶属关系分组						
地方部门属	64764	40908	15477	8379	64764	
省级部门属	58959	40233	11513	7213	58959	
地市级部门属	5805	675	3964	1166	5805	
按机构所属学科领域分组						
社会、人文科学领域	64764	40908	15477	8379	64764	
马克思主义	33216	14490	11513	7213	33216	
考古学	25743	25743			25743	
经济学						
社会学	5805	675	3964	1166	5805	
按地区分组						
杭州市	64764	40908	15477	8379	64764	

2—42 县级以上政府部门属社会与人文科学研究与开发机构 R&D经费内部支出情况(2010)

单位:千元

	R&D经费内部支出	经常费支出			
			劳务费	设备购置费	其他
总　计	**64764**	**64764**	**13801**	**2634**	**48329**
按隶属关系分组					
地方部门属	64764	64764	13801	2634	48329
省级部门属	58959	58959	12517	2554	43888
地市级部门属	5805	5805	1284	80	4441
按机构所属学科领域分组					
社会、人文科学领域	64764	64764	13801	2634	48329
马克思主义	33216	33216	6348	1642	25226
考古学	25743	25743	6169	912	18662
经济学					
社会学	5805	5805	1284	80	4441
按地区分组					
杭州市	64764	64764	13801	2634	48329

2—43 县级以上政府部门属社会与人文科学研究与开发机构 R&D经常费支出情况(2010)

单位:千元

	R&D经常费支出	按活动类型分			按来源分
		基础研究	应用研究	试验发展	政府资金
总　计	**64764**	**40908**	**15477**	**8379**	**64764**
按隶属关系分组					
地方部门属	64764	40908	15477	8379	64764
省级部门属	58959	40233	11513	7213	58959
地市级部门属	5805	675	3964	1166	5805
按机构所属学科领域分组					
社会、人文科学领域	64764	40908	15477	8379	64764
马克思主义	33216	14490	11513	7213	33216
考古学	25743	25743			25743
经济学					
社会学	5805	675	3964	1166	5805
按地区分组					
杭州市	64764	40908	15477	8379	64764

2—44　县级以上政府部门属社会与人文科学研究与开发机构人员流动情况(2010)

单位:人

	本年新增人员	应届高校毕业生	招聘的其他人员	其他新增人员	本年减少人员	离退休人员	离开本单位的人员	其他减少人员	本年不在岗人员
总　计	**19**	**14**	**4**	**1**	**7**	**2**	**4**	**1**	**0**
按隶属关系分组									
地方部门属	19	14	4	1	7	2	4	1	
省级部门属	16	14	2		4	1	2	1	
地市级部门属	3		2	1	3	1	2		
按地区分组									
杭州市	19	14	4	1	7	2	4	1	

2—45　县级以上政府部门属科技信息与文献机构概况(2010)

	机构数(个)	从业人员总数(人)	单位在职科技活动人员	大学本科及以上学历	经费收入总额(千元)	政府资金	经费支出总额(千元)	科技经费支出
总　计	**11**	**350**	**327**	**243**	**95717**	**78264**	**99150**	**90166**
按隶属关系分组								
地方部门属	11	350	327	243	95717	78264	99150	90166
省级部门属	2	135	127	94	54419	42202	61502	57143
副省级城市属	1	51	47	31	8795	8031	8973	8571
地市级部门属	8	164	153	118	32503	28031	28675	24452
按国民经济行业分组								
科学研究、技术服务和地质勘查业	10	325	306	228	89463	74322	93515	85394
卫生、社会保障和社会福利业	1	25	21	15	6254	3942	5635	4772
按机构中从事科技活动人员规模分组								
100～199 人	1	112	108	84	49935	38576	57635	53812
30～49 人	2	91	87	64	19984	19220	17672	16271
20～29 人	2	48	42	31	10240	7340	9154	6991
10～19 人	6	99	90	64	15558	13128	14689	13092
按地区分组								
杭州市	4	200	188	142	71862	57333	75836	69615
宁波市	1	51	47	31	8795	8031	8973	8571
温州市	1	23	21	16	3986	3398	3519	2219
湖州市	1	20	19	15	2483	2069	2466	2121
绍兴市	1	15	13	9	3174	2190	2458	2265
金华市	1	14	12	9	831	831	831	727
舟山市	1	13	13	9	1525	1351	1672	1544
丽水市	1	14	14	12	3061	3061	3395	3104

2—46 县级以上政府部门属科技信息与文献机构人员情况(2010)

单位:人

	单位在职科技活动人员				生产经营活动人员	其他人员
		科技管理	课题活动	科技服务		
总　计	**327**	**73**	**90**	**164**	**3**	**20**
按隶属关系分组						
地方部门属	327	73	90	164	3	20
省级部门属	127	20	26	81	1	7
副省级城市属	47	14	15	18		4
地市级部门属	153	39	49	65	2	9
按地区分组						
杭州市	188	35	48	105	1	11
宁波市	47	14	15	18		4
温州市	21	4	5	12	2	
湖州市	19	7	3	9		1
绍兴市	13	3	8	2		2
金华市	12	3		9		2
舟山市	13	5		8		
丽水市	14	2	11	1		

2—47 县级以上政府部门属科技信息与文献机构科技活动人员情况(2010)

单位:人

	单位在职科技活动人员	学　历					职　称		
		博士毕业	硕士毕业	本科毕业	大专毕业	其他	高级	中级	初级
总　计	**327**	**2**	**76**	**165**	**57**	**27**	**74**	**120**	**133**
按隶属关系分组									
地方部门属	327	2	76	165	57	27	74	120	133
省级部门属	127	1	44	49	18	15	36	53	38
副省级城市属	47		14	17	16		9	10	28
地市级部门属	153	1	18	99	23	12	29	57	67
按地区分组									
杭州市	188	2	58	82	23	23	50	77	61
宁波市	47		14	17	16		9	10	28
温州市	21		1	15	3	2	7	7	7
湖州市	19		1	14	4		1	8	10
绍兴市	13			9	4		2	4	7
金华市	12			9	3		1	6	5
舟山市	13		1	8	2	2	1	4	8
丽水市	14		1	11	2		3	4	7

2—48 县级以上政府部门属科技信息与文献机构经费收入情况(2010)

单位:千元

	科技活动收入	政府资金	财政拨款	承担政府科研项目收入	其他	非政府资金	技术性收入	生产经营活动收入	其他收入
总　计	**87305**	**71843**	**54369**	**12313**	**1088**	**15462**	**15461**	**684**	**7728**
按隶属关系分组	87305	71843	54369	12313	1088	15462	15461	684	7728
地方部门属	49891	38740	28198	6469		11151	11151	96	4432
省级部门属	8349	7825	6725	1100		524	524		446
副省级城市属	29065	25278	19446	4744	1088	3787	3786	588	2850
地市级部门属									
按地区分组									
杭州市	66145	52759	39310	8439	937	13386	13386	96	5621
宁波市	8349	7825	6725	1100		524	524		446
温州市	2803	2803	2803					588	595
湖州市	2138	1739	1089	650		399	398		345
绍兴市	2976	1997	1517	480		979	979		198
金华市	727	727	727						104
舟山市	1397	1223	1223			174	174		128
丽水市	2770	2770	975	1644	151				291

2—49 县级以上政府部门属科技信息与文献机构经费支出情况(2010)

单位:千元

	科技经费内部支出	科技经费日常支出	人员劳务费	设备购置费	其他日常支出	科研基建	生产经营支出	其他支出
总　计	**90166**	**86093**	**29989**	**7911**	**48193**	**4073**	**798**	**8186**
按隶属关系分组								
地方部门属	90166	86093	29989	7911	48193	4073	798	8186
省级部门属	57143	53070	13700	4348	35022	4073	93	4266
副省级城市属	8571	8571	4978	2174	1419			402
地市级部门属	24452	24452	11311	1389	11752		705	3518
按地区分组								
杭州市	69615	65542	18994	5003	41545	4073	93	6128
宁波市	8571	8571	4978	2174	1419			402
温州市	2219	2219	1390	105	724		705	595
湖州市	2121	2121	1140	65	916			345
绍兴市	2265	2265	1377	480	408			193
金华市	727	727	422	10	295			104
舟山市	1544	1544	858	22	664			128
丽水市	3104	3104	830	52	2222			291

2—50　县级以上政府部门属科技信息与文献机构基本建设和资产情况(2010)

单位:千元

	基本建设投资实际完成额	科研仪器设备	科研土建工程	科研基建	政府资金	年末固定资产原价	科研房屋建筑物	科研仪器设备	进口
总　计	**4073**	**0**	**4073**	**4073**	**4073**	**143450**	**12033**	**49690**	**0**
按隶属关系分组	4073		4073	4073	4073	143450	12033	49690	
地方部门属	4073		4073	4073	4073	57980	4758	33796	
省级部门属						69321	6133	7988	
副省级城市属						16149	1142	7906	
地市级部门属									
按地区分组									
杭州市	4073		4073	4073	4073	65264	4758	39109	
宁波市						69321	6133	7988	
温州市						3401		800	
湖州市						1463		226	
绍兴市						737			
金华市						702		147	
舟山市						1575	1142	433	
丽水市						987		987	

2—51　县级以上政府部门属科技信息与文献机构课题情况(一)(2010)

	课题数合计(个)	当年开题	当年完成	课题经费内部支出(千元)	政府资金	课题投入人员(人年)	研究人员
合计	**54**	**41**	**36**	**17073**	**16890**	**81**	**44**
按课题活动类型分组							
研究与试验发展成果应用							
科技服务	54	41	36	17073	16890	81	44

2—52 县级以上政府部门属科技信息与文献机构课题情况(二)(2010)

	课题数合计(个)	R&D课题	课题经费内部支出(千元)	政府资金	课题投入人员(人年)
总　计	**54**	**0**	**17073**	**16890**	**81**
按隶属关系分组					
地方部门属	54		17073	16890	81
省级部门属	24		11720	11630	46
副省级城市属	6		1496	1496	7
地市级部门属	24		3857	3764	28
按国民经济行业分组					
科学研究、技术服务和地质勘查业	54		17073	16890	81
卫生、社会保障和社会福利业					
按课题所属学科分组					
自然科学领域	2		1644	1644	5
信息科学与系统科学	2		1644	1644	5
工程科学与技术领域	28		7096	7006	42
工程与技术科学基础学科	3		2900	2900	9
信息与系统科学相关工程与技术	6		110	110	2
材料科学	1		40	30	1
机械工程	1		160	160	3
能源科学技术	4		490	410	10
计算机科学技术	3		2740	2740	8
管理学	10		656	656	10
社会、人文科学领域	24		8333	8240	34
新闻学与传播学	2		1350	1350	5
图书馆、情报与文献学	22		6983	6890	29
按课题技术领域分组					
非技术领域	1		20	20	1
信息技术	16		9694	9614	36
其他技术领域	37		7359	7256	44
按课题来源分组					
地方政府部门下达课题	47		16303	16210	65

	课题数合计（个）	R&D课题	课题经费内部支出（千元）	政府资金	课题投入人员（人年）
地方星火计划课题	1		20	20	1
其他课题	46		16283	16190	64
自选课题	7		770	680	16
按课题的社会经济目标分组					
能源生产、分配和合理利用	4		490	410	10
能源转换技术	2		220	180	5
能源输送、储存与分配技术	1		150	110	3
节约能源的技术	1		120	120	2
基础设施以及城市和农村规划	2		1374	1374	3
通信	1		1344	1344	3
农村发展规划与建设	1		30	30	
社会发展和社会服务	34		12993	12900	52
社会发展和社会服务一般问题	2		100	100	1
社会管理	1		20	20	1
科技发展	13		1670	1670	15
其他社会发展和社会服务	18		11203	11110	35
工商业发展	14		2216	2206	16
促进工商业发展的一般问题	6		425	425	7
产业共性技术	1		10	10	1
非金属与金属制品业	1		40	30	1
信息与通信技术(ICT)服务业	5		1661	1661	5
技术服务业	1		80	80	2
按地区分组					
杭州市	39		13100	13010	57
宁波市	6		1496	1496	7
温州市	4		323	230	5
湖州市	2		30	30	2
绍兴市	1		480	480	6
金华市					
舟山市					
丽水市	2		1644	1644	5

2—53　县级以上政府部门属科技信息与文献机构课题经费内部支出情况(2010)

单位：千元

	课题经费支　出	R&D成果应用	科技服务
总　计	**17073**	**0**	**17073**
按隶属关系分组			
地方部门属	17073		17073
省级部门属	11720		11720
副省级城市属	1496		1496
地市级部门属	3857		3857
按地区分组			
杭州市	13100		13100
宁波市	1496		1496
温州市	323		323
湖州市	30		30
绍兴市	480		480
丽水市	1644		1644

2—54　县级以上政府部门属科技信息与文献机构课题人员情况(2010)

单位：人年

	投入人员合　计	R&D成果应用	科技服务
总　计	**81**	**0**	**81**
按隶属关系分组			
地方部门属	81		81
省级部门属	46		46
副省级城市属	7		7
地市级部门属	28		28
按地区分组			
杭州市	57		57
宁波市	7		7
温州市	5		5
湖州市	2		2
绍兴市	6		6
丽水市	5		5

2—55 县级以上政府部门属科技信息与文献机构论文、著作和专利等产出情况(2010)

	科技论文(篇)	科技著作(种)	软件著作权数(件)	专利申请受理数(件)	专利授权数(件)	有效发明专利数(件)
总　计	**100**	**2**	**3**	**3**	**0**	**1**
按隶属关系分组						
地方部门属	100	2	3	3		1
省级部门属	40	2	3	3		1
副省级城市属	13					
地市级部门属	47					
按地区分组						
杭州市	66	2	3	3		1
宁波市	13					
温州市	11					
舟山市	10					

2—56 县级以上政府部门属科技信息与文献机构馆藏资源情况(2010)

	单位	馆藏累计	当年新增量	当年剔除量
图书、资料	册	172779	10108	9377
期刊	种	55235	3211	750
其中:外文原版期刊	种	3354	164	20
缩微制品	盒(张)	23064		
音像制品	盒(张)	7060	145	
电子期刊	种	8094	510	

2—57 县级以上政府部门属科技信息与文献机构数据库情况(2010)

		数据库(个)	数据记录量(万条)	当年更新量
引进国外数据库	书目文摘型	12	3565	635
	全文文献型	6	6336	680
	数值型			
	多媒体型			
引进国内数据库	书目文摘型	70	18425	2388
	全文文献型	95	38404	7214
	数值型	5	20	5
	多媒体型		25	5
自建数据库	书目文摘型	3	64	64
	全文文献型	10	1233	211
	数值型	6	89	29
	多媒体型	1	1	

2—58 县级以上政府部门属科技信息与文献机构基础设施情况(2010)

	单位	累计总量	当年新增量	当年报废量				数量
计算机有关设备	台	712	133	13	自建	网络数	个	18
其中:大、中型机	台				网络	网上用户数	个	79508
小型机	台				对外	DIALOG	个	26
微机	台	622	120	8	联网	STN	个	
终端	台	33			网上	OCLC	个	
扫描设备	台	44	8	1	用户	INTERNET	个	766573
复印机	台	25	4		数量	其他	个	
摄、录像机	台	24						
印刷设备	台	10	1					

2—59 县级以上政府部门属科技信息与文献机构信息服务与文献工作情况(2010)

	单位	数量			单位	数量
阅览	人次	12895	文献信息加工	文摘	篇	5300
外借	人次	702		数据库数据加工	条	9664
资料复制	千页	6834	声像制作		部	60
读者咨询	人次	22931	翻译	中译外	万字	14
缩微制作	张(卷)			外译中	万字	32
课题检索	个	2119	出版印刷	图书、资料	万字	98
查新	项	10276		连续出版物	万字	1105
专题咨询服务	次	1488		其中:电子版	种	9
信息分析研究报告	篇	1563		科技报告	种	5

2—60 县级以上政府部门属科技信息与文献机构电子信息利用情况(2010)

	次 数 (次)	机 时 (小时)	信息量 (兆字节)
数据库检索	532145	89860	1352657
网络信息检索	689110	46910	220640
电子期刊利用	1622132	41430	200005113
从网上获取信息	97100	40470	105755
向网上发布信息	245864	70916	200002152

2—61 县级以上政府部门属科技信息与文献机构对外科技服务活动情况(2010)

单位:人年

	合计	科技成果的示范性推广工作	为用户提供可行性报告、技术方案、建议及进行技术论证等技术咨询工作	地形、地质和水文考察、天文、气象和地震的日常观察	为社会和公众提供的检验、检疫、测试、标准化、计量、计算、质量控制和专利服务	科技信息文献服务	其他科技服务活动	科技培训工作
总计	**227**	**12**	**45**	**0**	**19**	**54**	**82**	**15**
按隶属关系分组								
地方部门属	227	12	45		19	54	82	15
省级部门属	94		26		2	11	52	3
副省级城市属	36	2	3		7	9	12	3
地市级部门属	97	10	16		10	34	18	9
按地区分组								
杭州市	113	1	30		5	15	56	6
宁波市	36	2	3		7	9	12	3
温州市	19		5		1	11	2	
湖州市	11	3	2			5	1	
绍兴市	13	3	2			3	4	1
金华市	11				5	6		
舟山市	11		1		1	3	3	3
丽水市	13	3	2			2	4	2

2—62 县级以上政府部门属科技信息与文献机构人员流动情况(2010)

单位:人

	本年新增人员	应届高校毕业生	招聘的其他人员	其他新增人员	本年减少人员	离退休人员	离开本单位的人员	其他减少人员	本年不在岗人员
总计	**26**	**9**	**12**	**5**	**16**	**5**	**10**	**1**	**0**
按隶属关系分组									
地方部门属	26	9	12	5	16	5	10	1	
省级部门属	8		6	2	5	3	2		
副省级城市属	4	4			1		1		
地市级部门属	14	5	6	3	10	2	7	1	
按地区分组									
杭州市	14	3	8	3	8	4	4		
宁波市	4	4			1		1		
温州市					1	1			
绍兴市	4		4		6		5	1	
金华市	2			2					
舟山市	2	2							

2—63 县级以上政府部门属科技信息与文献机构招聘人员情况(2010)

单位：人

	应届高校毕业生	招聘的其他人员						
			来自研究院所	来自企业		来自高等院校	来自国外	来自政府部门
					外资或合资企业			
总　计	**9**	**12**	**0**	**2**	**0**	**4**	**0**	**4**
按隶属关系分组								
地方部门属	9	12		2		4		4
省级部门属		6				4		
副省级城市属	4							
地市级部门属	5	6		2				4
按地区分组								
杭州市	3	8		2		4		
宁波市	4							
绍兴市		4						4
舟山市	2							

2—64 县级以上政府部门属科技信息与文献机构流出人员情况(2010)

单位：人

	流出人员						
		流向政府部门	流向企业		出国	流向高等学校	流向研究院所
				外资或合资企业			
总　计	**10**	**6**	**2**	**0**	**0**	**0**	**2**
按隶属关系分组							
地方部门属	10	6	2				2
省级部门属	2						2
副省级城市属	1		1				
地市级部门属	7	6	1				
按地区分组							
杭州市	4	1	1				2
宁波市	1		1				
绍兴市	5	5					

2－65 县属研究与开发机构概况(2010)

	机构数（个）	从业人员总数（人）	科技活动人员	大学专科以上学历人员	经费收入总额（千元）	政府资金	科技活动贷款（千元）	经费支出总额（千元）	科技经费支出
总　计	**51**	**513**	**404**	**189**	**94469**	**71720**	**0**	**85657**	**69397**
按国民经济行业分组									
农、林、牧、渔业	39	396	308	134	69440	52786		53878	41607
制造业	3	28	23	14	11791	10229		19793	19315
信息传输、计算机服务和软件业	1	7	6	3	655	655		655	571
科学研究、技术服务和地质勘查业	5	37	31	26	7051	4823		5773	4080
水利、环境和公共设施管理业	2	24	18	7	3606	2322		3668	3042
卫生、社会保障和社会福利业	1	21	18	5	1926	905		1890	782
按机构中从事科技活动人员规模分组									
20～29 人	2	46	41	4	8720	7095		7027	6579
10～19 人	12	203	153	89	43187	32817		44012	36522
0～9 人	37	264	210	96	42562	31808		34618	26296
按地区分组									
杭州市	4	36	32	22	7324	6606		6575	5580
宁波市	4	48	41	16	10726	9077		9025	8270
温州市	2	23	21	17	9072	8276		7020	6253
嘉兴市	6	55	49	27	18175	14681		24877	22973
湖州市	2	30	20	11	4457	2076		4502	2949
绍兴市	8	59	55	32	6306	6273		5912	4399
金华市	10	91	78	23	9090	7679		8198	5894
衢州市	7	70	50	12	10493	7554		9828	6565
台州市	3	24	22	9	2195	1677		2648	1785
丽水市	5	77	36	20	16631	7821		7072	4729

2—66 县属研究与开发机构人员情况(2010)

单位:人

	科技活动人员	科技管理人员	课题活动人员	科技服务人员	生产经营活动人员	其他人员
总计	**404**	**87**	**215**	**102**	**58**	**51**
杭州市	32	12	16	4		4
宁波市	41	7	26	8		7
温州市	21	3	15	3		2
嘉兴市	49	9	25	15	3	3
湖州市	20	7	10	3	8	2
绍兴市	55	10	31	14		4
金华市	78	16	42	20	11	2
衢州市	50	11	24	15	9	11
台州市	22	4	9	9		2
丽水市	36	8	17	11	27	14

2—67 县属研究与开发机构经费收入情况(2010)

单位:千元

	科技经费收入	政府资金	企业资金	事业单位资金	国外资金	其他资金	生产经营收入	其他收入
总计	**69139**	**65651**	**1459**	**660**	**0**	**1369**	**9118**	**16212**
按地区分组								
杭州市	5834	5804		30				1490
宁波市	8733	8733						1993
温州市	8189	8189						883
嘉兴市	15360	14217	717			426	353	2462
湖州市	2812	1900	672	240			1356	289
绍兴市	4916	4883				33		1390
金华市	7315	7295				20	1236	539
衢州市	6641	6004	70	190		377	1742	2110
台州市	1223	1223						972
丽水市	8116	7403		200		513	4431	4084
按国民经济行业分组								
农、林、牧、渔业	49014	47519	316	220		959	7388	13038
制造业	10144	10031	113				148	1499
信息传输、计算机服务和软件业	621	621						34
科学研究、技术服务和地质勘查业	5681	4541	530	200		410	205	1165
水利、环境和公共设施管理业	2849	2109	500	240			356	401
卫生、社会保障和社会福利业	830	830					1021	75

2—68 县属研究与开发机构经费支出与固定资产情况(2010)

单位:千元

	科技经费内部支出	人员费用	资产购建支出	购置科研仪器设备	其他日常支出	生产经营支出	年末固定资产原价	科研仪器设备
总　计	**69397**	**24939**	**24503**	**22618**	**19955**	**4890**	**110161**	**30547**
按国民经济行业分组								
农、林、牧、渔业	41607	19454	5417	4873	16736	3697	59399	13872
制造业	19315	992	18035	16694	288	51	42531	11689
信息传输、计算机服务和软件业	571	440	75	75	56		25	
科学研究、技术服务和地质勘查业	4080	2323	425	425	1332	54	5082	3680
水利、环境和公共设施管理业	3042	1152	551	551	1339	225	2095	1095
卫生、社会保障和社会福利业	782	578			204	863	1029	211
按地区分组								
杭州市	5580	2971	323	323	2286		3336	743
宁波市	8270	3299	138	138	4833		3952	653
温州市	6253	1264	2635	2275	2354		2318	1376
嘉兴市	22973	3055	18724	17383	1194	105	49191	15711
湖州市	2949	1084	423	423	1442	1136	2293	1422
绍兴市	4399	3524	210	210	665		4153	662
金华市	5894	3380	302	302	2212	1163	5915	858
衢州市	6565	3472	863	679	2230	1086	16062	4923
台州市	1785	1185			600	20	4939	399
丽水市	4729	1705	885	885	2139	1380	18002	3800

2—69 县属研究与开发机构课题情况(2010)

	课题数合计(个)	课题经费支出(千元)	政府资金	课题投入人员(人年)	研究人员
总　计	**133**	**20816**	**16511**	**247**	**90**
按国民经济行业分组					
农、林、牧、渔业	118	17431	13779	207	68
制造业	4	440	237	10	5
信息传输、计算机服务和软件业	1	120	120	6	1
科学研究、技术服务和地质勘查业	6	1739	1739	15	12
水利、环境和公共设施管理业	4	1086	636	9	4
按地区分组					
杭州市	21	3174	2840	25	14
宁波市	18	3057	2167	29	12
温州市	2	68	68	6	2
嘉兴市	17	3384	3181	38	19
湖州市	4	738	288	7	3
绍兴市	18	1459	1459	38	7
金华市	18	3122	2893	44	11
衢州市	20	3956	2919	39	13
台州市	5	1065	240	11	3
丽水市	10	793	456	10	7

2—70 县属研究与开发机构课题经费内部支出情况(2010)

单位：千元

	课题经费内部支出合计	试验发展	R&D成果应用	科技服务
总　计	**20816**	**4604**	**10799**	**5414**
杭州市	3174		1725	1450
宁波市	3057	150	1300	1607
温州市	68		30	38
嘉兴市	3384	1338	2046	
湖州市	738	40	650	48
绍兴市	1459	30	190	1239
金华市	3122	1176	1416	530
衢州市	3956	1113	2563	280
台州市	1065	407	436	222
丽水市	793	350	443	

2—71 县属研究与开发机构课题人员情况(2010)

单位:人年

	课题投入人员	试验发展	研究人员	R&D成果应用	研究人员	科技服务	研究人员
总　计	**247**	**48**	**20**	**128**	**50**	**70**	**20**
杭州市	25			14	8	10	6
宁波市	29	1	1	19	7	8	4
温州市	6			1	1	5	1
嘉兴市	38	16	8	22	11		
湖州市	7	1		5	3	1	
绍兴市	38	1	1	9	3	28	4
金华市	44	10	2	25	7	9	2
衢州市	39	11	5	25	6	4	2
台州市	11	3	1	3	1	5	1
丽水市	10	5	4	5	4		

2—72 县属研究与开发机构论文、著作和专利等产出情况(2010)

	科技论文（篇）	科技著作（种）	形成国家或行业标准数（项）	专利申请受理数（件）	发明专利	专利授权数（件）	发明专利
总　计	**247**	**48**	**20**	**128**	**50**	**70**	**20**
杭州市	25			14	8	10	6
宁波市	29	1	1	19	7	8	4
温州市	6			1	1	5	1
嘉兴市	38	16	8	22	11		
湖州市	7	1		5	3	1	
绍兴市	38	1	1	9	3	28	4
金华市	44	10	2	25	7	9	2
衢州市	39	11	5	25	6	4	2
台州市	11	3	1	3	1	5	1
丽水市	10	5	4	5	4		

2—73 县属研究与开发机构技术推广与科技协作情况(2010)

	举办各类技术培训班		创办各类农村科技协作组织(个)
	班　　次	人　　次	
总　计	**512**	**32257**	**36**
杭州市	55	3336	6
宁波市	55	3913	1
温州市	6	552	16
嘉兴市	20	1479	
湖州市	5	105	
绍兴市	46	3250	3
金华市	109	7605	2
衢州市	107	6293	6
台州市	7	755	2
丽水市	102	4969	

2—74 县属研究与开发机构 R&D 人员情况(2010)

	R&D人员(人)	其中1:女　性	其中2:高中级职称	按工作量分		按学历分				R&D人员折合全时工作量(人年)
				R&D全时人员	R&D非全时人员	博士毕业	硕士毕业	本科毕业	其他	
总　计	**62**	**16**	**40**	**38**	**24**	**2**	**7**	**30**	**23**	**54**
按国民经济行业分组										
农、林、牧、渔业	50	14	33	30	20		5	25	20	42
水利、环境和公共设施管理业	3		1	3				2	1	3
按地区分组										
宁波市	4	2	4		4		1	3		2
嘉兴市	17	4	10	14	3	2	4	2	9	17
湖州市	2			1	1		1	1		2
绍兴市	2		1		2			2		1
金华市	11	3	8	11			1	4	6	11
衢州市	14	1	6	6	8			8	6	11
台州市	3	3	2	3				2	1	3
丽水市	9	3	9	3	6			8	1	7

2—75　县属研究与开发机构R&D经费支出情况(2010)

单位：千元

	R&D经费内部支出	政府资金	企业资金	事业单位资金	国外资金	其他资金	R&D经费外部支出
总　计	**6550**	**5402**	**20**	**856**	**0**	**272**	**750**
按国民经济行业分组							
农、林、牧、渔业	5120	3972	20	856		272	50
科学研究、技术服务和地质勘查业	1042	1042					700
水利、环境和公共设施管理业	388	388					
按地区分组							
宁波市	150	150					
嘉兴市	1924	1924					700
湖州市	40	40					
绍兴市	30	30					
金华市	1690	1690					
衢州市	1143	968	20	110		45	50
台州市	407	180				227	
丽水市	1166	420		746			

2—76　县属研究与开发机构R&D经费内部支出情况(2010)

单位：千元

	R&D经费内部支出	经常费支出	劳务费	设备购置费	其他日常支出	基本建设费	仪器设备费	土建费
总　计	**6550**	**6382**	**3057**	**907**	**2418**	**168**	**74**	**94**
按国民经济行业分组								
农、林、牧、渔业	5120	5016	2384	700	1932	104	10	94
科学研究、技术服务和地质勘查业	1042	1042	500	184	358			
水利、环境和公共设施管理业	388	324	173	23	128	64	64	
按地区分组								
宁波市	150	150	94	7	49			
嘉兴市	1924	1924	982	503	439			
湖州市	40	40	19		21			
绍兴市	30	30	25		5			
金华市	1690	1690	775	71	844			
衢州市	1143	975	582	56	337	168	74	94
台州市	407	407	221		186			
丽水市	1166	1166	359	270	537			

2—77 转制机构概况(2010)

	机构数（个）	从业人员总数（人）	单位在职科技活动人员		经费收入总额（千元）		科技活动贷款（千元）	经费支出总额（千元）	
				大学本科及以上学历		政府资金			科技经费支出
总　计	**49**	**5472**	**2665**	**1787**	**5132596**	**216684**	**20000**	**4574534**	**665671**
按隶属关系分组									
地方部门属	39	4532	2013	1286	4489849	146236	20000	3950575	496068
省级部门属	21	3570	1511	984	4146696	122394	20000	3672390	402844
副省级城市属	2	268	121	62	116558	8778		76792	19012
地市级部门属	16	694	381	240	226595	15064		201393	74212
中央部门属	10	940	652	501	642747	70448		623959	169603
按国民经济行业分组									
农、林、牧、渔业	2	153	120	89	58759	45154		65723	54602
林业	1	39	27	25	22107	13183		29384	21622
渔业	1	114	93	64	36652	31971		36339	32980
采矿业	1	140	54	48	81815	2550		86852	15200
煤炭开采和洗选业	1	140	54	48	81815	2550		86852	15200
制造业	27	3795	1505	947	4314380	96372	20000	3775418	341861
纺织业	3	131	75	47	163395	9790		167137	21773
造纸及纸制品业	1	64	22	11	13067	2152		13896	3360
石油加工、炼焦及核燃料加工业	1	93	37	25	110729	600		81056	5049
化学原料及化学制品制造业	4	1621	459	256	2615736	30593		2212973	86188
医药制造业	2	73	57	49	22959	8125		21090	12084
非金属矿物制品业	1	53	42	12	9961	185		10215	2895
有色金属冶炼及压延加工业	1	137	85	57	548387	6870	20000	548365	54592
通用设备制造业	4	511	249	185	345406	9810		315371	66628
专用设备制造业	3	219	147	81	47574	10732		43200	19139
通信设备、计算机及其他电子设备制造业	2	82	45	32	10552	2637		16543	12498
仪器仪表及文化、办公用机械制造业	3	783	267	187	417838	14312		336817	52683
工艺品及其他制造业	2	28	20	5	8776	566		8755	4972
电力、燃气及水的生产和供应业	3	307	280	221	241334	24137		222745	79496
电力、热力的生产和供应业	2	228	215	167	90224	6041		77992	45715
水的生产和供应业	1	79	65	54	151110	18096		144753	33781
建筑业	1	139	127	87	61074	6790		58831	55887

	机构数（个）	从业人员总数（人）	单位在职科技活动人员	大学本科及以上学历	经费收入总额（千元）	政府资金	科技活动贷款（千元）	经费支出总额（千元）	科技经费支出
房屋和土木工程建筑业	1	139	127	87	61074	6790		58831	55887
交通运输、仓储和邮政业	1	46	33	30	12157	5257		12439	7415
城市公共交通业	1	46	33	30	12157	5257		12439	7415
信息传输、计算机服务和软件业	3	214	111	70	116045	6968		105420	41993
电信和其他信息传输服务业	1	77	34	25	31525	3533		29088	5236
计算机服务业	1	47			26077			25862	
软件业	1	90	77	45	58443	3435		50470	36757
科学研究、技术服务和地质勘查业	10	543	417	279	151606	28532		139021	65366
专业技术服务业	6	295	266	197	115489	23005		104804	44941
科技交流和推广服务业	4	248	151	82	36117	5527		34217	20425
文化、体育和娱乐业	1	135	18	16	95426	924		108085	3851
文化艺术业	1	135	18	16	95426	924		108085	3851
按机构所属学科分组									
自然科学领域	3	140	79	57	133294	9486		98348	11644
化学	1	93	37	25	110729	600		81056	5049
地球科学	1	22	22	19	7166	6715		6128	3703
生物学	1	25	20	13	15399	2171		11164	2892
农业科学领域	2	153	120	89	58759	45154		65723	54602
林学	1	39	27	25	22107	13183		29384	21622
水产学	1	114	93	64	36652	31971		36339	32980
医学科学领域	2	90	70	56	15398	12919		17810	14943
基础医学	1	42	33	20	7838	6965		7884	5751
中医学与中药学	1	48	37	36	7560	5954		9926	9192
工程科学与技术领域	40	5061	2376	1580	4916369	148559	20000	4383898	579510
工程与技术科学基础学科	1	42	28	28	3800			8720	8320
材料科学	1	79	65	54	151110	18096		144753	33781
冶金工程技术	1	137	85	57	548387	6870	20000	548365	54592
机械工程	9	1212	777	532	605022	36649		541042	149533
动力与电气工程	2	149	31	28	98256	924		109916	5632
电子与通信技术	5	929	367	246	437246	11484		353654	62892
计算机科学技术	4	204	114	76	92455	7193		91205	50699
化学工程	6	1693	485	269	2628917	32745		2227186	89825
纺织科学技术	3	131	75	47	163395	9790		167137	21773
食品科学技术	1	23	22	10	3654	1294		4693	2984

	机构数（个）	从业人员总数（人）	单位在职科技活动人员	大学本科及以上学历	经费收入总额（千元）	政府资金	科技活动贷款（千元）	经费支出总额（千元）	科技经费支出
土木建筑工程	3	234	208	127	79747	15687		77686	66794
交通运输工程	1	46	33	30	12157	5257		12439	7415
环境科学技术及资源科学技术	3	182	86	76	92223	2570		97102	25270
社会、人文科学领域	2	28	20	5	8776	566		8755	4972
艺术学	2	28	20	5	8776	566		8755	4972
按机构中从事科技活动人员规模分组									
300～499 人	1	1368	318	176	1651475	19313		1300820	43355
100～199 人	5	1428	857	608	839080	32098		741624	208713
50～99 人	12	1330	765	493	1998529	79297	20000	1895638	251227
30～49 人	10	544	373	248	227338	39511		195867	55932
20～29 人	12	503	274	209	273783	44231		281220	83654
10～19 人	4	206	58	43	105356	1144		123617	18123
0～9 人	5	93	20	10	37035	1090		35748	4667
按院所改革模式分组									
2010 年底前进入企业或工商管理局登记为企业法人	44	5206	2445	1626	5060071	157064	20000	4503104	607810
进入企业或企业集团	16	1633	1055	727	1493898	81141	20000	1426189	272370
转为中央或省直属大型科技企业	1	140	54	48	81815	2550		86852	15200
转为科技型企业	16	2923	1071	680	3273095	63544		2777395	254095
转为企业型科技咨询、科技中介、技术推广等单位	11	510	265	171	211263	9829		212668	66145
2010 年底前转制到位的事业单位	5	266	220	161	72525	59620		71430	57861
转为政府部门属事业单位	2	64	61	47	15878	15427		14768	11715
并入高校	3	202	159	114	56647	44193		56662	46146
地方属机构按地区分组									
杭州市	28	3872	1649	1060	4272050	102887	20000	3763108	404450
宁波市	2	268	121	62	116558	8778		76792	19012
温州市	1	42	20	15	10837	1865		9556	3080
嘉兴市	3	135	75	37	43179	515		42939	16040
湖州市	1	9	9	5	3159	20		3004	2984
绍兴市	1	42	28	28	3800			8720	8320
金华市	2	50	18	15	3614	200		10117	9202
舟山市	1	114	93	64	36652	31971		36339	32980

2—78 转制机构人员情况(2010)

单位:人

	单位在职科技活动人员	科技管理	课题活动	科技服务	生产经营活动人员	其他人员
总　计	**2665**	**415**	**1686**	**564**	**2321**	**486**
按隶属关系分组						
地方部门属	2013	329	1181	503	2117	402
省级部门属	1511	248	900	363	1735	324
副省级城市属	121	18	97	6	132	15
地市级部门属	381	63	184	134	250	63
中央部门属	652	86	505	61	204	84
按机构所属学科领域分组						
自然科学领域	79	13	51	15	47	14
农业科学领域	120	13	92	15	10	23
医学科学领域	70	17	43	10	1	19
工程科学与技术领域	2376	369	1489	518	2259	426
社会、人文科学领域	20	3	11	6	4	4
按院所改革模式分组						
2010年底前进入企业或工商管理局登记为企业法人	2445	381	1530	534	2300	461
进入企业或企业集团	1055	180	710	165	469	109
转为中央或省直属大型科技企业	54	5	37	12	63	23
转为科技型企业	1071	147	630	294	1557	295
转为企业型科技咨询、科技中介、技术推广等单位	265	49	153	63	211	34
2010年底前转制到位的事业单位	220	34	156	30	21	25
转为政府部门属事业单位	61	10	46	5		3
并入高校	159	24	110	25	21	22
地方属机构按地区分组						
杭州市	1649	279	971	399	1870	353
宁波市	121	18	97	6	132	15
温州市	20	6	9	5	14	8
嘉兴市	75	9	19	47	51	9
湖州市	9	2		7		
绍兴市	28	4	9	15	9	5
金华市	18	2	2	14	31	1
舟山市	93	9	74	10	10	11

2—79 转制机构科技活动人员情况(2010)

单位:人

	单位在职科技活动人员	学历					职称		
		博士毕业	硕士毕业	本科毕业	大专毕业	其他	高级职级	中级职称	其他
总　计	**2665**	**70**	**431**	**1286**	**564**	**314**	**665**	**934**	**1066**
按隶属关系分组									
地方部门属	2013	40	286	960	449	278	475	728	810
省级部门属	1511	35	234	715	336	191	367	547	597
副省级城市属	121		17	45	20	39	27	51	43
地市级部门属	381	5	35	200	93	48	81	130	170
中央部门属	652	30	145	326	115	36	190	206	256
按院所改革模式分组									
2010年底前进入企业或工商管理局登记为企业法人	2445	58	380	1188	524	295	607	851	987
进入企业或企业集团	1055	16	177	534	214	114	299	356	400
转为中央或省直属大型科技企业	54		15	33	6		12	16	26
转为科技型企业	1071	40	170	470	230	161	229	387	455
转为企业型科技咨询、科技中介、技术推广等单位	265	2	18	151	74	20	67	92	106
2010年底前转制到位的事业单位	220	12	51	98	40	19	58	83	79
转为政府部门属事业单位	61	8	14	25	9	5	23	25	13
并入高校	159	4	37	73	31	14	35	58	66
地方属机构按地区分组									
杭州市	1649	38	238	784	390	199	393	587	669
宁波市	121		17	45	20	39	27	51	43
温州市	20		1	14	5		2	11	7
嘉兴市	75		7	30	11	27	13	13	49
湖州市	9			5	3	1	1	3	5
绍兴市	28		2	26			15	13	
金华市	18			15	3			17	1
舟山市	93	2	21	41	17	12	24	33	36

2—80 转制机构经费收入情况(2010)

单位:千元

	科技活动收入	政府资金	财政拨款	承担政府科研项目收入	其他	非政府资金	技术性收入	国外资金	生产经营收入	其他收入
总　计	**555217**	**159875**	**43829**	**110466**	**5580**	**395342**	**394486**	**668**	**4422054**	**155325**
按隶属关系分组										
地方部门属	376998	111648	34037	74876	2735	265350	265350		3987907	124944
省级部门属	288585	93310	21546	71161	603	195275	195275		3742352	115759
副省级城市属	28916	4887	3449	1400	38	24029	24029		82891	4751
地市级部门属	59497	13451	9042	2315	2094	46046	46046		162664	4434
中央部门属	178219	48227	9792	35590	2845	129992	129136	668	434147	30381
按国民经济行业分组										
农、林、牧、渔业	47458	42548	21486	18458	2604	4910	4242	668	7890	3411
林业	14582	13077	5760	4713	2604	1505	837	668	7419	106
渔业	32876	29471	15726	13745		3405	3405		471	3305
采矿业	15440	2550	1410	920	220	12890	12890		63659	2716
煤炭开采和洗选业	15440	2550	1410	920	220	12890	12890		63659	2716
制造业	207021	60167	7214	52291	662	146854	146666		3988657	118702
纺织业	9027	7303		7303		1724	1724		151881	2487
造纸及纸制品业	1800	1800		1800					10915	352
石油加工、炼焦及核燃料加工业	600	600		600					110073	56
化学原料及化学制品制造业	25446	11462	1431	9535	496	13984	13984		2511191	79099
医药制造业	13121	7605		7540	65	5516	5516		9067	771
非金属矿物制品业	3440	30			30	3410	3410		6115	406
有色金属冶炼及压延加工业	18491	5740		5740		12751	12751		528766	1130
通用设备制造业	75539	7894		7894		67645	67645		267751	2116
专用设备制造业	19910	8066	3565	4480	21	11844	11656		22813	4851
通信设备、计算机及其他电子设备制造业	3844	2324	200	2124		1520	1520		6252	456
仪器仪表及文化、办公用机械制造业	30747	7273	2018	5255		23474	23474		360609	26482
工艺品及其他制造业	5056	70		20	50	4986	4986		3224	496
电力、燃气及水的生产和供应业	115353	16362		16362		98991	98991		114479	11502
电力、热力的生产和供应业	80926	880		880		80046	80046		4137	5161
水的生产和供应业	34427	15482		15482		18945	18945		110342	6341
建筑业	56359	6050		6050		50309	50309			4715
房屋和土木工程建筑业	56359	6050		6050		50309	50309			4715
交通运输、仓储和邮政业	8018	4869	1903	2966		3149	3149		3742	397

	科技经费收入	政府资金				非政府资金			生产经营收入	其他收入
			财政拨款	承担政府科研项目收入	其他		技术性收入	国外资金		
城市公共交通业	8018	4869	1903	2966		3149	3149		3742	397
信息传输、计算机服务和软件业	47982	6109		6109		41873	41873		62615	5448
电信和其他信息传输服务业	5598	3009		3009		2589	2589		24934	993
计算机服务业									23518	2559
软件业	42384	3100		3100		39284	39284		14163	1896
科学研究、技术服务和地质勘查业	57234	20868	11464	7310	2094	36366	36366		86510	7862
专业技术服务业	39082	16635	10520	6115		22447	22447		69839	6568
科技交流和推广服务业	18152	4233	944	1195	2094	13919	13919		16671	1294
文化、体育和娱乐业	352	352	352						94502	572
文化艺术业	352	352	352						94502	572
按机构所属学科领域分组										
自然科学领域	11586	7087	2622	4465		4499	4499		119055	2653
农业科学领域	47458	42548	21486	18458	2604	4910	4242	668	7890	3411
医学科学领域	13167	11690	3565	8060	65	1477	1477		85	2146
工程科学与技术领域	477950	98480	16156	79463	2861	379470	379282		4291800	146619
社会、人文科学领域	5056	70		20	50	4986	4986		3224	496
按院所改革模式分组										
2010年底前进入企业或工商管理局登记为企业法人	495133	106805	12115	89110	5580	388328	387472	668	4417841	147097
进入企业或企业集团	259368	52035	1431	50450	154	207333	207145		1196920	37610
转为中央或省直属大型科技企业	15440	2550	1410	920	220	12890	12890		63659	2716
转为科技型企业	157712	46043	8922	31965	5156	111669	111001	668	3014025	101358
转为企业型科技咨询、科技中介、技术推广等单位	62613	6177	352	5775	50	56436	56436		143237	5413
2010年底前转制到位的事业单位	60084	53070	31714	21356		7014	7014		4213	8228
转为政府部门属事业单位	13138	12885	10520	2365		253	253			2740
并入高校	46946	40185	21194	18991		6761	6761		4213	5488
地方属机构按地区分组										
杭州市	290360	76690	14662	59331	2697	213670	213670		3869567	112123
宁波市	28916	4887	3449	1400	38	24029	24029		82891	4751
温州市	506	400		400		106	106		8866	1465
嘉兴市	16587					16587	16587		23518	3074
湖州市	3139					3139	3139			20
绍兴市	2800					2800	2800		800	200
金华市	1814	200	200			1614	1614		1794	6
舟山市	32876	29471	15726	13745		3405	3405		471	3305

2—81 转制机构经费支出情况(2010)

单位:千元

	科技经费内部支出	科技经费日常支出				科研基建	生产经营支出	其他支出
			人员劳务费	设备购置费	其他日常支出			
总计	**665671**	**600026**	**223233**	**72909**	**303884**	**65645**	**3731607**	**135389**
按隶属关系分组								
地方部门属	496068	440334	171699	57354	211281	55734	3345219	78415
省级部门属	402844	359760	135031	48001	176728	43084	3168635	70038
副省级城市属	19012	19012	9820	589	8603		57020	760
地市级部门属	74212	61562	26848	8764	25950	12650	119564	7617
中央部门属	169603	159692	51534	15555	92603	9911	386388	56974
按国民经济行业分组								
农、林、牧、渔业	54602	54268	9723	4954	39591	334	1500	9621
林业	21622	21288	3201	3796	14291	334	1029	6733
渔业	32980	32980	6522	1158	25300		471	2888
采矿业	15200	15200	4780	1250	9170		60404	1230
煤炭开采和洗选业	15200	15200	4780	1250	9170		60404	1230
制造业	341861	278757	116490	46535	115732	63104	3345329	70722
纺织业	21773	13846	7328	261	6257	7927	142408	2956
造纸及纸制品业	3360	2560	968	810	782	800	10184	352
石油加工、炼焦及核燃料加工业	5049	5049	3515	440	1094		74887	1120
化学原料及化学制品制造业	86188	77640	29221	10598	37821	8548	2078350	42535
医药制造业	12084	12084	4995	847	6242		7955	1051
非金属矿物制品业	2895	2895	1661		1234		6053	1267
有色金属冶炼及压延加工业	54592	32505	11414	8607	12484	22087	491400	2373
通用设备制造业	66628	61628	28068	14163	19397	5000	246527	2216
专用设备制造业	19139	19139	7994	3010	8135		17772	6289
通信设备、计算机及其他电子设备制造业	12498	4848	2274	2100	474	7650	3420	625
仪器仪表及文化、办公用机械制造业	52683	41591	18433	5699	17459	11092	263410	9118
工艺品及其他制造业	4972	4972	619		4353		2963	820
电力、燃气及水的生产和供应业	79496	79496	21625	8163	49708		112667	30582
电力、热力的生产和供应业	45715	45715	14110	1355	30250		4622	27655
水的生产和供应业	33781	33781	7515	6808	19458		108045	2927
建筑业	55887	55887	32110	1306	22471			2944
房屋和土木工程建筑业	55887	55887	32110	1306	22471			2944

单位：千元

	科技经费内部支出	科技经费日常支出	人员劳务费	设备购置费	其他日常支出	科研基建	生产经营支出	其他支出
交通运输、仓储和邮政业	7415	7415	1675	2704	3036		3375	1649
城市公共交通业	7415	7415	1675	2704	3036		3375	1649
信息传输、计算机服务和软件业	41993	41993	5813	2217	33963		55398	8029
电信和其他信息传输服务业	5236	5236	2240	1742	1254		22928	924
计算机服务业							22870	2992
软件业	36757	36757	3573	475	32709		9600	4113
科学研究、技术服务和地质勘查业	65366	65366	29764	5703	29899		64251	9404
专业技术服务业	44941	44941	20755	5481	18705		52489	7374
科技交流和推广服务业	20425	20425	9009	222	11194		11762	2030
文化、体育和娱乐业	3851	1644	1253	77	314	2207	88683	1208
文化艺术业	3851	1644	1253	77	314	2207	88683	1208
按机构所属学科领域分组								
自然科学领域	11644	11644	7000	1058	3586		82748	3956
农业科学领域	54602	54268	9723	4954	39591	334	1500	9621
医学科学领域	14943	14943	5570	1504	7869		94	2773
工程科学与技术领域	579510	514199	200321	65393	248485	65311	3644302	118219
社会、人文科学领域	4972	4972	619		4353		2963	820
按院所改革模式分组								
2010年底前进入企业或工商管理局登记为企业法人	607810	542165	205834	66939	269392	65645	3727761	125666
进入企业或企业集团	272370	238906	90561	38865	109480	33464	1094506	58337
转为中央或省直属大型科技企业	15200	15200	4780	1250	9170		60404	1230
转为科技型企业	254095	229121	95087	24596	109438	24974	2449556	57214
转为企业型科技咨询、科技中介、技术推广等单位	66145	58938	15406	2228	41304	7207	123295	8885
2010年底前转制到位的事业单位	57861	57861	17399	5970	34492		3846	9723
转为政府部门属事业单位	11715	11715	6601	1168	3946			3053
并入高校	46146	46146	10798	4802	30546		3846	6670
地方属机构按地区分组								
杭州市	404450	363166	146386	48931	167849	41284	3259035	68750
宁波市	19012	19012	9820	589	8603		57020	760
温州市	3080	1280	1080	100	100	1800	4683	1793
嘉兴市	16040	16040	3720	5606	6714		22970	3929
湖州市	2984	2984	720		2264			20
绍兴市	8320	3320	2520	700	100	5000	300	100
金华市	9202	1552	931	270	351	7650	740	175
舟山市	32980	32980	6522	1158	25300		471	2888

2—82 转制机构固定资产情况(2010)

单位:千元

	年末固定资产原价	科研房屋建筑物	科研仪器设备	
				进口
总计	**1805344**	**602885**	**261838**	**61192**
按隶属关系分组				
地方部门属	1537808	454044	195169	40814
省级部门属	1351294	332180	167402	39470
副省级城市属	45804	35900	6789	
地市级部门属	140710	85964	20978	1344
中央部门属	267536	148841	66669	20378
按院所改革模式分组				
2010年底前进入企业或工商管理局登记为企业法人	1759638	596392	227036	49461
进入企业或企业集团	435393	208182	95048	28907
转为中央或省直属大型科技企业	14089	11242	2847	
转为科技型企业	1222651	308882	119693	19420
转为企业型科技咨询、科技中介、技术推广等单位	87505	68086	9448	1134
2010年底前转制到位的事业单位	45706	6493	34802	11731
转为政府部门属事业单位	12177	515	10591	2542
并入高校	33529	5978	24211	9189
地方属机构按地区分组				
杭州市	1424293	380221	164211	33299
宁波市	45804	35900	6789	
温州市	3855	1194	1146	
嘉兴市	19949	15319	3408	
湖州市	3416	2823	99	
绍兴市	1511	821	690	
金华市	17674	15111	1406	
舟山市	21306	2655	17420	7515

2—83 转制机构基本建设情况(2010)

单位:千元

	基本建设投资实际完成额	科研仪器设备	科研土建工程	科研基建	政府资金	企业资金	其他资金
总　计	**107512**	**26625**	**39020**	**65645**	**3890**	**57755**	**4000**
按隶属关系分组							
地方部门属	86607	16714	39020	55734	800	50934	4000
省级部门属	73957	15714	27370	43084	800	42284	
副省级城市属							
地市级部门属	12650	1000	11650	12650		8650	4000
中央部门属	20905	9911		9911	3090	6821	
按院所改革模式分组							
2010年底前进入企业或工商管理局登记为企业法人	107512	26625	39020	65645	3890	57755	4000
进入企业或企业集团	34440	9577	23887	33464	2756	30708	
转为中央或省直属大型科技企业	10018						
转为科技型企业	41504	16048	8926	24974	1134	23840	
转为企业型科技咨询、科技中介、技术推广等单位	21550	1000	6207	7207		3207	4000
地方属机构按地区分组							
杭州市	72157	15714	25570	41284	800	40484	
温州市	1800		1800	1800		1800	
绍兴市	5000	1000	4000	5000		1000	4000
金华市	7650		7650	7650		7650	

2—84 转制机构课题情况(一)(2010)

	课题数合计(个)	当年开题	当年完成	课题经费内部支出(千元)	政府资金	课题投入人员(人年)	其中1:研究人员	外聘的流动学者	其中2:在读研究生
合计	**444**	**186**	**232**	**305150**	**103578**	**1504**	**657**	**26**	**7**
按课题活动类型分组									
基础研究	1		1	67	67	1			
应用研究	16	4	6	8672	4208	56	33		
试验发展	167	65	82	144383	41534	669	257	7	6
研究与试验发展成果应用	205	87	107	124227	42356	611	292	19	1
科技服务	55	30	36	27801	15411	168	75	1	

2—85 转制机构课题情况(二)(2010)

	课题数合计(个)	R&D课题	课题经费内部支出(千元)	政府资金	R&D课题经费	课题投入人员(人年)	其中:R&D人员	其中:外聘流动学者	其中:在读研究生
总　计	**444**	**184**	**305150**	**103578**	**153123**	**1504**	**726**	**26**	**7**
按隶属关系分组									
地方部门属	354	120	231670	75953	93941	1180	467	21	7
省级部门属	274	108	184231	63439	86401	886	423	8	7
副省级城市属	15	3	6454	1400	3154	39	13		
地市级部门属	65	9	40985	11114	4386	255	31	13	
中央部门属	90	64	73481	27625	59181	324	259	5	
按国民经济行业分组									
农、林、牧、渔业	35	9	15765	15765	1845	75	17		
林业	8	3	2314	2314	218	12	3		
渔业	27	6	13451	13451	1627	63	14		
采矿业	10	7	10480	1740	7350	44	27		
煤炭开采和洗选业	10	7	10480	1740	7350	44	27		
制造业	232	98	186840	46409	86912	896	397	21	7
纺织业	15	6	8352	5067	1670	31	16	4	
造纸及纸制品业	12	9	2450	1488	1520	20	14		
石油加工、炼焦及核燃料加工业	5		2377	600		20			
化学原料及化学制品制造业	67	20	71370	9445	27275	230	68		
医药制造业	23	16	9319	8421	6685	52	36		3
非金属矿物制品业	1		2165			31			
有色金属冶炼及压延加工业	19	10	16807	3074	9901	45	25		
通用设备制造业	33	16	21825	5120	13692	92	42	3	4
专用设备制造业	22	11	15437	5844	4385	108	40	1	
通信设备、计算机及其他电子设备制造业	8		2962	2226		23			
仪器仪表及文化、办公用机械制造业	23	10	30429	5104	21784	221	156		
工艺品及其他制造业	4		3347	20		24		13	
电力、燃气及水的生产和供应业	17	15	38448	11398	37314	125	109		
电力、热力的生产和供应业	5	4	6476	1160	5542	69	56		
水的生产和供应业	12	11	31972	10238	31772	56	53		
建筑业	22		1845	1633		4			
房屋和土木工程建筑业	22		1845	1633		4			
交通运输、仓储和邮政业	18	3	7415	6940	590	36	6	3	
城市公共交通业	18	3	7415	6940	590	36	6	3	
信息传输、计算机服务和软件业	33	21	10893	4350	9202	100	76		

	课题数合计（个）	R&D 课题	课题经费内部支出（千元）	政府资金	R&D 课题经费	课题投入人员（人年）	其中：R&D 人员	其中：外聘流动学者	其中：在读研究生
电信和其他信息传输服务业	11	9	5236	1742	5204	34	33		
计算机服务业									
软件业	22	12	5657	2608	3998	66	43		
科学研究、技术服务和地质勘查业	77	31	33465	15344	9909	225	94	2	
专业技术服务业	59	27	19124	13136	7638	137	80	2	
科技交流和推广服务业	18	4	14341	2208	2271	88	14		
文化、体育和娱乐业									
文化艺术业									
按课题所属学科分组									
自然科学领域	40	26	8734	6402	5841	45	26		
物理学	4	4	3991	1659	3991	13	13		
化学	1		646	646		3			
地球科学	30	22	2340	2340	1850	16	13		
生物学	5		1758	1758		13			
农业科学领域	35	9	15765	15765	1845	75	17		
林学	8	3	2314	2314	218	12	3		
水产学	27	6	13451	13451	1627	63	14		
医学科学领域	27	16	11891	10833	6685	72	36	1	3
临床医学	9		4330	4170		33		1	
中医学与中药学	18	16	7561	6663	6685	39	36		3
工程科学与技术领域	338	133	265414	70558	138751	1289	647	12	4
信息与系统科学相关工程与技术	15	1	12838	2296	400	70	3		1
材料科学	24	15	36884	8563	28186	105	56		
机械工程	39	21	31602	5947	17026	197	113	5	
动力与电气工程	3	2	4109	740	3959	36	33		
能源科学技术	8		4796	2832		39			
电子与通信技术	45	24	37523	9087	26344	293	208		
计算机科学技术	26	14	7834	4166	4351	74	46		
化学工程	85	31	76689	11448	29313	274	87		
产品应用相关工程技术	1	1	178	78	178	2	2		
纺织科学技术	13	5	7874	4689	1492	27	14	4	
食品科学技术	2	1	111	25	85	5	4		
土木建筑工程	31		4796	4583		18			
水利工程	5	3	11951	5236	11735	17	12		
交通运输工程	21	4	8746	6940	1521	53	18	3	
环境科学技术及资源科学技术	19	10	18249	3028	12927	75	46		3
安全科学技术	1	1	1234	900	1234	6	6		
社会、人文科学领域	4		3347	20		24		13	

	课题数合计（个）	R&D 课题	课题经费内部支出（千元）	政府资金	R&D 课题经费	课题投入人员（人年）	其中：R&D 人员	其中：外聘流动学者	其中：在读研究生
艺术学	4		3347	20		24		13	
按课题技术领域分组									
非技术领域	2		409	409		5			
信息技术	61	34	29923	12998	17392	175	112	2	1
生物技术	14	4	4603	4518	303	30	7		
新材料	114	44	126754	27353	65492	355	135	3	
能源技术	11	5	10298	4203	5711	78	43		
自动化技术	75	29	43734	11252	15566	328	145	3	
海洋技术	27	10	18654	7398	10042	91	43		
其他技术领域	140	58	70776	35448	38617	443	241	19	6
按课题来源分组									
中央政府部门下达课题	58	37	67360	29608	54907	279	237	2	1
国家自然科学基金课题	2	2	149	149	149	1	1		
863 计划课题	5	4	16399	2592	16310	22	22		
国家科技支撑（攻关）计划课题	12	8	17445	9692	14349	66	56	2	1
国家星火计划课题	1		237	237		1			
国家 973 计划课题	2	2	997	997	997	5	5		
公益性行业科研专项	12	5	4301	3330	2081	25	12		
其他课题	24	16	27831	12610	21021	160	143		
地方政府部门下达课题	236	85	156043	72754	69671	711	320	11	6
地方自然科学基金课题	5	5	270	270	270	4	4		
地方科技攻关计划课题	76	49	65825	23008	45762	340	221	5	5
其他课题	155	31	89947	49476	23639	367	95	7	1
企业委托课题	35	12	22484		3802	171	41		1
自选课题	104	46	55297	609	24560	310	123		
其他课题	11	4	3966	606	183	33	4	13	
按课题合作形式分组									
与境外机构合作	2	2	1918		1918	11	11		
与国内高校合作	29	14	25617	11542	16253	90	53	5	4
与国内独立研究机构合作	21	12	8477	3740	6394	46	25	1	
与境内注册的其他企业合作	35	16	32995	11595	19368	151	91	4	1
独立研究	345	134	229191	73547	105080	1151	530	17	2
其他	12	6	6953	3154	4110	55	15		1
按院所改革模式分组									
2010 年底前进入企业或工商管理局登记为企业法人	341	153	270329	69232	149055	1323	692	22	7
进入企业或企业集团	116	74	108774	39074	81175	476	327	8	7
转为中央或省直属大型科技企业	10	7	10480	1740	7350	44	27		

	课题数合计（个）	R&D 课题	课题经费内部支出（千元）	政府资金	R&D 课题经费	课题投入人员（人年）	其中：R&D 人员	其中：外聘流动学者	其中：在读研究生
转为科技型企业	174	58	137413	23162	56132	674	292	14	
转为企业型科技咨询、科技中介、技术推广等单位	41	14	13662	5256	4398	130	47		
2010 年底前转制到位的事业单位	103	31	34821	34346	4068	181	33	4	
转为政府部门属事业单位	51	22	10086	10086	1850	53	13		
并入高校	52	9	24736	24260	2217	128	20	4	
按课题的社会经济目标分组									
环境保护、生态建设及污染防治	34	22	44159	12225	38690	119	86		
环境一般问题	7	7	29090	8268	29090	39	39		
环境与资源评估	12	7	3324	1634	1926	19	10		
环境监测	2	1	961	589	872	3	2		
环境污染预防	2	1	668	16	652	14	11		
环境治理	11	6	10116	1718	6150	46	24		
能源生产、分配和合理利用	34	13	16420	8144	9211	119	66		
能源一般问题研究	1		100	100		4			
能源转换技术	3	3	610	410	610	6	6		
能源输送、储存与分配技术	1		72	72					
可再生能源	5	3	2288	1413	1348	21	8		
能源设施和设备建造	6	2	2036	120	1128	15	6		
节约能源的技术	17	5	11282	5997	6125	72	46		
能源生产、输送、分配、储存、利用过程中污染的防治与处理	1		32	32		2			
卫生事业的发展	18	9	8138	7080	3369	49	20	1	1
诊断与治疗	12	9	4468	3410	3369	26	20		1
卫生医疗其他研究	6		3670	3670		23		1	
教育事业发展	1		49	49		1			
非学历教育与培训	1		49	49		1			
基础设施以及城市和农村规划	36	12	15340	10271	6553	99	49	3	
交通运输	20	3	9250	7744	1349	53	16	3	
通信	12	8	5423	2307	4773	42	31		
广播与电视	1	1	431		431	2	2		
城市规划与市政工程	3		236	221		2			
社会发展和社会服务	24	9	11453	3795	3375	112	36	13	
社会发展和社会服务一般问题	1		334	334		2			
公共安全	1	1	584	157	584	6	6		
法律与司法	4	2	780	279	454	9	4		
遗产保护	2		372	20		7		3	

	课题数合计（个）	R&D 课题	课题经费内部支出（千元）	政府资金	R&D 课题经费	课题投入人员（人年）	其中：R&D 人员	其中：外聘流动学者	其中：在读研究生
传媒	2	1	206	51	101	4	2		
科技发展	6		1800	1789		13			
其他社会发展和社会服务	8	5	7376	1165	2236	72	24	10	
地球和大气层的探索与利用	22	16	1534	1534	1158	11	9		
大气	22	16	1534	1534	1158	11	9		
促进农林牧渔业发展	54	20	24432	19586	7207	129	50		2
农作物种植及培育	9	7	3753	3753	3316	17	15		2
林业和林产品	7	3	2114	2114	218	11	3		
渔业	25	6	13019	13019	1627	59	14		
农林牧渔业体系支撑	13	4	5546	700	2046	43	18		
工商业发展	203	79	179573	39308	80198	853	400	9	4
促进工商业发展的一般问题	9	7	1537	90	310	12	8		
产业共性技术	19	4	13785	3896	2271	71	14		1
食品、饮料和烟草制品业	3	2	141	55	115	5	4		
纺织业、服装及皮革制品业	15	6	8352	5067	1670	31	16	4	
化学工业	61	20	72908	10724	30030	211	57		
非金属与金属制品业	2		1496	605		5			
机械制造业（不包括电子设备、仪器仪表及办公机械）	19	10	22672	2569	13217	94	38	3	3
电子设备、仪器仪表及办公机械	48	21	44288	8463	24974	307	187		
其他制造业	9	5	8488	3908	5788	80	67	2	
热力、水的生产和供应	1		200	200		3			
建筑业	9		2842	2842		13			
信息与通信技术（ICT）服务业	2		156	149		3			
技术服务业	2		886	391		9			
金融业	1	1	60		60	1	1		
房地产业	2	2	563		563	6	6		
工商业活动中的环境保护、污染防治与处理	1	1	1200	350	1200	3	3		
其他民用目标	17	3	4024	1557	3332	11	8		
国防	1	1	30	30	30				
地方属机构按地区分组									
杭州市	297	105	201158	60402	86745	1002	417	21	7
宁波市	15	3	6454	1400	3154	39	13		
温州市	3	1	700	400	300	14	6		
嘉兴市	7	3	8897		1715	52	13		
湖州市									
绍兴市	3	2	550		400	7	4		
金华市	2		460	300		4			
舟山市	27	6	13451	13451	1627	63	14		

2—86 转制机构课题经费内部支出情况(2010)

单位:千元

	经费内部支出合计	基础研究	应用研究	试验发展	R&D成果应用	科技服务
总　计	**305150**	**67**	**8672**	**144383**	**124227**	**27801**
按隶属关系分组						
地方部门属	231670		4082	89859	109927	27801
省级部门属	184231		4082	82319	74225	23604
副省级城市属	6454			3154	3300	
地市级部门属	40985			4386	32402	4197
中央部门属	73481	67	4590	54524	14299	
按院所改革模式分组						
2010年底前进入企业或工商管理局登记为企业法人	270329		7626	141429	103350	17925
进入企业或企业集团	108774		3544	77631	22975	4624
转为中央或省直属大型科技企业	10480			7350	3130	
转为科技型企业	137413		4082	52050	71419	9862
转为企业型科技咨询、科技中介、技术推广等单位	13662			4398	5825	3439
2010年底前转制到位的事业单位	34821	67	1046	2954	20877	9877
转为政府部门属事业单位	10086	67	1046	737	7798	437
并入高校	24736			2217	13079	9439
地方属机构按地区分组						
杭州市	201158		4082	82663	91947	22466
宁波市	6454			3154	3300	
温州市	700			300	400	
嘉兴市	8897			1715	7182	
绍兴市	550			400	150	
金华市	460				460	
舟山市	13451			1627	6488	5335

2—87 转制机构课题投入人员情况(2010)

单位:人年

	投入人员合计	基础研究	应用研究	试验发展	R&D成果应用	科技服务
总 计	**1504**	**1**	**56**	**669**	**611**	**168**
按隶属关系分组						
地方部门属	1180		24	443	546	168
省级部门属	886		24	399	316	147
副省级城市属	39			13	26	
地市级部门属	255			31	203	21
中央部门属	324	1	33	226	65	
按院所改革模式分组						
2010年底前进入企业或工商管理局登记为企业法人	1323		50	643	516	115
进入企业或企业集团	476		26	301	101	48
转为中央或省直属大型科技企业	44			27	17	
转为科技型企业	674		24	268	340	42
转为企业型科技咨询、科技中介、技术推广等单位	130			47	58	25
2010年底前转制到位的事业单位	181	1	7	26	95	53
转为政府部门属事业单位	53	1	7	6	38	2
并入高校	128			20	57	51
地方属机构按地区分组						
杭州市	1002		24	393	439	146
宁波市	39			13	26	
温州市	14			6	8	
嘉兴市	52			13	39	
绍兴市	7			4	3	
金华市	4				4	
舟山市	63			14	27	22

2—88 转制机构专利情况(2010)

	专利申请受理数(件)	发明专利	专利授权数(件)	其中：发明专利	其中：国外授权	有效发明专利数(件)	专利所有权转让及许可数(件)	专利所用权转让与许可收入(千元)
总　计	**141**	**77**	**86**	**26**	**0**	**185**	**2**	**200**
按隶属关系分组								
地方部门属	90	53	52	24		157	2	200
省级部门属	73	47	35	16		117	2	200
副省级城市属	8	4	8	4		12		
地市级部门属	9	2	9	4		28		
中央部门属	51	24	34	2		28		
按机构所属学科领域分组								
自然科学领域	1	1	2	2		13		
农业科学领域	4	3	3	1		12		
医学科学领域	5	3	4	3		13		
工程科学与技术领域	131	70	77	20		147	2	200
按院所改革模式分组								
2010年底前进入企业或工商管理局登记为企业法人	134	73	79	24		181	2	200
进入企业或企业集团	53	27	37	7		45		
转为中央或省直属大型科技企业	4		7			1		
转为科技型企业	76	45	33	15		121	2	200
转为企业型科技咨询、科技中介、技术推广等单位	1	1	2	2		14		
2010年底前转制到位的事业单位	7	4	7	2		4		
转为政府部门属事业单位								
并入高校	7	4	7	2		4		
地方属机构按地区分组								
杭州市	78	48	39	18		138	2	200
宁波市	8	4	8	4		12		
温州市						2		
绍兴市			1	1		2		
金华市	2		1					
舟山市	2	1	3	1		3		

2—89　转制机构论文、著作和其他产出情况(2010)

	科技论文（篇）	国外发表	科技著作（种）	形成国家或行业标准数（项）	植物新品种权授予数（项）	软件著作权数（件）
总　计	**418**	**13**	**3**	**20**	**0**	**16**
按隶属关系分组						
地方部门属	253	10	1	17		14
省级部门属	199	10	1	15		9
副省级城市属	15					
地市级部门属	39			2		5
中央部门属	165	3	2	3		2
按国民经济行业分组						
农、林、牧、渔业	57	1		2		
采矿业	16					
制造业	182	9	1	17		5
电力、燃气及水的生产和供应业	60	2	2	1		
建筑业	30					
交通运输、仓储和邮政业	15					
信息传输、计算机服务和软件业	10					6
科学研究、技术服务和地质勘查业	46	1				5
文化、体育和娱乐业	2					
按机构所属学科领域分组						
自然科学领域	27	4				
农业科学领域	57	1		2		
医学科学领域	11		1	2		2
工程科学与技术领域	323	8	2	16		14
按院所改革模式分组						
2010年底前进入企业或工商管理局登记为企业法人	335	11	3	17		14
进入企业或企业集团	168	5	3	4		2
转为中央或省直属大型科技企业	16					
转为科技型企业	127	3		11		4
转为企业型科技咨询、科技中介、技术推广等单位	24	3		2		8
2010年底前转制到位的事业单位	83	2		3		2
转为政府部门属事业单位	15	1				
并入高校	68	1		3		2
地方属机构按地区分组						
杭州市	181	9	1	16		14
宁波市	15					
温州市	6					
金华市	1					
舟山市	50	1		1		

2—90 转制机构 R&D 人员情况(2010)

	R&D 人员(人)	女性	按工作量分		按学历分			
			R&D 全时人员	R&D 非全时人员	博士毕业	硕士毕业	本科毕业	其他
总　计	**1015**	**255**	**525**	**490**	**36**	**227**	**598**	**154**
按隶属关系分组								
地方部门属	656	190	355	301	13	133	386	124
省级部门属	600	182	317	283	11	119	348	122
副省级城市属	24	3	8	16		9	15	
地市级部门属	32	5	30	2	2	5	23	2
中央部门属	359	65	170	189	23	94	212	30
按机构所属学科领域分组								
自然科学领域	18	6	6	12	7	6	3	2
农业科学领域	39	8	12	27	5	18	14	2
医学科学领域	42	17	30	12	1	9	30	2
工程科学与技术领域	916	224	477	439	23	194	551	148
按院所改模式分组								
2010 年底前进入企业或工商管理局登记为企业法人	935	233	508	427	26	195	567	147
进入企业或企业集团	461	97	219	242	14	107	286	54
转为中央或省直属大型科技企业	37	6	10	27		12	23	2
转为科技型企业	390	119	232	158	12	70	220	88
转为企业型科技咨询、科技中介、技术推广等单位	47	11	47			6	38	3
2010 年底前转制到位的事业单位	80	22	17	63	10	32	31	7
转为政府部门属事业单位	18	6	6	12	7	6	3	2
并入高校	62	16	11	51	3	26	28	5
地方属机构按地区分组								
杭州市	580	180	316	264	11	108	341	120
宁波市	24	3	8	16		9	15	
温州市	6	1	6			1	5	
嘉兴市	13	1	13			1	10	2
绍兴市	4		4			1	3	
舟山市	29	5	8	21	2	13	12	2

2—91　转制机构 R&D 人员折合全时工作量情况(2010)

	R&D 折合全时工作量(人年)	按活动类型分			按工作岗位性质分		
		基础研究人员	应用研究人员	试验发展人员	研究人员	技术人员	其他辅助人员
总　计	**757**	**1**	**62**	**694**	**304**	**343**	**110**
按隶属关系分组							
地方部门属	481		25	456	192	205	84
省级部门属	437		25	412	178	184	75
副省级城市属	13			13	5	5	3
地市级部门属	31			31	9	16	6
中央部门属	276	1	37	238	112	138	26
按机构所属学科领域分组							
自然科学领域	13	1	6	6	7	5	1
农业科学领域	20			20	13	5	2
医学科学领域	36			36	6	27	3
工程科学与技术领域	688		56	632	278	306	104
按国民经济经济行业分组							
农、林、牧、渔业	20			20	13	5	2
林业	5			5	3	1	1
渔业	15			15	10	4	1
采矿业	27			27	12	13	2
煤炭开采和洗选业	27			27	12	13	2
制造业	411		2	409	154	176	81
纺织业	18			18	10	8	
造纸及纸制品业	15			15	8	5	2
化学原料及化学制品制造业	69		2	67	35	25	9
医药制造业	36			36	6	27	3
有色金属冶炼及压延加工业	33			33	12	11	10
通用设备制造业	42			42	25	14	3
专用设备制造业	41			41	13	17	11

	R&D 折合全时工作量（人年）	按活动类型分			按工作岗位性质分		
		基础研究人员	应用研究人员	试验发展人员	研究人员	技术人员	其他辅助人员
仪器仪表及文化、办公用机械制造业	157			157	45	69	43
电力、燃气及水的生产和供应业	122		31	91	60	51	11
电力、热力的生产和供应业	69		27	42	28	35	6
水的生产和供应业	53		4	49	32	16	5
交通运输、仓储和邮政业	6			6	3	2	1
城市公共交通业	6			6	3	2	1
信息传输、计算机服务和软件业	77		23	54	38	32	7
电信和其他信息传输服务业	34		23	11	18	10	6
软件业	43			43	20	22	1
科学研究、技术服务和地质勘查业	94	1	6	87	24	64	6
专业技术服务业	80	1	6	73	20	54	6
科技交流和推广服务业	14			14	4	10	
按院所改革模式分组							
2010 年底前进入企业或工商管理局登记为企业法人	723		56	667	284	332	107
进入企业或企业集团	350		31	319	136	174	40
转为中央或省直属大型科技企业	27			27	12	13	2
转为科技型企业	299		25	274	114	121	64
转为企业型科技咨询、科技中介、技术推广等单位	47			47	22	24	1
2010 年底前转制到位的事业单位	34	1	6	27	20	11	3
转为政府部门属事业单位	13	1	6	6	7	5	1
并入高校	21			21	13	6	2
地方属机构按地区分组							
杭州市	430		25	405	168	189	73
宁波市	13			13	5	5	3
温州市	6			6	4	1	1
嘉兴市	13			13	3	4	6
绍兴市	4			4	2	2	
舟山市	15			15	10	4	1

2—92　转制机构 R&D 经费支出情况(2010)

	R&D 经费内部支出(千元)	按活动类型分			按来源分				R&D 经费外部支出(千元)
		基础研究	应用研究	试验发展	政府资金	企业资金	事业单位资金	其他资金	
总　计	**202208**	**80**	**8392**	**193736**	**57128**	**143406**	**1102**	**572**	**1099**
按隶属关系分组									
地方部门属	135080		4082	130998	32746	100660	1102	572	674
省级部门属	126204		4082	122122	30993	94109	1102		674
副省级城市属	3154			3154	1400	1754			
地市级部门属	5722			5722	353	4797		572	
中央部门属	67128	80	4310	62738	24382	42746			425
按机构所属学科领域分组									
自然科学领域	2129	80	766	1283	2129				425
农业科学领域	6398			6398	6398				
医学科学领域	8391			8391	5787	2604			
工程科学与技术领域	185290		7626	177664	42814	140802	1102	572	674
按院所改革模式分组									
2010 年底前进入企业或工商管理局登记为企业法人	195404		7626	187778	50324	143406	1102	572	364
进入企业或企业集团	117507		3544	113963	32051	85456			364
转为中央或省直属大型科技企业	7350			7350	1740	5610			
转为科技型企业	65435		4082	61353	15211	49122	1102		
转为企业型科技咨询、科技中介、技术推广等单位	5112			5112	1322	3218		572	
2010 年底前转制到位的事业单位	6804	80	766	5958	6804				735
转为政府部门属事业单位	2129	80	766	1283	2129				425
并入高校	4675			4675	4675				310
地方属机构按地区分组									
杭州市	124063		4082	119981	27262	95699	1102		674
宁波市	3154			3154	1400	1754			
温州市	950			950		950			
嘉兴市	1715			1715		1715			
绍兴市	1114			1114		542		572	
舟山市	4084			4084	4084				

2—93　转制机构R&D经费内部支出情况(2010)

单位:千元

	R&D经费内部支出	经常费支出				基本建设费		
			人员费用	设备购置费	其他日常支出		仪器设备费	土建费
总　计	**202208**	**183013**	**68888**	**38176**	**75949**	**19195**	**8091**	**11104**
按隶属关系分组								
地方部门属	135080	117675	41683	27096	48896	17405	6301	11104
省级部门属	126204	109513	38246	26764	44503	16691	6159	10532
副省级城市属	3154	3154	1314	282	1558			
地市级部门属	5722	5008	2123	50	2835	714	142	572
中央部门属	67128	65338	27205	11080	27053	1790	1790	
按机构所属学科领域分组								
自然科学领域	2129	2129	995	246	888			
农业科学领域	6398	6258	2589	1323	2346	140	140	
医学科学领域	8391	8391	2889	499	5003			
工程科学与技术领域	185290	166235	62415	36108	67712	19055	7951	11104
按国民经济行业分组								
农、林、牧、渔业	6398	6258	2589	1323	2346	140	140	
林业	2314	2174	505	973	696	140	140	
渔业	4084	4084	2084	350	1650			
采矿业	7350	7350	3315	1250	2785			
煤炭开采和洗选业	7350	7350	3315	1250	2785			
制造业	129609	110554	37944	26892	45718	19055	7951	11104
纺织业	3639	3639	1376	261	2002			
造纸及纸制品业	2444	1644	862		782	800	800	
石油加工、炼焦及核燃料加工业								
化学原料及化学制品制造业	29612	27385	7087	5670	14628	2227	1368	859
医药制造业	8391	8391	2889	499	5003			
非金属矿物制品业								
有色金属冶炼及压延加工业	32618	22945	8057	6076	8812	9673		9673
通用设备制造业	20093	19379	3009	9222	7148	714	142	572
专用设备制造业	5343	5343	3400	383	1560			
通信设备、计算机及其他电子设备制造业								
仪器仪表及文化、办公用机械制造业	27469	21828	11264	4781	5783	5641	5641	
工艺品及其他制造业								

	R&D经费内部支出	经常费支出	人员费用	设备购置费	其他日常支出	基本建设费	仪器设备费	土建费
电力、燃气及水的生产和供应业	38248	38248	12191	6602	19455			
电力、热力的生产和供应业	6476	6476	5175	655	646			
水的生产和供应业	31772	31772	7016	5947	18809			
建筑业								
房屋和土木工程建筑业								
交通运输、仓储和邮政业	591	591	330		261			
城市公共交通业	591	591	330		261			
信息传输、计算机服务和软件业	9202	9202	5127	1863	2212			
电信和其他信息传输服务业	5204	5204	2240	1742	1222			
计算机服务业								
软件业	3998	3998	2887	121	990			
科学研究、技术服务和地质勘查业	10810	10810	7392	246	3172			
专业技术服务业	7917	7917	6052	246	1619			
科技交流和推广服务业	2893	2893	1340		1553			
文化、体育和娱乐业								
文化艺术业								
按院所改革模式分组								
2010年底前进入企业或工商管理局登记为企业法人	195404	176209	65479	37580	73150	19195	8091	11104
进入企业或企业集团	117507	105644	36669	24658	44317	11863	1650	10213
转为中央或省直属大型科技企业	7350	7350	3315	1250	2785			
转为科技型企业	65435	58817	22288	11501	25028	6618	6299	319
转为企业型科技咨询、科技中介、技术推广等单位	5112	4398	3207	171	1020	714	142	572
2010年底前转制到位的事业单位	6804	6804	3409	596	2799			
转为政府部门属事业单位	2129	2129	995	246	888			
并入高校	4675	4675	2414	350	1911			
地方属机构按地区分组								
杭州市	124063	107912	37192	26314	44406	16151	6159	9992
宁波市	3154	3154	1314	282	1558			
温州市	950	410	310	100		540		540
嘉兴市	1715	1715	463		1252			
绍兴市	1114	400	320	50	30	714	142	572
舟山市	4084	4084	2084	350	1650			

2—94 转制机构 R&D 经常费支出情况(2010)

单位:千元

	R&D经常费支出	按活动类型分			按来源分		
		基础研究	应用研究	试验发展	政府资金	企业资金	事业单位资金
总计	**183013**	**80**	**8392**	**174541**	**55344**	**126567**	**1102**
按隶属关系分组							
地方部门属	117675		4082	113593	31946	84627	1102
省级部门属	109513		4082	105431	30193	78218	1102
副省级城市属	3154			3154	1400	1754	
地市级部门属	5008			5008	353	4655	
中央部门属	65338	80	4310	60948	23398	41940	
按机构所属学科领域分组							
自然科学领域	2129	80	766	1283	2129		
农业科学领域	6258			6258	6258		
医学科学领域	8391			8391	5787	2604	
工程科学与技术领域	166235		7626	158609	41170	123963	1102
按院所改革模式分组							
2010年底前进入企业或工商管理局登记为企业法人	176209		7626	168583	48540	126567	1102
进入企业或企业集团	105644		3544	102100	31207	74437	
转为中央或省直属大型科技企业	7350			7350	1740	5610	
转为科技型企业	58817		4082	54735	14271	43444	1102
转为企业型科技咨询、科技中介、技术推广等单位	4398			4398	1322	3076	
2010年底前转制到位的事业单位	6804	80	766	5958	6804		
转为政府部门属事业单位	2129	80	766	1283	2129		
并入高校	4675			4675	4675		
地方属机构按地区分组							
杭州市	107912		4082	103830	26462	80348	1102
宁波市	3154			3154	1400	1754	
温州市	410			410		410	
嘉兴市	1715			1715		1715	
绍兴市	400			400		400	
舟山市	4084			4084	4084		

2—95 转制机构对外科技服务活动情况(2010)

单位:人年

	合计	科技成果的示范性推广工作	为用户提供可行性报告、技术方案、建议及进行技术论证等技术咨询工作	为社会和公众提供的检验、检疫、测试、标准化、计量、计算、质量控制和专利服务	科技信息文献服务	其他科技服务活动	科技培训工作
总计	**769**	**70**	**365**	**140**	**16**	**140**	**38**
按隶属关系分组							
地方部门属	522	19	207	129	15	135	17
省级部门属	345	15	110	96	5	111	8
副省级城市属	82	1	60	16	1	2	2
地市级部门属	95	3	37	17	9	22	7
中央部门属	247	51	158	11	1	5	21
按院所改革模式分组							
2010年底前进入企业或工商管理局登记为企业法人	716	65	342	123	15	135	36
进入企业或企业集团	408	56	245	59	4	20	24
转为中央或省直属大型科技企业	43	3	40				
转为科技型企业	204	4	42	51	7	93	7
转为企业型科技咨询、科技中介、技术推广等单位	61	2	15	13	4	22	5
2010年底前转制到位的事业单位	53	5	23	17	1	5	2
转为政府部门属事业单位	4		2	2			
并入高校	49	5	21	15	1	5	2
地方属机构按地区分组							
杭州市	354	14	104	99	10	118	9
宁波市	82	1	60	16	1	2	2
温州市	4			3		1	
嘉兴市	23		20	3			
湖州市	7					7	
绍兴市	28		15		4	5	4
金华市	4			2		1	1
舟山市	20	4	8	6		1	1

2—96 转制机构重点发展学科情况(2010)

	部门数（个）	科技活动人员（人）	科技经费内部支出（千元）
总　计	**27**	**579**	**75781**
按隶属关系分组			
地方部门属	18	455	61708
省级部门属	15	384	50366
地市级部门属	3	71	11342
中央部门属	9	124	14073
按重点发展学科的组成类型分组			
国家(重点)实验室	1	20	3850
国家工程技术(研究)中心	2	125	12000
部门、地方(重点)实验室	10	197	32569
部门、地方工程技术(研究)中心	3	52	3312
其他	11	185	24050
按院所改革模式分组			
2010年底前进入企业或工商管理局登记为企业法人	24	520	64811
进入企业或企业集团	9	131	15954
转为中央或省直属大型科技企业	1	25	3500
转为科技型企业	14	364	45357
2010年底前转制到位的事业单位	3	59	10970
并入高校	3	59	10970
地方属机构按地区分组			
杭州市	15	396	50738
舟山市	3	59	10970

2—97 转制机构人员流动情况(2010)

单位:人

	本年新增人员	应届高校毕业生	招聘的其他人员	其他新增人员	本年减少人员	离退休	离开本单位的人员	其他减少人员	本年不在岗人员
总计	**600**	**203**	**353**	**44**	**487**	**53**	**393**	**41**	**55**
按隶属关系分组									
地方部门属	495	132	321	42	422	41	345	36	18
省级部门属	341	88	222	31	279	38	220	21	18
副省级城市属	62	27	32	3	40		40		
地市级部门属	92	17	67	8	103	3	85	15	
中央部门属	105	71	32	2	65	12	48	5	37
按院所改革模式分组									
2010年底前进入企业或工商管理局登记为企业法人	576	193	348	35	460	45	381	34	55
进入企业或企业集团	167	77	66	24	109	19	78	12	47
转为中央或省直属大型科技企业	26	14	12		22	4	18		
转为科技型企业	326	79	244	3	257	16	233	8	3
转为企业型科技咨询、科技中介、技术推广等单位	57	23	26	8	72	6	52	14	5
2010年底前转制到位的事业单位	24	10	5	9	27	8	12	7	
转为政府部门属事业单位	6	1	5		9	3	6		
并入高校	18	9		9	18	5	6	7	
地方属机构按地区分组									
杭州市	396	100	276	20	353	37	284	32	12
宁波市	62	27	32	3	40		40		
温州市	15			15	2	2			6
嘉兴市	12		12		5		5		
金华市	2	1	1		5		5		
舟山市	8	4		4	10	2	4	4	

2—98 转制机构招聘人员情况(2010)

单位:人

	应届高校毕业生	招聘的其他人员	来自研究院所	来自企业	外资或合资企业	来自高等院校	来自国外	来自政府部门
总　计	**203**	**353**	**152**	**166**	**4**	**0**	**1**	**2**
按隶属关系分组								
地方部门属	132	321	151	136	1		1	1
省级部门属	88	222	146	64	1			1
副省级城市属	27	32	5	6				
地市级部门属	17	67		66			1	
中央部门属	71	32	1	30	3			1
按院所改革模式分组								
2010年底前进入企业或工商管理局登记为企业法人	193	348	152	162	4		1	1
进入企业或企业集团	77	66	1	44	3			
转为中央或省直属大型科技企业	14	12		12				
转为科技型企业	79	244	151	80	1		1	1
转为企业型科技咨询、科技中介、技术推广等单位	23	26		26				
2010年底前转制到位的事业单位	10	5		4				1
转为政府部门属事业单位	1	5		4				1
并入高校	9							
地方属机构按地区分组								
杭州市	100	276	146	117	1		1	1
宁波市	27	32	5	6				
嘉兴市		12		12				
金华市	1	1		1				
舟山市	4							

2—99 转制机构流出人员情况(2010)

单位:人

	流出人员	流向政府部门	流向企业	外资或合资企业	出国	流向高等学校	流向研究院所
总计	**393**	**10**	**355**	**5**	**1**	**5**	**7**
按隶属关系分组							
地方部门属	345	4	318	5	1	2	5
省级部门属	220	4	203		1	2	3
副省级城市属	40		40				
地市级部门属	85		75	5			2
中央部门属	48	6	37			3	2
按院所改革模式分组							
2010年底前进入企业或工商管理局登记为企业法人	381	6	350	5	1	4	5
进入企业或企业集团	78	5	71			2	
转为中央或省直属大型科技企业	18		16				2
转为科技型企业	233	1	225	5	1	1	2
转为企业型科技咨询、科技中介、技术推广等单位	52		38			1	1
2010年底前转制到位的事业单位	12	4	5			1	2
转为政府部门属事业单位	6	1	4			1	
并入高校	6	3	1				2
地方属机构按地区分组							
杭州市	284	3	260	5	1	2	3
宁波市	40		40				
嘉兴市	5		5				
湖州市	7		7				
金华市	5		5				
舟山市	4	1	1				2

2—100 转制机构产品经营情况(2010)

单位:千元

	年末从业人员数	工业总产值	主营业务收入	利润总额	资产总额	出口交货值	新产品产值	新产品销售收入	
									出 口
总计	**5076**	**4249457**	**4642401**	**422629**	**5234404**	**34510**	**716441**	**709960**	**5360**
按隶属关系分组									
地方部门属	4251	3942289	4124952	363710	4478357	34510	644820	639995	5360
省级部门属	3356	3784519	3853159	294356	3887835	34510	644444	639619	5360
副省级城市属	268	13502	87272	35047	228066		94	94	
地市级部门属	627	144268	184521	34307	362456		282	282	
中央部门属	825	307168	517449	58919	756047		71621	69965	
按院所改革模式分组									
2010年底前进入企业或工商管理局登记为企业法人	5076	4249457	4642401	422629	5234404	34510	716441	709960	5360
进入企业或企业集团	1567	1007541	1338588	111326	1514486		341868	352768	
转为中央或省直属大型科技企业	140	79099	79099	9796	99863		24132	24132	
转为科技型企业	2859	2979460	3049709	280834	3319567	34510	350159	332778	5360
转为企业型科技咨询、科技中介、技术推广等单位	510	183357	175005	20673	300488		282	282	
地方属机构按地区分组									
杭州市	3717	3908006	3979425	327244	4156559	34510	644726	639181	5360
宁波市	268	13502	87272	35047	228066		94	94	
温州市	30	5949	7436	786	19362			720	
嘉兴市	135	10200	42663	237	49557				
湖州市	9	732	732	56	1565				
绍兴市	42	3900	3800	80	3200				
金华市	50		3624	260	20048				

2—101 转制机构政府相关政策落实及技术获取与技术改造情况(2010)

单位:千元

	享受各级政府对研究开发活动的减免税			引进国外技术经费支出	引进国外技术的消化吸收经费支出	购买国内技术经费支出	技术改造经费支出
		研究开发费用加计扣除减免税	高新技术企业减免税				
总　计	**20297**	**4192**	**15696**	**0**	**400**	**0**	**3790**
按隶属关系分组							
地方部门属	18986	3929	15057		400		3790
省级部门属	18577	3708	14869				3190
副省级城市属							
地市级部门属	409	221	188		400		600
中央部门属	1311	263	639				
按院所改革模式分组							
2010年底前进入企业或工商管理局登记为企业法人	20297	4192	15696		400		3790
进入企业或企业集团	7477	1150	5918				3190
转为中央或省直属大型科技企业	801	263	538				
转为科技型企业	11610	2558	9052				
转为企业型科技咨询、科技中介、技术推广等单位	409	221	188		400		600
地方属机构按地区分组							
杭州市	18986	3929	15057				3190
绍兴市					400		600

三、规模以上工业企业情况

3—1 规模以上工业企业科技活动情况(2005—2010)

单位:亿元

指标	单位	2005	2006	2007	2008	2009	2010
有科技活动企业数	个	7434	8961	10700	12897	13883	14537
企业有科技机构	个	3171	4094	4881	5748	5694	6745
从业人员年平均人数	万人	370.05	412.70	457.95	811.26	797.13	602.72
科技活动人员	万人	19.15	23.53	26.75	31.19	33.31	38.18
#高中级职称人员	万人	5.33	6.08	6.78	7.27	7.26	7.29
科技活动经费支出		258.87	328.07	419.81	492.35	545.09	675.50
#劳务费		61.68	81.65	103.12	132.06	141.65	181.53
原材料费		87.72	106.27	136.24	159.48	202.00	260.31
#新产品开发经费支出		208.12	266.97	353.00	408.06	418.31	526.16
委托外单位开发经费支出		24.58	20.31	27.51	33.98	32.89	36.48
研究与试验发展人员	万人	7.68	10.50	13.29	16.03	18.49	22.39
研究与试验发展经费支出		127.34	180.08	231.19	274.13	330.10	407.43
新产品产值		3057.73	4016.10	5406.18	6753.24	6801.55	8789.28
新产品销售收入		2871.83	3783.92	5147.00	6408.15	6348.62	8352.46
#出口		782.32	1120.91	1548.60	1970.85	1612.00	2232.92
专利申请数	项	10528	17285	24148	33652	46420	48334
#发明专利	项	2548	3436	4413	6107	8698	8879
拥有发明专利数	项	4405	5876	7456	11098	11789	14178
技术改造经费支出		304.41	302.44	344.36	389.16	329.36	285.37
技术引进经费支出		21.11	22.72	20.28	22.67	21.37	24.89
消化吸收经费支出		6.13	10.67	12.43	10.96	9.91	12.73
购买国内技术经费支出		12.01	11.68	12.22	16.67	16.08	14.84

注:2008年统计范围为全部规模以上工业企业,其余年份统计范围为全部大中型工业企业及有科技投入的规模以上小型工业企业。

3-2 规模以上工业企业基本情况

指标名称	企业数（个）	#有R&D活动	#有科技机构	年末从业人员（人）	工业总产值（万元）
总计	**31317**	**8374**	**6286**	**6027160**	**383275307**
按企业规模分组					
大中型企业	4420	2096	2404	3520790	261973730
大型企业	222	152	171	884944	81255900
中型企业	4198	1944	2233	2635846	180717830
小型企业	26897	6278	3882	2506370	121301577
按隶属关系分组					
中央	50	34	20	39773	19278189
地方	31267	8340	6266	5987387	363997118
按登记注册类型分组					
内资企业	25689	6640	4801	4223278	271276458
国有企业	153	54	24	83338	21133677
集体企业	133	15	11	13552	621850
股份合作企业	535	91	41	45573	1628719
联营企业	12	2	2	2977	142883
国有联营企业	2			531	62057
集体联营企业	3	1	1	1279	46757
其他联营企业	7	1	1	1167	34069
有限责任公司	3396	1140	905	880114	62418326
国有独资公司	38	12	11	31032	1538829
其他有限责任公司	3358	1128	894	849082	60879497
股份有限公司	412	279	283	330748	37653842
私营企业	21029	5053	3530	2864829	147506120
私营独资企业	2465	346	179	175434	6728291
私营合伙企业	743	109	58	52116	1725561
私营有限责任公司	17513	4464	3179	2515760	126134627
私营股份有限公司	308	134	114	121519	12917641
其他企业	19	6	5	2147	171042
港、澳、台商投资企业	2694	860	755	861352	51145654
合资经营企业(港或澳、台资)	1575	539	482	495684	32890752
合作经营企业(港或澳、台资)	45	16	13	8396	631863

注：本表统计范围为全部大中型工业企业和有科技投入的规模以上小型工业企业，以下表同。

指标名称	企业数（个）	#有R&D活动	#有科技机构	年末从业人员（人）	工业总产值（万元）
港、澳、台商独资经营企业	1036	280	242	343748	16667582
港、澳、台商投资股份有限公司	38	25	18	13524	955457
外商投资企业	2934	874	730	942530	60853194
中外合资经营企业	1675	552	474	508503	31743559
中外合作经营企业	55	17	15	16408	761936
外资企业	1156	279	215	384458	25486392
外商投资股份有限公司	48	26	26	33161	2861307
按国民经济行业大类分组					
采矿业	67	7	4	9363	778798
黑色金属矿采选业	2	1	1	1285	131880
有色金属矿采选业	6	2	1	2417	201783
非金属矿采选业	59	4	2	5661	445135
其他采矿业					
制造业	30994	8326	6258	5933935	360661453
农副食品加工业	484	165	133	58583	4823757
食品制造业	227	84	63	56107	3086208
饮料制造业	170	44	46	59393	3196917
烟草制品业	3	2	2	3223	2807665
纺织业	4751	522	413	834511	39595633
纺织服装、鞋、帽制造业	1626	121	98	451514	11646894
皮革、毛皮、羽毛(绒)及其制品业	1540	97	103	358989	9966411
木材加工及木、竹、藤、棕、草制品业	286	69	56	41898	2176865
家具制造业	380	54	78	117000	3758207
造纸及纸制品业	512	85	68	87513	6345342
印刷业和记录媒介的复制	292	48	34	38064	1771287
文教体育用品制造业	485	135	94	96867	3260380
石油加工、炼焦及核燃料加工业	31	7	5	9085	12960287
化学原料及化学制品制造业	1170	509	420	200351	29566369
医药制造业	403	273	226	109777	6990487
化学纤维制造业	275	71	76	89350	16312337
橡胶制品业	292	85	61	66957	4266949
塑料制品业	1667	318	225	198244	11916705
非金属矿物制品业	752	217	161	132513	8575703

指标名称	企业数（个）	#有R&D活动	#有科技机构	年末从业人员（人）	工业总产值（万元）
黑色金属冶炼及压延加工业	308	64	52	70128	13538258
有色金属冶炼及压延加工业	418	100	81	64296	13050952
金属制品业	1733	382	262	284115	13069200
通用设备制造业	4032	1278	834	564064	28437339
专用设备制造业	1490	680	524	209583	11543783
交通运输设备制造业	1733	605	457	395532	28627358
电气机械及器材制造业	3390	1294	919	725942	39782095
通信设备、计算机及其他电子设备制造业	1050	516	394	319139	17451399
仪器仪表及文化、办公用机械制造业	803	382	300	157678	6376357
工艺品及其他制造业	707	113	68	126001	4592203
废弃资源和废旧材料回收加工业	84	6	5	7518	1168105
电力、燃气及水的生产和供应业	256	41	24	83862	21835055
电力、热力的生产和供应业	164	32	20	67641	20780990
燃气生产和供应业	20	1		2569	361231
水的生产和供应业	72	8	4	13652	692835
按企业控股情况分组					
国有控股	403	172	122	249246	51347186
集体控股	694	181	161	157645	10210800
私人控股	26011	6672	4934	4257574	235032030
港澳台商控股	1747	525	458	577912	33565155
外商控股	1907	531	412	617771	41646324
其他	555	293	199	167012	11473812
按地区分组					
杭州市	2313	1323	1156	821604	74075893
宁波市	5869	2001	1508	1339453	88625284
温州市	4700	848	689	781292	32433221
嘉兴市	6886	1184	649	926563	48777895
湖州市	1166	364	292	198436	15743437
绍兴市	3907	640	651	775761	61754272
金华市	1777	546	482	358479	18772178
衢州市	271	147	135	79963	5871280
舟山市	151	113	76	40750	6106728
台州市	4038	1092	593	619397	25691677
丽水市	239	116	55	85462	5423441

	主营业务收入	利润总额	资产总计	出口交货值
总计	**383630625**	**25578375**	**355978649**	**84210267**
按企业规模分组				
大中型企业	261780086	19081533	243676159	59956063
大型企业	82123146	6006870	70556074	20199537
中型企业	179656941	13074663	173120085	39756526
小型企业	121850538	6496842	112302490	24254204
按隶属关系分组				
中央	19702698	1443081	18436978	87742
地方	363927926	24135294	337541671	84122525
按登记注册类型分组				
内资企业	273211764	16755385	253841341	47387676
国有企业	23503976	1104187	18189207	132330
集体企业	616182	42836	448488	37729
股份合作企业	1562090	71682	1317322	227488
联营企业	140310	7988	160925	21291
国有联营企业	62053	2821	65824	225
集体联营企业	39056	2538	57317	4991
其他联营企业	39201	2630	37784	16075
有限责任公司	64482930	4396560	70820940	9749704
国有独资公司	1629052	98463	4435958	143245
其他有限责任公司	62853878	4298097	66384982	9606458
股份有限公司	38521337	3140976	34882372	4421305
私营企业	144210904	7982882	127838059	32778265
私营独资企业	6574822	288741	4739729	1319718
私营合伙企业	1671298	84701	1169305	303377
私营有限责任公司	123088887	6741039	111611131	28395887
私营股份有限公司	12875897	868401	10317894	2759283
其他企业	174035	8275	184029	19565
港、澳、台商投资企业	50405815	3990205	49649958	14211912
合资经营企业(港或澳、台资)	32621674	2447857	30483350	7976746
合作经营企业(港或澳、台资)	629481	42060	532529	152618
港、澳、台商独资经营企业	16119278	1399477	16963885	5807394
港、澳、台商投资股份有限公司	1035383	100811	1670194	275154

	主营业务收入	利润总额	资产总计	出口交货值
外商投资企业	60013046	4832786	52487350	22610678
中外合资经营企业	31119757	2479228	26886361	10001960
中外合作经营企业	735311	58041	578279	284554
外资企业	25465979	1987265	22113117	11974871
外商投资股份有限公司	2692000	308252	2909594	349293
按国民经济行业大类分组				
采矿业	771932	83835	678593	2785
黑色金属矿采选业	137497	26370	346298	
有色金属矿采选业	192884	29667	164335	
非金属矿采选业	441551	27799	167960	2785
其他采矿业				
制造业	358697307	23975969	328142584	84179801
农副食品加工业	4800629	178840	4135381	752839
食品制造业	2990602	258746	2446146	379026
饮料制造业	5149974	289738	3742338	224022
烟草制品业	2792404	194212	2467702	19029
纺织业	38993019	1987526	38590058	11081235
纺织服装、鞋、帽制造业	11332406	843147	10134652	5042282
皮革、毛皮、羽毛(绒)及其制品业	9770787	483290	7382101	4388034
木材加工及木、竹、藤、棕、草制品业	2118860	115443	1514291	571648
家具制造业	3625605	211843	3825678	2404058
造纸及纸制品业	6230028	347885	7786386	398278
印刷业和记录媒介的复制	1733862	113413	1928209	302279
文教体育用品制造业	3193442	200713	2776001	1842270
石油加工、炼焦及核燃料加工业	13176704	734807	4704246	29077
化学原料及化学制品制造业	30210218	2916017	26269690	3276426
医药制造业	6690774	860009	9038006	2011550
化学纤维制造业	16443723	1170063	12906715	921167
橡胶制品业	4267124	199924	3412005	1020226
塑料制品业	11701442	744136	9883339	2607096
非金属矿物制品业	8572307	721458	11657590	850289
黑色金属冶炼及压延加工业	13321003	543745	11654477	478105
有色金属冶炼及压延加工业	12862530	506886	8612151	1000877

	主营业务收入	利润总额	资产总计	出口交货值
金属制品业	13573993	735842	11310081	4109578
通用设备制造业	27839031	2230841	27981559	6327320
专用设备制造业	11175048	1012769	11367512	2093842
交通运输设备制造业	27821698	1731369	28994916	8252247
电气机械及器材制造业	39303560	2538220	36998055	11461319
通信设备、计算机及其他电子设备制造业	17209415	1292485	15031808	8610664
仪器仪表及文化、办公用机械制造业	6177992	522457	6762367	1725326
工艺品及其他制造业	4450631	264652	4357210	1997515
废弃资源和废旧材料回收加工业	1168497	25496	471916	2176
电力、燃气及水的生产和供应业	24161385	1518571	27157472	27681
电力、热力的生产和供应业	23109113	1403971	23126534	11318
燃气生产和供应业	374125	19192	555643	
水的生产和供应业	678147	95408	3475295	16364
按企业控股情况分组				
国有控股	54722601	3495316	51769280	2539613
集体控股	10207456	726089	9921182	1369708
私人控股	233450945	14136912	214413143	52275500
港澳台商控股	32774641	2931926	33458475	9442315
外商控股	41113719	3447732	35754921	16275489
其他	11361262	840400	10661647	2307642
按地区分组				
杭州市	77299904	6030546	67932492	13195787
宁波市	90098786	5863486	76884813	22690979
温州市	31460558	2075673	31997532	5113875
嘉兴市	47960788	3091099	48998543	11604084
湖州市	15568812	882759	11647567	2493877
绍兴市	60877830	3730420	58102937	10907343
金华市	18311925	1189553	18984051	5421630
衢州市	6191763	443026	5466042	483765
舟山市	5633250	263733	7977493	3061424
台州市	24535416	1516470	23530746	8696607
丽水市	5691593	491610	4456431	540898

3—3 规模以上工业企业R&D人员情况

指标名称	R&D人员合计（人）	参加项目人员	管理和服务人员	＃女性	＃研究人员	全时人员	非全时人员
总计	**223885**	**209100**	**14785**	**47729**	**58106**	**131243**	**92642**
按企业规模分组							
大中型企业	138247	129429	8818	31879	35445	87301	50946
大型企业	38501	36271	2230	10324	9963	24720	13781
中型企业	99746	93158	6588	21555	25482	62581	37165
小型企业	85638	79671	5967	15850	22661	43942	41696
按隶属关系分组							
中央	1809	1723	86	380	835	1227	582
地方	222076	207377	14699	47349	57271	130016	92060
按登记注册类型分组							
内资企业	165684	154348	11336	33362	44120	95548	70136
国有企业	1976	1832	144	377	974	1147	829
集体企业	190	172	18	23	75	59	131
股份合作企业	1059	969	90	143	313	416	643
联营企业	88	87	1	27	18	73	15
国有联营企业							
集体联营企业	81	80	1	25	18	66	15
其他联营企业	7	7		2		7	
有限责任公司	41467	38741	2726	8372	12021	25190	16277
国有独资公司	945	850	95	270	497	409	536
其他有限责任公司	40522	37891	2631	8102	11524	24781	15741
股份有限公司	27925	25970	1955	6826	7153	16996	10929
私营企业	92853	86459	6394	17574	23540	51601	41252
私营独资企业	3781	3567	214	619	737	1528	2253
私营合伙企业	940	863	77	166	215	393	547
私营有限责任公司	81624	75985	5639	15161	20708	45782	35842
私营股份有限公司	6508	6044	464	1628	1880	3898	2610
其他企业	126	118	8	20	26	66	60
港、澳、台商投资企业	27988	26563	1425	7320	5639	17539	10449
合资经营企业(港或澳、台资)	15634	14747	887	3708	3422	9221	6413
合作经营企业(港或澳、台资)	374	358	16	85	113	162	212

	R&D人员合计（人）	参加项目人员	管理和服务人员	#女性	#研究人员	全时人员	非全时人员
港、澳、台商独资经营企业	9847	9372	475	2888	1704	6213	3634
港、澳、台商投资股份有限公司	2133	2086	47	639	400	1943	190
外商投资企业	30213	28189	2024	7047	8347	18156	12057
中外合资经营企业	18401	17042	1359	4379	4787	10827	7574
中外合作经营企业	339	316	23	60	64	189	150
外资企业	9620	9102	518	2114	2924	6143	3477
外商投资股份有限公司	1853	1729	124	494	572	997	856
按国民经济行业分组							
采矿业	126	115	11	14	64	43	83
黑色金属矿采选业	43	37	6	7	20	3	40
有色金属矿采选业	59	57	2	4	38	35	24
非金属矿采选业	24	21	3	3	6	5	19
制造业	222528	207793	14735	47601	57594	130818	91710
农副食品加工业	2362	2186	176	570	834	1270	1092
食品制造业	1466	1358	108	470	394	672	794
饮料制造业	1495	1380	115	394	561	790	705
烟草制品业	46	41	5	14	40	17	29
纺织业	13565	12859	706	4504	2703	8736	4829
纺织服装、鞋、帽制造业	3017	2890	127	1556	557	2042	975
皮革、毛皮、羽毛(绒)及其制品业	3309	3119	190	1212	502	2718	591
木材加工及木、竹、藤、棕、草制品业	1063	966	97	237	288	584	479
家具制造业	959	905	54	169	188	594	365
造纸及纸制品业	1861	1735	126	384	631	946	915
印刷业和记录媒介的复制	1519	1405	114	424	242	663	856
文教体育用品制造业	2758	2563	195	730	635	1589	1169
石油加工、炼焦及核燃料加工业	72	64	8	11	21	42	30
化学原料及化学制品制造业	14279	13305	974	3085	4885	8028	6251
医药制造业	11387	10511	876	3972	3438	7745	3642
化学纤维制造业	2990	2780	210	674	788	1618	1372
橡胶制品业	2246	2101	145	594	489	1429	817
塑料制品业	4405	4122	283	795	1072	2038	2367
非金属矿物制品业	4236	3923	313	753	1248	2388	1848
黑色金属冶炼及压延加工业	2057	1874	183	211	658	1083	974

	R&D人员合计(人)	参加项目人员	管理和服务人员	#女性	#研究人员	全时人员	非全时人员
有色金属冶炼及压延加工业	2800	2657	143	485	745	1646	1154
金属制品业	9728	9113	615	1549	2039	5225	4503
通用设备制造业	29330	27447	1883	4809	7571	16109	13221
专用设备制造业	13654	12781	873	1944	3912	7565	6089
交通运输设备制造业	20880	19434	1446	3349	5127	11880	9000
电气机械及器材制造业	36264	33425	2839	6958	9717	19898	16366
通信设备、计算机及其他电子设备制造业	20897	19755	1142	5005	5235	14816	6081
仪器仪表及文化、办公用机械制造业	11426	10776	650	2194	2720	7324	4102
工艺品及其他制造业	2370	2236	134	539	346	1330	1040
废弃资源和废旧材料回收加工业	87	82	5	10	8	33	54
电力、燃气及水的生产和供应业	1231	1192	39	114	448	382	849
电力、热力的生产和供应业	1105	1077	28	86	391	300	805
燃气生产和供应业	4	4			2		4
水的生产和供应业	122	111	11	28	55	82	40
按企业控股情况分组							
国有控股	13591	12751	840	3805	5023	8684	4907
集体控股	8791	7957	834	1843	2273	4372	4419
私人控股	157665	147191	10474	31275	39742	90874	66791
港澳台商控股	18246	17238	1008	4734	3763	11205	7041
外商控股	18161	17086	1075	4451	5330	11303	6858
其他	7431	6877	554	1621	1975	4805	2626
按地区分组							
杭州市	46023	43301	2722	9813	13917	28065	17958
宁波市	52569	48988	3581	12265	10905	29841	22728
温州市	22779	20949	1830	4059	5640	13534	9245
嘉兴市	24625	23038	1587	5582	6239	15188	9437
湖州市	8416	7608	808	1718	2671	5238	3178
绍兴市	23738	22444	1294	5677	7046	14800	8938
金华市	15083	13663	1420	3392	4332	10668	4415
衢州市	3321	3087	234	656	1188	1294	2027
舟山市	3296	3137	159	410	877	2139	1157
台州市	21594	20580	1014	3765	4567	9151	12443
丽水市	2441	2305	136	392	724	1325	1116

	R&D人员折合全时当量合计（人年）	#研究人员	基础研究人员	应用研究人员	试验发展人员
总计	**185743**	**49032**		**4**	**185739**
按企业规模分组					
大中型企业	116965	30229		4	116962
大型企业	32851	8549			32851
中型企业	84114	21681		4	84110
小型企业	68777	18802			68777
按隶属关系分组					
中央	1512	691			1512
地方	184231	48341		4	184227
按登记注册类型分组					
内资企业	135759	36963		4	135756
国有企业	1528	756		2	1526
集体企业	157	52			157
股份合作企业	810	263			810
联营企业	79	16			79
国有联营企业					
集体联营企业	72	16			72
其他联营企业	7				7
有限责任公司	34781	10274			34781
国有独资公司	821	427			821
其他有限责任公司	33960	9847			33960
股份有限公司	23786	6189			23786
私营企业	74517	19394		1	74516
私营独资企业	2933	607			2933
私营合伙企业	718	174			718
私营有限责任公司	65800	17114		1	65799
私营股份有限公司	5067	1499			5067
其他企业	101	18			101
港、澳、台商投资企业	24240	4800			24240
合资经营企业(港或澳、台资)	13187	2854			13187
合作经营企业(港或澳、台资)	291	90			291
港、澳、台商独资经营企业	8666	1466			8666
港、澳、台商投资股份有限公司	2097	390			2097

3—3 续表4

	R&D人员折合全时当量合计（人年）	#研究人员	基础研究人员	应用研究人员	试验发展人员
外商投资企业	25743	7268			25743
中外合资经营企业	15692	4194			15692
中外合作经营企业	274	51			274
外资企业	8329	2630			8329
外商投资股份有限公司	1448	393			1448
按国民经济行业分组					
采矿业	88	43			88
黑色金属矿采选业	30	14			30
有色金属矿采选业	42	26			42
非金属矿采选业	16	3			16
制造业	184822	48638		1	184820
农副食品加工业	1872	685			1872
食品制造业	1143	323			1143
饮料制造业	1204	452			1204
烟草制品业	29	23			29
纺织业	11546	2370			11546
纺织服装、鞋、帽制造业	2727	468			2727
皮革、毛皮、羽毛（绒）及其制品业	3100	456			3100
木材加工及木、竹、藤、棕、草制品业	914	246		1	913
家具制造业	769	167			769
造纸及纸制品业	1477	479			1477
印刷业和记录媒介的复制	1192	192			1192
文教体育用品制造业	2204	516			2204
石油加工、炼焦及核燃料加工业	57	18			57
化学原料及化学制品制造业	11929	4127			11929
医药制造业	9817	3024			9817
化学纤维制造业	2437	658			2437
橡胶制品业	1553	378			1553
塑料制品业	3517	913			3517
非金属矿物制品业	3473	1001			3473
黑色金属冶炼及压延加工业	1810	604			1810
有色金属冶炼及压延加工业	2424	653			2424

	R&D人员折合全时当量合计（人年）	#研究人员	基础研究人员	应用研究人员	试验发展人员
金属制品业	7378	1564			7378
通用设备制造业	24560	6579			24560
专用设备制造业	11332	3278			11332
交通运输设备制造业	16830	4027			16830
电气机械及器材制造业	29675	8337			29675
通信设备、计算机及其他电子设备制造业	18382	4519			18382
仪器仪表及文化、办公用机械制造业	9541	2284			9541
工艺品及其他制造业	1877	294			1877
废弃资源和废旧材料回收加工业	53	5			53
电力、燃气及水的生产和供应业	833	351		2	830
电力、热力的生产和供应业	719	296		2	716
燃气生产和供应业	3	2			3
水的生产和供应业	111	53			111
按企业控股情况分组					
国有控股	11846	4256		2	11843
集体控股	6792	1836			6792
私人控股	129573	33386		1	129572
港澳台商控股	15953	3218			15953
外商控股	15592	4758			15592
其他	5987	1577			5987
按地区分组					
杭州市	41103	12522			41103
宁波市	44480	9436			44480
温州市	18566	4619			18566
嘉兴市	20420	5180			20420
湖州市	6594	2169		1	6592
绍兴市	19850	6043		2	19848
金华市	11249	3262			11249
衢州市	2475	900			2475
舟山市	2906	774			2906
台州市	16249	3571			16249
丽水市	1852	555			1852

3—4　规模以上工业企业R&D经费情况

单位：万元

指标名称	R&D经费内部支出合计	(一)按活动类型分组			(二)按支出用途分组	
		基础研究支出	应用研究支出	试验发展支出	经常费支出	#人员劳务费
总计	**4074329**		**117**	**4074211**	**3574900**	**1154917**
按企业规模分组						
大中型企业	2723447		117	2723329	2413199	785913
大型企业	871982			871982	787130	278003
中型企业	1851465		117	1851347	1626069	507910
小型企业	1350882			1350882	1161702	369004
按隶属关系分组						
中央	23936			23936	22666	11255
地方	4050392		117	4050275	3552235	1143662
按登记注册类型分组						
内资企业	3002715		117	3002597	2621023	844282
国有企业	42214		20	42194	39599	10633
集体企业	2402			2402	2284	862
股份合作企业	13092			13092	11788	4833
联营企业	679			679	672	266
集体联营企业	604			604	597	239
其他联营企业	75			75	75	27
有限责任公司	823702			823702	722467	263953
国有独资公司	21617			21617	19511	5445
其他有限责任公司	802085			802085	702956	258508
股份有限公司	518544			518544	458960	149692
私营企业	1600411		98	1600313	1383996	413472
私营独资企业	63488			63488	54069	16123
私营合伙企业	13383			13383	11238	3456
私营有限责任公司	1370693		98	1370596	1179328	358787
私营股份有限公司	152846			152846	139361	35106
其他企业	1672			1672	1258	571
港、澳、台商投资企业	541375			541375	479564	153946
合资经营企业(港或澳、台资)	327307			327307	288206	76456
合作经营企业(港或澳、台资)	6490			6490	5459	1788

指标名称	R&D经费内部支出合计	(一)按活动类型分组			(二)按支出用途分组	
		基础研究支出	应用研究支出	试验发展支出	经常费支出	#人员劳务费
港、澳、台商独资经营企业	149373			149373	132846	46655
港、澳、台商投资股份有限公司	58206			58206	53053	29046
外商投资企业	530239			530239	474313	156689
中外合资经营企业	317323			317323	283060	91834
中外合作经营企业	5621			5621	4837	1417
外资企业	160896			160896	145156	53869
外商投资股份有限公司	46399			46399	41260	9569
按国民经济行业分组						
采矿业	1591			1591	1434	398
黑色金属矿采选业	694			694	621	54
有色金属矿采选业	665			665	587	277
非金属矿采选业	232			232	225	67
制造业	4056606		98	4056508	3558204	1148722
农副食品加工业	48536			48536	39468	11094
食品制造业	38087			38087	32114	5936
饮料制造业	50339			50339	47151	12699
烟草制品业	1322			1322	1303	425
纺织业	261513			261513	226238	58294
纺织服装、鞋、帽制造业	42981			42981	39666	15485
皮革、毛皮、羽毛(绒)及其制品业	48472			48472	44433	14428
木材加工及木、竹、藤、棕、草制品业	20958		98	20860	18132	5395
家具制造业	12676			12676	11119	3729
造纸及纸制品业	36132			36132	29965	8751
印刷业和记录媒介的复制	22645			22645	20551	5963
文教体育用品制造业	31622			31622	27744	10238
石油加工、炼焦及核燃料加工业	1472			1472	1182	264
化学原料及化学制品制造业	353657			353657	310539	83318
医药制造业	182894			182894	156470	52633
化学纤维制造业	97903			97903	89906	16636
橡胶制品业	44240			44240	38402	11262
塑料制品业	86330			86330	72218	20019
非金属矿物制品业	88731			88731	77900	10000
黑色金属冶炼及压延加工业	80588			80588	72252	14096

指标名称	R&D经费内部支出合计	(一)按活动类型分组			(二)按支出用途分组	
		基础研究支出	应用研究支出	试验发展支出	经常费支出	#人员劳务费
有色金属冶炼及压延加工业	82341			82341	73683	16855
金属制品业	147534			147534	121095	40581
通用设备制造业	471708			471708	419015	142504
专用设备制造业	217132			217132	192487	63508
交通运输设备制造业	385156			385156	324829	97222
电气机械及器材制造业	615563			615563	544576	168542
通信设备、计算机及其他电子设备制造业	413161			413161	372759	188597
仪器仪表及文化、办公用机械制造业	143603			143603	127207	52372
工艺品及其他制造业	27560			27560	24393	8933
废弃资源和废旧材料回收加工业	1751			1751	1343	612
电力、燃气及水的生产和供应业	16132		20	16112	15263	5797
电力、热力的生产和供应业	14301		20	14281	13521	5142
燃气生产和供应业	23			23	23	18
水的生产和供应业	1808			1808	1719	637
按企业控股情况分组						
国有控股	270031		20	270012	244385	84344
集体控股	122496			122496	104237	34620
私人控股	2806050		98	2805952	2447322	749015
港澳台商控股	431365			431365	381886	153335
外商控股	300171			300171	271739	97032
其他	144216			144216	125332	36571
按地区分组						
杭州市	1051821			1051821	967367	346974
宁波市	782537			782537	685412	226730
温州市	320508			320508	277063	93122
嘉兴市	474253			474253	420319	115399
湖州市	206363		98	206265	172076	43871
绍兴市	507305		20	507285	444287	150210
金华市	271719			271719	214549	57751
衢州市	61087			61087	51553	14764
舟山市	72638			72638	62679	18763
台州市	295485			295485	254512	78873
丽水市	30613			30613	25084	8460

指标名称	(二)按支出用途分组			(三)按资金来源分组			
	资产性支出	土建工程支出	仪器和设备支出	政府资金	企业资金	境外资金	其他资金
总计	**499428**	**11329**	**488099**	**106680**	**3923899**	**18189**	**25560**
按企业规模分组							
大中型企业	310248	7177	303071	64253	2633226	12389	13578
大型企业	84852	3105	81747	26135	839064	5214	1570
中型企业	225396	4072	221324	38118	1794162	7175	12009
小型企业	189180	4152	185028	42427	1290673	5800	11982
按隶属关系分组							
中央	1271	19	1252	1093	22726	107	11
地方	498158	11310	486847	105588	3901173	18082	25549
按登记注册类型分组							
内资企业	381691	8583	373108	88310	2889630	6294	18482
国有企业	2614	31	2583	748	41347		119
集体企业	118	1	117	23	2379		
股份合作企业	1304	26	1278	540	12547		6
联营企业	7		7	51	628		
集体联营企业	7		7	51	553		
其他联营企业					75		
有限责任公司	101235	2371	98864	23602	794320	1963	3817
国有独资公司	2106	157	1949	1106	20022	489	
其他有限责任公司	99129	2214	96915	22496	774298	1474	3817
股份有限公司	59585	1601	57984	21567	493825	1465	1688
私营企业	216415	4552	211863	41780	1542912	2866	12853
私营独资企业	9419	155	9264	1540	60433	1072	442
私营合伙企业	2145	49	2096	308	13046		29
私营有限责任公司	191366	3884	187482	35367	1322327	1674	11325
私营股份有限公司	13485	465	13020	4565	147106	120	1056
其他企业	414	2	412		1672		
港、澳、台商投资企业	61811	1357	60454	8437	529400	994	2545
合资经营企业(港或澳、台资)	39101	1245	37856	6349	319116	496	1346
合作经营企业(港或澳、台资)	1031	4	1027	45	6445		
港、澳、台商独资经营企业	16526	104	16423	1000	146785	388	1200
港、澳、台商投资股份有限公司	5153	5	5148	1042	57054	110	

指标名称	(二)按支出用途分组			(三)按资金来源分组			
	资产性支出	土建工程支出	仪器和设备支出	政府资金	企业资金	境外资金	其他资金
外商投资企业	55926	1389	54537	9934	504869	10902	4533
中外合资经营企业	34263	859	33404	5786	307623	771	3144
中外合作经营企业	783	5	778	131	5374		116
外资企业	15740	178	15562	1339	148468	9816	1273
外商投资股份有限公司	5140	347	4793	2679	43405	316	
按国民经济行业分组							
采矿业	157	10	147	3	1573		14
黑色金属矿采选业	73	9	64		694		
有色金属矿采选业	78	1	76	2	663		
非金属矿采选业	7		7	2	216		14
制造业	498402	11318	487084	106528	3906451	18189	25438
农副食品加工业	9069	98	8971	2399	45727		410
食品制造业	5973	99	5873	2525	35556		6
饮料制造业	3188	108	3080	1090	49065		184
烟草制品业	19	1	18		1311		11
纺织业	35275	576	34699	4192	255538	340	1443
纺织服装、鞋、帽制造业	3315	134	3181	393	42167	131	290
皮革、毛皮、羽毛(绒)及其制品业	4039	97	3942	454	47582	91	346
木材加工及木、竹、藤、棕、草制品业	2825	207	2619	475	20026	68	388
家具制造业	1557	3	1554	248	11753		675
造纸及纸制品业	6167	133	6034	685	35367		80
印刷业和记录媒介的复制	2094	238	1856	284	22310	51	
文教体育用品制造业	3878	107	3771	268	31039	75	240
石油加工、炼焦及核燃料加工业	290	5	285		1404	68	
化学原料及化学制品制造业	43119	705	42414	8075	338552	2444	4586
医药制造业	26424	455	25969	12436	168358	738	1362
化学纤维制造业	7997	302	7695	1860	95748		296
橡胶制品业	5838	47	5791	453	43234		553
塑料制品业	14112	233	13879	2001	82320	49	1959
非金属矿物制品业	10765	250	10515	2070	85047	216	1398
黑色金属冶炼及压延加工业	8336	168	8167	1217	77826	1006	539
有色金属冶炼及压延加工业	8658	48	8610	1533	80794		14

指标名称	(二)按支出用途分组			(三)按资金来源分组			
	资产性支出	土建工程支出	仪器和设备支出	政府资金	企业资金	境外资金	其他资金
金属制品业	26438	735	25703	3065	142305	569	1595
通用设备制造业	52693	1377	51317	10874	457594	1981	1260
专用设备制造业	24645	648	23998	8590	206800	1044	698
交通运输设备制造业	60328	2092	58236	9152	372079	742	3184
电气机械及器材制造业	70987	1075	69912	10441	596475	6437	2211
通信设备、计算机及其他电子设备制造业	40402	902	39500	16163	394051	2098	850
仪器仪表及文化、办公用机械制造业	16396	321	16075	4396	138645	21	541
工艺品及其他制造业	3167	144	3023	1177	26039	22	323
废弃资源和废旧材料回收加工业	408	11	397	12	1739		
电力、燃气及水的生产和供应业	870	1	869	149	15875		108
电力、热力的生产和供应业	781	1	780	83	14110		108
燃气生产和供应业					23		
水的生产和供应业	89		89	66	1742		
按企业控股情况分组							
国有控股	25647	960	24687	11178	258105	596	152
集体控股	18259	447	17812	4918	117144	185	250
私人控股	358728	7748	350980	77682	2702717	6012	19639
港澳台商控股	49478	521	48957	5029	423179	947	2210
外商控股	28432	516	27916	3029	285062	10359	1721
其他	18884	1137	17747	4845	137692	91	1588
按地区分组							
杭州市	84455	2224	82231	27136	1017512	1581	5593
宁波市	97125	1350	95774	13105	764530	953	3949
温州市	43445	1014	42431	9014	309242	491	1761
嘉兴市	53934	1384	52550	7941	454420	9396	2497
湖州市	34287	1259	33027	7608	194434	1296	3025
绍兴市	63019	1426	61593	15227	489339	629	2110
金华市	57169	994	56176	9400	258704	1089	2525
衢州市	9533	197	9336	2466	57893	478	251
舟山市	9959	172	9787	2326	68692		1620
台州市	40974	1105	39869	10259	281097	2278	1852
丽水市	5529	204	5326	2199	28036		378

指标名称	R&D经费外部支出	对境内研究机构支出	对境内高等学校支出	对境外支出
总计	**243229**	**89992**	**50609**	**25284**
按企业规模分组				
大中型企业	188935	69931	27787	20028
大型企业	108594	29764	8341	12404
中型企业	80341	40167	19446	7624
小型企业	54294	20061	22823	5256
按隶属关系分组				
中央	3336	1860	626	
地方	239893	88132	49983	25284
按登记注册类型分组				
内资企业	194463	71968	42567	10896
国有企业	2978	2159	819	
集体企业	25	25		
股份合作企业	342	251	61	
联营企业	958	958		
集体联营企业	958	958		
其他联营企业				
有限责任公司	51385	25992	12630	6340
国有独资公司	2521	1587	599	314
其他有限责任公司	48865	24405	12031	6026
股份有限公司	18165	9111	4470	94
私营企业	120594	33472	24572	4462
私营独资企业	1218	503	490	
私营合伙企业	139	39	100	
私营有限责任公司	61868	28160	22020	4386
私营股份有限公司	57369	4769	1962	76
其他企业	15		15	
港、澳、台商投资企业	18508	6786	4479	1422
合资经营企业(港或澳、台资)	9390	4298	3519	647
合作经营企业(港或澳、台资)	156	47		
港、澳、台商独资经营企业	8710	2441	709	775
港、澳、台商投资股份有限公司	252		252	

指标名称	R&D经费外部支出	对境内研究机构支出	对境内高等学校支出	对境外支出
外商投资企业	30258	11238	3563	12967
中外合资经营企业	22488	8764	2986	8662
中外合作经营企业	165	20		85
外资企业	6303	1178	551	4220
外商投资股份有限公司	1301	1275	26	
按国民经济行业分组				
采矿业	231	222	9	
黑色金属矿采选业	180	180		
有色金属矿采选业	12	12		
非金属矿采选业	39	30	9	
制造业	241881	89382	50526	25284
农副食品加工业	3470	825	1464	4
食品制造业	811	206	368	5
饮料制造业	6673	6166	507	
烟草制品业	1874	1609	266	
纺织业	10105	2128	2655	621
纺织服装、鞋、帽制造业	2293	299	435	461
皮革、毛皮、羽毛(绒)及其制品业	1458	576	112	710
木材加工及木、竹、藤、棕、草制品业	253	88	154	2
家具制造业	455	254	201	
造纸及纸制品业	726	311	207	101
印刷业和记录媒介的复制	538	294	244	
文教体育用品制造业	832	262	220	270
石油加工、炼焦及核燃料加工业				
化学原料及化学制品制造业	11805	6487	3741	1134
医药制造业	31052	13831	5242	6181
化学纤维制造业	2209	1196	1005	
橡胶制品业	156	84	72	
塑料制品业	3946	712	2838	109
非金属矿物制品业	1776	593	794	265
黑色金属冶炼及压延加工业	905	479	480	
有色金属冶炼及压延加工业	4073	2873	933	

指标名称	R&D经费外部支出	对境内研究机构支出	对境内高等学校支出	对境外支出
金属制品业	9630	7020	1652	232
通用设备制造业	24006	6971	5263	7366
专用设备制造业	8031	3801	2813	1097
交通运输设备制造业	78303	20003	5579	1306
电气机械及器材制造业	21859	8517	6831	5005
通信设备、计算机及其他电子设备制造业	7795	1825	3050	105
仪器仪表及文化、办公用机械制造业	6075	1855	2896	312
工艺品及其他制造业	714	119	500	
废弃资源和废旧材料回收加工业				
电力、燃气及水的生产和供应业	1117	388	74	
电力、热力的生产和供应业	1074	388	32	
燃气生产和供应业	1		1	
水的生产和供应业	41		41	
按企业控股情况分组				
国有控股	18111	9970	3111	3764
集体控股	10877	7930	1915	877
私人控股	170673	58145	38291	7278
港澳台商控股	17586	4774	4419	956
外商控股	22099	7762	1519	11977
其他	3884	1411	1354	432
按地区分组				
杭州市	97522	22426	8501	10485
宁波市	28068	12182	6382	2717
温州市	14309	6732	5252	1818
嘉兴市	12965	4777	2106	4624
湖州市	6882	2157	3092	198
绍兴市	27800	15423	9033	552
金华市	17491	4828	9891	278
衢州市	2031	1025	808	3
舟山市	10007	8372	938	605
台州市	25084	11809	3891	4005
丽水市	1070	261	715	

3—5 规模以上工业企业全部 R&D 项目情况

	项目数（项）	参加项目人员（人）	项目人员折合全时当量（人年）	全部项目经费内部支出（万元）
总计	**25613**	**209100**	**173622**	**3841935**
按企业规模分组				
大中型企业	11046	129429	109615	2585884
大型企业	1866	36271	30974	829589
中型企业	9180	93158	78641	1756295
小型企业	14567	79671	64007	1256051
按隶属关系分组				
中央	149	1723	1448	22097
地方	25464	207377	172174	3819838
按登记注册类型分组				
内资企业	19582	154348	126574	2818857
国有企业	257	1832	1417	41313
集体企业	36	172	144	2305
股份合作企业	205	969	739	12021
联营企业	8	87	78	674
国有联营企业				
集体联营企业	7	80	71	599
其他联营企业	1	7	7	75
有限责任公司	4454	38741	32548	779058
国有独资公司	144	850	736	19808
其他有限责任公司	4310	37891	31812	759250
股份有限公司	2236	25970	22119	488232
私营企业	12363	86459	69434	1493721
私营独资企业	615	3567	2769	58877
私营合伙企业	183	863	657	12542
私营有限责任公司	10980	75985	61296	1276146
私营股份有限公司	585	6044	4712	146155
其他企业	23	118	96	1534
港、澳、台商投资企业	2928	26563	23028	519722
合资经营企业(港或澳、台资)	1841	14747	12445	314662

	项目数 (项)	参加 项目人员 (人)	项目人员 折合全时当量 (人年)	全部项目经 费内部支出 (万元)
合作经营企业(港或澳、台资)	51	358	278	5828
港、澳、台商独资经营企业	945	9372	8253	143641
港、澳、台商投资股份有限公司	91	2086	2052	55590
外商投资企业	3103	28189	24019	503356
中外合资经营企业	2032	17042	14538	302361
中外合作经营企业	40	316	256	5291
外资企业	878	9102	7874	152484
外商投资股份有限公司	153	1729	1351	43221
按国民经济行业分组				
采矿业	15	115	82	1475
黑色金属矿采选业	1	37	26	632
有色金属矿采选业	10	57	41	618
非金属矿采选业	4	21	15	224
制造业	25492	207793	172737	3825059
农副食品加工业	349	2186	1738	44356
食品制造业	210	1358	1055	32086
饮料制造业	201	1380	1119	49100
烟草制品业	24	41	26	1321
纺织业	1022	12859	10943	243961
纺织服装、鞋、帽制造业	264	2890	2627	41248
皮革、毛皮、羽毛(绒)及其制品业	223	3119	2922	47058
木材加工及木、竹、藤、棕、草制品业	146	966	842	19233
家具制造业	91	905	726	11740
造纸及纸制品业	187	1735	1376	34345
印刷业和记录媒介的复制	123	1405	1102	20578
文教体育用品制造业	371	2563	2055	29518
石油加工、炼焦及核燃料加工业	10	64	49	1438
化学原料及化学制品制造业	1748	13305	11118	335376
医药制造业	1487	10511	9078	165319
化学纤维制造业	240	2780	2276	94677
橡胶制品业	189	2101	1436	43521
塑料制品业	657	4122	3299	80526
非金属矿物制品业	527	3923	3228	84277
黑色金属冶炼及压延加工业	190	1874	1640	78160

	项目数（项）	参加项目人员（人）	项目人员折合全时当量（人年）	全部项目经费内部支出（万元）
有色金属冶炼及压延加工业	306	2657	2300	79457
金属制品业	1075	9113	6914	135869
通用设备制造业	3954	27447	22995	447999
专用设备制造业	2125	12781	10611	202499
交通运输设备制造业	2086	19434	15704	365440
电气机械及器材制造业	4285	33425	27348	580610
通信设备、计算机及其他电子设备制造业	1771	19755	17401	393918
仪器仪表及文化、办公用机械制造业	1420	10776	8994	134408
工艺品及其他制造业	197	2236	1767	25287
废弃资源和废旧材料回收加工业	14	82	51	1737
电力、燃气及水的生产和供应业	106	1192	803	15401
电力、热力的生产和供应业	86	1077	700	13711
燃气生产和供应业	1	4	3	23
水的生产和供应业	19	111	100	1667
按企业控股情况分组				
国有控股	1216	12751	11116	257260
集体控股	701	7957	6130	114477
私人控股	19165	147191	121041	2630605
港澳台商控股	1800	17238	15080	416889
外商控股	1799	17086	14696	287614
其他	932	6877	5560	135090
按地区分组				
杭州市	5155	43301	38681	1023235
宁波市	6984	48988	41512	746672
温州市	2331	20949	17153	288755
嘉兴市	2783	23038	19073	450343
湖州市	998	7608	5946	181297
绍兴市	1583	22444	18767	476727
金华市	1366	13663	10201	237751
衢州市	399	3087	2297	59378
舟山市	243	3137	2774	70541
台州市	3565	20580	15455	280079
丽水市	206	2305	1763	27156

3—6 规模以上工业企业办科技机构情况

指标名称	机构数（个）	机构人员合计（人）	#博士毕业	硕士毕业	本科毕业
总计	**6745**	**225693**	**2628**	**12396**	**99276**
按企业规模分组					
大中型企业	2733	155730	1427	8986	68309
大型企业	254	41244	378	3452	18737
中型企业	2479	114486	1049	5534	49572
小型企业	4012	69963	1201	3410	30967
按隶属关系分组					
中央	22	1259	14	83	853
地方	6723	224434	2614	12313	98423
按登记注册类型分组					
内资企业	5166	160341	2107	8712	70828
国有企业	26	1352	14	101	701
集体企业	11	190		2	82
股份合作企业	41	833	5	21	313
联营企业	4	156	1	9	30
国有联营企业					
集体联营企业	3	137	1	9	26
其他联营企业	1	19			4
有限责任公司	994	40908	636	3290	19493
国有独资公司	20	817	15	51	490
其他有限责任公司	974	40091	621	3239	19003
股份有限公司	370	28135	371	1877	13145
私营企业	3714	88650	1080	3409	37011
私营独资企业	182	3178	37	126	1148
私营合伙企业	58	903	10	25	338
私营有限责任公司	3346	78942	965	2954	33236
私营股份有限公司	128	5627	68	304	2289
其他企业	6	117		3	53
港、澳、台商投资企业	782	30240	209	1700	12798
合资经营企业(港或澳、台资)	497	17030	129	627	7191

3－6 续表1

指标名称	机构数（个）	机构人员合计（人）	#博士毕业	硕士毕业	本科毕业
合作经营企业(港或澳、台资)	13	468	6	14	220
港、澳、台商独资经营企业	254	10648	63	334	4292
港、澳、台商投资股份有限公司	18	2094	11	725	1095
外商投资企业	797	35112	312	1984	15650
中外合资经营企业	518	21119	183	984	9351
中外合作经营企业	15	423	4	6	164
外资企业	230	11572	109	869	5241
外商投资股份有限公司	34	1998	16	125	894
按国民经济行业分组					
采矿业	4	123		6	43
黑色金属矿采选业	1	35			18
有色金属矿采选业	1	69		2	17
非金属矿采选业	2	19		4	8
制造业	6716	224622	2623	12340	98868
农副食品加工业	138	2360	86	211	1074
食品制造业	66	1275	42	106	667
饮料制造业	55	1668	38	166	729
烟草制品业	2	109	7	26	55
纺织业	451	15339	98	390	6202
纺织服装、鞋、帽制造业	100	4778	32	96	1541
皮革、毛皮、羽毛(绒)及其制品业	112	4307	7	60	1365
木材加工及木、竹、藤、棕、草制品业	61	1069	43	77	442
家具制造业	86	2450	7	57	587
造纸及纸制品业	74	1932	18	108	843
印刷业和记录媒介的复制	34	1088	16	40	451
文教体育用品制造业	97	2679	14	80	1067
石油加工、炼焦及核燃料加工业	5	76		5	40
化学原料及化学制品制造业	444	13683	275	1067	6601
医药制造业	287	9916	310	1076	5122
化学纤维制造业	77	3702	36	128	1675
橡胶制品业	65	3447	17	37	1168
塑料制品业	228	4742	49	168	1924
非金属矿物制品业	169	4492	70	196	1992

指标名称	机构数（个）	机构人员合计（人）	#博士毕业	硕士毕业	本科毕业
黑色金属冶炼及压延加工业	54	1667	18	99	695
有色金属冶炼及压延加工业	85	2446	42	108	1123
金属制品业	288	8543	79	300	3743
通用设备制造业	872	27617	254	953	11689
专用设备制造业	546	13309	122	491	5640
交通运输设备制造业	490	20234	135	581	9108
电气机械及器材制造业	992	34618	358	1578	15439
通信设备、计算机及其他电子设备制造业	435	22094	276	3051	11448
仪器仪表及文化、办公用机械制造业	326	11670	153	978	5318
工艺品及其他制造业	72	3270	18	100	1105
废弃资源和废旧材料回收加工业	5	42	3	7	15
电力、燃气及水的生产和供应业	25	948	5	50	365
电力、热力的生产和供应业	21	846		37	310
水的生产和供应业	4	102	5	13	55
按企业控股情况分组					
国有控股	155	10822	137	1155	5507
集体控股	182	7652	133	370	4026
私人控股	5274	158046	1946	7038	67588
港澳台商控股	478	21122	165	2157	8998
外商控股	439	21094	180	1340	10068
其他	217	6957	67	336	3089
按地区分组					
杭州市	1268	51387	784	5671	26626
宁波市	1563	53269	334	1574	21222
温州市	706	23763	189	780	9226
嘉兴市	682	21460	199	746	7342
湖州市	326	8115	200	610	3532
绍兴市	701	25684	301	1055	12657
金华市	571	15215	282	777	6991
衢州市	149	3358	73	174	1483
舟山市	79	3213	14	109	1570
台州市	637	18893	233	835	7913
丽水市	63	1336	19	65	714

3－6　续表3

	机　　构 经费支出 （万元）	仪器和设备 原　　价 （万元）	进　口	境　外 机构数 （个）
总计	**4141817**	**3074118**	**493182**	**132**
按企业规模分组				
大中型企业	3094159	2231317	417445	85
大型企业	969543	722627	214253	17
中型企业	2124616	1508691	203192	68
小型企业	1047658	842800	75738	47
按隶属关系分组				
中央	20112	35527	18135	
地方	4121705	3038590	475048	132
按登记注册类型分组				
内资企业	2884814	2155952	273222	80
国有企业	34807	20275	1108	
集体企业	3415	1365	21	
股份合作企业	8694	11798	1453	
联营企业	778	835		
国有联营企业				
集体联营企业	358	335		
其他联营企业	420	500		
有限责任公司	853712	615158	119708	18
国有独资公司	25578	12604	3328	4
其他有限责任公司	828134	602554	116381	14
股份有限公司	582686	414650	52773	15
私营企业	1399355	1090180	98158	47
私营独资企业	44482	37537	3276	3
私营合伙企业	12625	11815	266	1
私营有限责任公司	1252405	955065	83836	41
私营股份有限公司	89844	85764	10781	2
其他企业	1366	1693		
港、澳、台商投资企业	584134	440896	122346	32
合资经营企业（港或澳、台资）	356127	295802	90312	12
合作经营企业（港或澳、台资）	6847	4429	1259	1
港、澳、台商独资经营企业	169232	123974	29639	19

	机构经费支出（万元）	仪器和设备原价（万元）	进口	境外机构数（个）
港、澳、台商投资股份有限公司	51929	16691	1137	
外商投资企业	672869	477270	97614	20
中外合资经营企业	426278	279001	59254	8
中外合作经营企业	8021	10216	2014	
外资企业	193808	142915	23929	10
外商投资股份有限公司	44762	45138	12416	2
按国民经济行业分组				
采矿业	1470	545		
黑色金属矿采选业	47	29		
有色金属矿采选业	1022	407		
非金属矿采选业	401	110		
制造业	4119685	3045087	493182	132
农副食品加工业	45090	36321	2268	4
食品制造业	30179	15350	2367	1
饮料制造业	51476	28805	10054	1
烟草制品业	1834	11021		
纺织业	264700	229933	43014	11
纺织服装、鞋、帽制造业	56872	35571	3760	5
皮革、毛皮、羽毛(绒)及其制品业	57046	58680	15847	1
木材加工及木、竹、藤、棕、草制品业	18622	12871	1683	
家具制造业	30341	30460	1195	5
造纸及纸制品业	41978	35434	7635	3
印刷业和记录媒介的复制	18853	16789	1942	
文教体育用品制造业	35097	23976	3766	2
石油加工、炼焦及核燃料加工业	1179	733		
化学原料及化学制品制造业	371671	236137	22679	8
医药制造业	194748	164561	26725	7
化学纤维制造业	122746	108125	7694	3
橡胶制品业	79913	55625	9951	
塑料制品业	84526	91851	18352	
非金属矿物制品业	86566	54580	3060	3
黑色金属冶炼及压延加工业	87338	25385	3354	

	机构经费支出（万元）	仪器和设备原价（万元）	进口	境外机构数（个）
有色金属冶炼及压延加工业	94325	60495	9250	3
金属制品业	142107	119432	10351	3
通用设备制造业	446962	360037	37224	17
专用设备制造业	204132	129748	18889	7
交通运输设备制造业	360066	371559	114956	10
电气机械及器材制造业	636145	360499	37209	22
通信设备、计算机及其他电子设备制造业	392378	264405	56643	6
仪器仪表及文化、办公用机械制造业	132738	87163	19554	9
工艺品及其他制造业	29004	18772	3761	1
废弃资源和废旧材料回收加工业	1053	769		
电力、燃气及水的生产和供应业	20662	28485		
电力、热力的生产和供应业	18584	26154		
水的生产和供应业	2078	2331		
按企业控股情况分组				
国有控股	313348	202887	58549	5
集体控股	118998	99336	13009	2
私人控股	2700360	2005467	237807	84
港澳台商控股	475253	389227	114643	25
外商控股	373720	293632	60692	15
其他	160139	83569	8483	1
按地区分组				
杭州市	1087758	688115	100684	18
宁波市	926795	646980	142272	43
温州市	308681	215720	12292	11
嘉兴市	381351	339171	85205	20
湖州市	200410	134805	21612	20
绍兴市	571856	513892	65386	12
金华市	246889	187731	18893	2
衢州市	52191	39781	1877	1
舟山市	83799	41642	6945	2
台州市	266690	254363	36890	3
丽水市	15395	11918	1128	

3—7 规模以上工业企业自主知识产权及相关情况

指标名称	专利申请数（件）	发明专利	有效发明专利数（件）	境外授权	专利所有权转让及许可数（项）
总计	**48334**	**8879**	**14178**	**376**	**1468**
按企业规模分组					
大中型企业	22859	4241	6924	221	625
大型企业	4969	1454	2035	37	79
中型企业	17890	2787	4889	184	546
小型企业	25475	4638	7254	155	843
按隶属关系分组					
中央	203	60	57		8
地方	48131	8819	14121	376	1460
按登记注册类型分组					
内资企业	35506	6610	11171	224	1152
国有企业	308	128	159		8
集体企业	45	7	15		
股份合作企业	168	39	70		2
联营企业	8	5	7	1	
集体联营企业	2	2	7	1	
其他联营企业	6	3			
有限责任公司	6690	1690	3014	35	165
国有独资公司	118	34	17		
其他有限责任公司	6572	1656	2997	35	165
股份有限公司	2510	702	1477	43	85
私营企业	25750	4035	6429	145	892
私营独资企业	1199	199	330	1	44
私营合伙企业	296	89	67		5
私营有限责任公司	23156	3560	5671	124	771
私营股份有限公司	1099	187	361	20	72
其他企业	27	4			
港、澳、台商投资企业	6899	1124	1452	62	123
合资经营企业(港或澳、台资)	4358	668	924	22	89
合作经营企业(港或澳、台资)	94	12	4		12

指标名称	专利申请数（件）	发明专利	有效发明专利数（件）	境外授权	专利所有权转让及许可数（项）
港、澳、台商独资经营企业	2120	338	353	31	21
港、澳、台商投资股份有限公司	327	106	171	9	1
外商投资企业	5929	1145	1555	90	193
中外合资经营企业	3792	717	1019	33	121
中外合作经营企业	149	7	13		
外资企业	1774	371	469	52	72
外商投资股份有限公司	214	50	54	5	
国民经济行业分组					
采矿业	2	2	3		2
非金属矿采选业	2	2	3		2
制造业	48169	8801	14105	376	1466
农副食品加工业	454	97	223	1	15
食品制造业	196	56	44		11
饮料制造业	164	30	78		
烟草制品业	50	19	1		
纺织业	3285	247	322	8	16
纺织服装、鞋、帽制造业	546	96	60	2	1
皮革、毛皮、羽毛(绒)及其制品业	722	42	64	4	29
木材加工及木、竹、藤、棕、草制品业	509	115	187	5	17
家具制造业	1306	71	198		
造纸及纸制品业	299	51	85		4
印刷业和记录媒介的复制	347	93	66	1	4
文教体育用品制造业	1405	156	349	24	26
石油加工、炼焦及核燃料加工业	3	3	4		
化学原料及化学制品制造业	1418	696	853	27	95
医药制造业	814	477	715	44	22
化学纤维制造业	387	130	92	1	4
橡胶制品业	331	48	81	2	10
塑料制品业	2011	271	448	18	67
非金属矿物制品业	1198	233	223	2	72
黑色金属冶炼及压延加工业	215	71	88		1
有色金属冶炼及压延加工业	486	103	125	3	16

指标名称	专　利 申请数 （件）	发明专利	有效发明 专 利 数 （件）	境外授权	专利所有权 转让及许可数 （项）
金属制品业	2856	401	847	18	133
通用设备制造业	5901	1112	1841	50	220
专用设备制造业	3737	782	1327	11	118
交通运输设备制造业	3194	471	824	10	100
电气机械及器材制造业	9551	1364	2238	78	343
通信设备、计算机及其他电子设备制造业	3710	1096	1863	27	90
仪器仪表及文化、办公用机械制造业	2287	380	695	13	41
工艺品及其他制造业	778	87	162	27	11
废弃资源和废旧材料回收加工业	9	3	2		
电力、燃气及水的生产和供应业	163	76	70		
电力、热力的生产和供应业	153	72	68		
水的生产和供应业	10	4	2		
按企业控股情况分组					
国有控股	1111	446	546	15	22
集体控股	1165	292	418	10	36
私人控股	35655	6045	9940	210	1186
港澳台商控股	5328	1107	1795	49	63
外商控股	3690	658	876	85	131
其他	1385	331	603	7	30
按地区分组					
杭州市	7950	2285	3595	89	244
宁波市	14965	2220	3648	117	441
温州市	3804	690	1301	31	152
嘉兴市	5512	554	758	25	113
湖州市	2873	666	668		109
绍兴市	4532	1024	1366	55	138
金华市	4185	619	1144	25	142
衢州市	617	150	293	2	10
舟山市	135	45	93		3
台州市	3296	530	1068	27	99
丽水市	465	96	244	5	17

	专利所有权转让与许可收入（万元）	发表科技论文（篇）	拥有注册商标数（件）	境外注册	形成国家或行业标准数（项）
总计	**28538**	**3299**	**31367**	**4680**	**2844**
按企业规模分组					
大中型企业	8080	2025	21591	3829	1792
大型企业	280	716	5347	1199	479
中型企业	7800	1309	16244	2630	1313
小型企业	20458	1274	9776	851	1052
按隶属关系分组					
中央	17	214	342	108	9
地方	28521	3085	31025	4572	2835
按登记注册类型分组					
内资企业	14264	2853	24641	3245	2261
国有企业	17	498	380	114	16
集体企业		3	13	3	20
股份合作企业		8	70		19
联营企业			132		1
集体联营企业			129		1
其他联营企业			3		
有限责任公司	928	747	6166	859	642
国有独资公司		103	287	68	22
其他有限责任公司	928	644	5879	791	620
股份有限公司	2823	690	3395	503	404
私营企业	10496	906	14465	1756	1158
私营独资企业	10	19	367	33	37
私营合伙企业		7	101	8	11
私营有限责任公司	10486	827	12914	1641	974
私营股份有限公司		53	1083	74	136
其他企业		1	20	10	1
港、澳、台商投资企业	726	152	3085	621	273
合资经营企业（港或澳、台资）	387	72	1976	305	177
合作经营企业（港或澳、台资）			22	2	
港、澳、台商独资经营企业	339	51	885	207	65

	专利所有权转让与许可收入（万元）	发表科技论文（篇）	拥有注册商标数（件）	境外注册	形成国家或行业标准数（项）
港、澳、台商投资股份有限公司		29	202	107	31
外商投资企业	13548	294	3641	814	310
中外合资经营企业	3853	187	2440	683	219
中外合作经营企业		1	33	4	4
外资企业	9695	83	899	109	79
外商投资股份有限公司		23	269	18	8
国民经济行业分组					
采矿业		2	4	2	
非金属矿采选业		2	4	2	
制造业	28538	3024	31359	4678	2839
农副食品加工业	14	112	614	27	31
食品制造业		43	810	54	36
饮料制造业		116	1372	80	16
烟草制品业		32	327	108	
纺织业	370	75	1581	111	88
纺织服装、鞋、帽制造业		10	1077	117	26
皮革、毛皮、羽毛(绒)及其制品业		24	1345	215	15
木材加工及木、竹、藤、棕、草制品业	1	11	384	23	30
家具制造业		3	624	41	10
造纸及纸制品业	100	38	161	9	21
印刷业和记录媒介的复制	47		404	58	10
文教体育用品制造业	86	7	612	123	48
石油加工、炼焦及核燃料加工业			6		
化学原料及化学制品制造业	11326	384	1492	204	217
医药制造业	2118	262	2790	184	414
化学纤维制造业		23	119	3	29
橡胶制品业		19	407	160	34
塑料制品业	490	29	343	35	63
非金属矿物制品业	125	36	329	40	30
黑色金属冶炼及压延加工业		109	115	15	22
有色金属冶炼及压延加工业		39	462	67	32
金属制品业	153	301	1478	211	170

3－7　续表5

	专利所有权转让与许可收入（万元）	发表科技论文（篇）	拥有注册商标数（件）	境外注册	形成国家或行业标准数（项）
通用设备制造业	7397	379	3781	639	392
专用设备制造业	51	173	1183	138	192
交通运输设备制造业	175	131	2288	463	130
电气机械及器材制造业	3170	331	4059	769	405
通信设备、计算机及其他电子设备制造业	1084	160	1307	363	115
仪器仪表及文化、办公用机械制造业	1833	146	1249	346	181
工艺品及其他制造业		31	639	75	82
废弃资源和废旧材料回收加工业			1		
电力、燃气及水的生产和供应业		273	4		5
电力、热力的生产和供应业		257	3		5
水的生产和供应业		16	1		
按企业控股情况分组					
国有控股	17	943	1420	518	116
集体控股	1426	79	793	95	89
私人控股	16631	1828	24419	3289	2266
港澳台商控股	709	84	2220	489	137
外商控股	9699	133	1759	212	151
其他	56	232	756	77	85
按地区分组					
杭州市	10334	1145	5839	902	757
宁波市	8632	489	6008	1288	489
温州市	1894	379	4005	567	329
嘉兴市	4192	213	1948	158	232
湖州市	83	114	990	155	144
绍兴市	1676	386	4389	519	349
金华市	1203	209	3523	441	250
衢州市		147	340	24	57
舟山市	10	50	112	17	10
台州市	500	117	3010	[illegible]	199
丽水市	8	50	397	9	28

3-8 规模以上工业企业新产品开发、生产及销售情况

单位:万元

指标名称	新产品开发项目数（项）	新产品开发经费支出	新产品产值	新产品销售收入	#出口
总计	**34058**	**5261621**	**87892768**	**83524592**	**22329227**
按企业规模分组					
大中型企业	13842	3496408	65844633	62826183	17759661
大型企业	2261	1117924	22249503	22388917	6541566
中型企业	11581	2378484	43595129	40437266	11218095
小型企业	20216	1765214	22048135	20698409	4569566
按隶属关系分组					
中央	152	24343	160163	600856	7641
地方	33906	5237279	87732605	82923736	22321586
按登记注册类型分组					
内资企业	25744	3833613	61314067	58090314	14477515
国有企业	525	65061	499148	924095	50407
集体企业	60	5234	84675	84067	3599
股份合作企业	327	18809	224959	167581	32686
联营企业	12	1285	33109	29072	3697
集体联营企业	10	1084	30188	26151	3697
其他联营企业	2	201	2921	2921	
有限责任公司	5439	987537	16324098	15653436	3585681
国有独资公司	130	26145	455876	455271	79429
其他有限责任公司	5309	961392	15868222	15198165	3506253
股份有限公司	2548	643457	10083525	9865999	2179555
私营企业	16813	2110745	34051926	31354387	8619021
私营独资企业	1047	88230	1018448	972578	228923
私营合伙企业	373	24846	318852	309358	47039
私营有限责任公司	14706	1805613	29117939	26540471	7426536
私营股份有限公司	687	192056	3596688	3531980	916524
其他企业	20	1484	12626	11677	2869
港、澳、台商投资企业	3950	680077	12742235	11574646	3131807
合资经营企业(港或澳、台资)	2400	398687	9107110	8016943	2195492
合作经营企业(港或澳、台资)	73	10070	97325	95793	18038

指标名称	新产品开发项目数（项）	新产品开发经费支出	新产品产值	新产品销售收入	＃出口
港、澳、台商独资经营企业	1374	208373	3355714	3290297	886294
港、澳、台商投资股份有限公司	103	62948	182087	171612	31983
外商投资企业	4364	747932	13836466	13859632	4719905
中外合资经营企业	2767	441698	8761164	8476143	2940062
中外合作经营企业	58	9845	115833	108683	60931
外资企业	1337	235574	4039722	4430515	1601578
外商投资股份有限公司	202	60816	919747	844292	117335
按国民经济行业分组					
采矿业	8	682	5943	5546	
有色金属矿采选业	2	248			
非金属矿采选业	6	434	5943	5546	
制造业	33986	5253583	87775466	83413951	22329227
农副食品加工业	484	63984	648872	635691	79536
食品制造业	249	41727	578602	623083	80550
饮料制造业	275	66766	558536	540790	15046
烟草制品业	33	1579	50086	496399	
纺织业	1796	410301	7741517	6882602	1905427
纺织服装、鞋、帽制造业	602	90262	1715703	1663697	621740
皮革、毛皮、羽毛(绒)及其制品业	890	97276	1788733	1795806	894060
木材加工及木、竹、藤、棕、草制品业	197	27940	635789	613525	168348
家具制造业	305	46589	804737	805347	449448
造纸及纸制品业	243	38467	1220394	1206446	79735
印刷业和记录媒介的复制	128	26457	473580	423698	127722
文教体育用品制造业	536	49059	611324	583098	404010
石油加工、炼焦及核燃料加工业	14	1364	10346	10370	
化学原料及化学制品制造业	1769	370700	8667741	7493793	1012927
医药制造业	1508	192005	2396577	2321019	943351
化学纤维制造业	300	151731	3408508	2989831	279442
橡胶制品业	250	54179	839179	1216522	193335
塑料制品业	1101	134067	2032754	1932505	508614
非金属矿物制品业	636	95864	1807888	1710145	286386
黑色金属冶炼及压延加工业	249	114701	1878121	1728108	193576

指标名称	新产品开发项目数（项）	新产品开发经费支出	新产品产值	新产品销售收入	#出口
有色金属冶炼及压延加工业	376	93867	2486273	2343763	436006
金属制品业	1660	199672	3215343	3000208	868655
通用设备制造业	5389	636979	8869588	8605300	1783130
专用设备制造业	2610	271748	3794051	3501865	718462
交通运输设备制造业	2683	494114	9908941	9607691	3743462
电气机械及器材制造业	5396	795632	13552742	13087873	3990766
通信设备、计算机及其他电子设备制造业	2186	461340	4978445	4605899	1619294
仪器仪表及文化、办公用机械制造业	1707	173609	2193685	2093199	427860
工艺品及其他制造业	392	49392	858278	846507	498341
废弃资源和废旧材料回收加工业	22	2214	49134	49174	
电力、燃气及水的生产和供应业	64	7356	111359	105094	
电力、热力的生产和供应业	60	7277	111359	105094	
水的生产和供应业	4	79			
按企业控股情况分组					
国有控股	1332	317630	4682869	5002066	840738
集体控股	891	147906	2147813	1977551	420313
私人控股	25354	3649654	60721400	57323751	15723818
港澳台商控股	2469	516779	9213262	8046116	1698745
外商控股	2543	428138	7811676	7919824	2439473
其他	1469	201515	3315748	3255284	1206139
按地区分组					
杭州市	6296	1340633	19201631	18942283	2686306
宁波市	9235	1017296	16525366	15286651	5491557
温州市	2807	389558	4793600	4336248	693110
嘉兴市	3944	620087	11836786	12012321	3309656
湖州市	1156	270635	3987133	3859108	849787
绍兴市	2095	723102	14074864	12526590	3081127
金华市	1626	303360	4336366	4111876	1462977
衢州市	463	69612	1103644	1051990	91914
舟山市	245	75007	3084145	2723632	1520262
台州市	5922	412880	8354807	8091969	3047025
丽水市	269	39452	594428	581925	95507

3—9 规模以上工业企业政府相关政策落实情况

单位:万元

指标名称	使用来自政府部门的科技活动资金	研究开发费用加计扣除减免税	高新技术企业减免税
总计	**156457**	**287512**	**462825**
按企业规模分组			
大中型企业	93037	205304	393799
大型企业	34309	57969	167383
中型企业	58728	147335	226416
小型企业	63421	82208	69026
按隶属关系分组			
中央	1399	2110	1794
地方	155058	285402	461031
按登记注册类型分组			
内资企业	128565	204868	341487
国有企业	3396	4870	1735
集体企业	63	282	323
股份合作企业	638	802	838
联营企业	88	63	
集体联营企业	73	63	
其他联营企业	15		
有限责任公司	33089	59218	97481
国有独资公司	2123	1444	713
其他有限责任公司	30966	57774	96768
股份有限公司	31930	42385	121528
私营企业	59342	97247	119582
私营独资企业	2371	1930	1671
私营合伙企业	595	648	475
私营有限责任公司	50623	88177	97180
私营股份有限公司	5752	6493	20256
其他企业	20		
港、澳、台商投资企业	11180	39521	42405
合资经营企业(港或澳、台资)	8187	24703	27284

单位:万元

指标名称	使用来自政府部门的科技活动资金	研究开发费用加计扣除减免税	高新技术企业减免税
合作经营企业(港或澳、台资)	78	130	217
港、澳、台商独资经营企业	1561	13831	13109
港、澳、台商投资股份有限公司	1355	857	1795
外商投资企业	16712	43123	78933
中外合资经营企业	9124	28383	56783
中外合作经营企业	192	282	980
外资企业	4284	11959	11421
外商投资股份有限公司	3112	2498	9750
按国民经济行业分组			
采矿业	11	35	
有色金属矿采选业	4	35	
非金属矿采选业	8		
制造业	156277	286175	461269
农副食品加工业	3763	1480	965
食品制造业	3265	1329	3046
饮料制造业	2070	326	2426
纺织业	7193	10004	10463
纺织服装、鞋、帽制造业	555	1646	3573
皮革、毛皮、羽毛(绒)及其制品业	595	1402	4473
木材加工及木、竹、藤、棕、草制品业	736	893	2545
家具制造业	337	2653	2251
造纸及纸制品业	1241	995	405
印刷业和记录媒介的复制	317	2129	2599
文教体育用品制造业	452	782	7019
石油加工、炼焦及核燃料加工业		51	147
化学原料及化学制品制造业	12533	26583	45126
医药制造业	15601	19239	51963
化学纤维制造业	2672	4806	8718
橡胶制品业	704	4373	12608
塑料制品业	3167	5821	8857
非金属矿物制品业	2817	11254	11047
黑色金属冶炼及压延加工业	1600	1961	6325

单位:万元

指标名称	使用来自政府部门的科技活动资金	研究开发费用加计扣除减免税	高新技术企业减免税
有色金属冶炼及压延加工业	2987	3590	5389
金属制品业	6447	7759	15154
通用设备制造业	14744	37230	68484
专用设备制造业	11796	18997	30953
交通运输设备制造业	13295	21496	34778
电气机械及器材制造业	20146	53770	63229
通信设备、计算机及其他电子设备制造业	19715	26688	41653
仪器仪表及文化、办公用机械制造业	5618	16857	14773
工艺品及其他制造业	1885	2063	2304
废弃资源和废旧材料回收加工业	26		
电力、燃气及水的生产和供应业	169	1302	1555
电力、热力的生产和供应业	93	1216	1555
燃气生产和供应业	2		
水的生产和供应业	74	85	
按企业控股情况分组			
国有控股	16649	26469	60412
集体控股	6391	8537	12686
私人控股	110726	184922	289770
港澳台商控股	7083	33775	43513
外商控股	6539	25820	40079
其他	9070	7989	16366
按地区分组			
杭州市	36888	84526	152249
宁波市	23542	58116	74038
温州市	12121	26083	49286
嘉兴市	10371	28548	41007
湖州市	10484	13695	17033
绍兴市	24869	29388	70194
金华市	14053	13923	15208
衢州市	3415	4578	5013
舟山市	3172	1001	9604
台州市	14194	25392	26198
丽水市	3349	2262	2994

3—10 规模以上工业企业技术获取和技术改造情况

单位:万元

指标名称	引进技术经费支出	消化吸收经费支出	购买国内技术经费支出	技术改造经费支出
总计	**248852**	**127295**	**148371**	**2853690**
按企业规模分组				
大中型企业	213300	105928	106951	2266417
大型企业	84936	54259	44350	953809
中型企业	128364	51670	62601	1312608
小型企业	35552	21366	41420	587273
按隶属关系分组				
中央			22	39741
地方	248852	127295	148349	2813949
按登记注册类型分组				
内资企业	164643	96052	109494	2245248
国有企业	112	19	11896	100659
集体企业	6	8	15	10
股份合作企业	234	197	425	4659
联营企业				250
集体联营企业				
其他联营企业				250
有限责任公司	57685	41304	30387	595580
国有独资公司	4391	1671	210	26514
其他有限责任公司	53293	39633	30177	569066
股份有限公司	47654	21515	12062	488308
私营企业	58953	33009	54461	1054750
私营独资企业	1047	2064	1780	34718
私营合伙企业	317	437	52	3641
私营有限责任公司	53671	27400	49357	851290
私营股份有限公司	3918	3109	3273	165101
其他企业			249	1032
港、澳、台商投资企业	17935	8642	13653	313089
合资经营企业(港或澳、台资)	11445	5863	9711	183735
合作经营企业(港或澳、台资)			490	

单位:万元

指标名称	引进技术经费支出	消化吸收经费支出	购买国内技术经费支出	技术改造经费支出
港、澳、台商独资经营企业	5927	2496	3452	122632
港、澳、台商投资股份有限公司	564	283		6723
外商投资企业	66274	22600	25224	295352
中外合资经营企业	42188	11934	14860	219872
中外合作经营企业	80	151		1686
外资企业	22672	10186	4451	45191
外商投资股份有限公司	1334	330	5914	28603
按国民经济行业大类分组				
采矿业				743
黑色金属矿采选业				357
有色金属矿采选业				156
非金属矿采选业				230
制造业	248830	127155	147713	2728059
农副食品加工业	1032	231	1141	21222
食品制造业	2091	1124	1085	13789
饮料制造业	683	648	94	26388
烟草制品业				1563
纺织业	18545	8214	12835	194108
纺织服装、鞋、帽制造业	1480	1507	3323	27173
皮革、毛皮、羽毛(绒)及其制品业	4611	2264	1666	10719
木材加工及木、竹、藤、棕、草制品业	498	218	225	6687
家具制造业	1154	807	538	8929
造纸及纸制品业	2083	1831	2139	53436
印刷业和记录媒介的复制		124	454	30830
文教体育用品制造业	2351	662	1428	12610
石油加工、炼焦及核燃料加工业				114
化学原料及化学制品制造业	24850	13134	7190	213099
医药制造业	8397	12007	8408	155818
化学纤维制造业	14368	6827	5584	174580
橡胶制品业	869	449	613	115112
塑料制品业	2224	1600	3013	35086
非金属矿物制品业	2081	2354	5828	37090
黑色金属冶炼及压延加工业	1448	687	14126	57030

指标名称	引进技术经费支出	消化吸收经费支出	购买国内技术经费支出	技术改造经费支出
有色金属冶炼及压延加工业	3744	797	1263	51616
金属制品业	2368	1631	1987	60623
通用设备制造业	25817	22352	18615	324084
专用设备制造业	20661	6637	6063	171886
交通运输设备制造业	28490	13693	14534	337981
电气机械及器材制造业	57211	17637	22222	434711
通信设备、计算机及其他电子设备制造业	16567	5828	8457	82730
仪器仪表及文化、办公用机械制造业	3009	2559	4087	57660
工艺品及其他制造业	1977	1275	798	10430
废弃资源和废旧材料回收加工业	224	58		955
电力、燃气及水的生产和供应业	22	139	658	124888
电力、热力的生产和供应业	22	139	658	124192
燃气生产和供应业				674
水的生产和供应业				23
按企业控股情况分组				
国有控股	22217	28234	21350	473615
集体控股	11900	5900	2254	89648
私人控股	126456	71047	86382	1885220
港澳台商控股	15165	4870	11749	235529
外商控股	60780	14548	21965	92416
其他	12334	2696	4671	77261
按地区分组				
杭州市	73816	28806	33510	656031
宁波市	46645	18719	16808	556578
温州市	17041	10092	13178	68500
嘉兴市	36337	20497	19632	294533
湖州市	9467	7264	5906	112038
绍兴市	24854	11694	21386	436110
金华市	17411	8788	16023	285198
衢州市	1048	3973	1588	78512
舟山市	5230	2250	4900	52631
台州市	16989	15212	14157	262709
丽水市	15		1283	50851

3—11 规模以上工业企业限额以上 R&D 项目情况

指标名称	全部科技项目数（项）	参加科技项目人员（人）	本年度项目经费内部支出（万元）
总计	**25613**	**209100**	**3841144**
按项目来源分组			
国家科技项目	488	6841	162628
地方科技项目	2161	24334	472925
企业委托科技项目	426	2844	44978
自选科技项目	21983	171333	3088017
来自国外的科技项目	154	1156	25262
其他科技项	401	2592	47334
按项目合作形式分组			
与境外机构合作	198	1697	42308
与国内高校合作	1830	18223	364681
与国内独立研究机构合作	793	7870	155192
与境内注册外商独资企业合作	121	1352	106698
与境内注册其他企业合作	572	4641	86207
独立完成	20521	163980	2892581
其他	1578	11337	193478
按项目活动类型分组			
基础研究			
应用研究	2	6	116
试验发展	25611	209094	3841028
按项目成果形式分组			
论文或专著	21	176	2719
新产品原型或样机、样件、样品、配方、新装置	13093	105418	1841193
新技术或新工艺	11525	94610	1847987
发明专利	925	8556	146165
基础软件	49	340	3080
科学原理的探索、发现	1	9	49
技术原理的研究	21	180	2529
开发全新产品	13971	115673	2169295
增加产品功能或提高性能	7777	60927	1064027
提高劳动生产率	656	5533	98735
减少能源消耗或提高能源使用效率	1491	13041	249194

指标名称	全部科技项目数（项）	参加科技项目人员（人）	本年度项目经费内部支出（万元）
节约原材料	485	4565	108120
减少环境污染	611	5467	89637
其他	600	3705	59558
按企业规模分组			
大中型企业	11046	129429	2585039
大型企业	1866	36271	828756
中型企业	9180	93158	1756283
小型企业	14567	79671	1256105
按隶属关系分组			
中央	149	1723	22097
地方	25464	207377	3819048
按登记注册类型分组			
内资企业	19582	154348	2818066
国有企业	257	1832	41313
集体企业	36	172	2305
股份合作企业	205	969	12021
联营企业	8	87	674
国有联营企业			
集体联营企业	7	80	599
其他联营企业	1	7	75
有限责任公司	4454	38741	779058
国有独资公司	144	850	19808
其他有限责任公司	4310	37891	759250
股份有限公司	2236	25970	488231
私营企业	12363	86459	1492930
私营独资企业	615	3567	58877
私营合伙企业	183	863	12542
私营有限责任公司	10980	75985	1275356
私营股份有限公司	585	6044	146155
其他企业	23	118	1534
港、澳、台商投资企业	2928	26563	519722
合资经营企业(港或澳、台资)	1841	14747	314662
合作经营企业(港或澳、台资)	51	358	5828

指标名称	全部科技项目数（项）	参加科技项目人员（人）	本年度项目经费内部支出（万元）
港、澳、台商独资经营企业	945	9372	143641
港、澳、台商投资股份有限公司	91	2086	55590
外商投资企业	3103	28189	503356
中外合资经营企业	2032	17042	302361
中外合作经营企业	40	316	5291
外资企业	878	9102	152484
外商投资股份有限公司	153	1729	43221
按国民经济行业大类分组			
采矿业	15	115	1475
黑色金属矿采选业	1	37	632
有色金属矿采选业	10	57	618
非金属矿采选业	4	21	224
制造业	25492	207793	3824269
农副食品加工业	349	2186	44356
食品制造业	210	1358	32086
饮料制造业	201	1380	49100
烟草制品业	24	41	1321
纺织业	1022	12859	243961
纺织服装、鞋、帽制造业	264	2890	41248
皮革、毛皮、羽毛(绒)及其制品业	223	3119	47058
木材加工及木、竹、藤、棕、草制品业	146	966	19233
家具制造业	91	905	11740
造纸及纸制品业	187	1735	34345
印刷业和记录媒介的复制	123	1405	20578
文教体育用品制造业	371	2563	29518
石油加工、炼焦及核燃料加工业	10	64	1438
化学原料及化学制品制造业	1748	13305	335376
医药制造业	1487	10511	165319
化学纤维制造业	240	2780	94677
橡胶制品业	189	2101	43521
塑料制品业	657	4122	80526
非金属矿物制品业	527	3023	84277
黑色金属冶炼及压延加工业	190	1874	78214

指标名称	全部科技项目数（项）	参加科技项目人员（人）	本年度项目经费内部支出（万元）
有色金属冶炼及压延加工业	306	2657	79445
金属制品业	1075	9113	135869
通用设备制造业	3954	27447	447999
专用设备制造业	2125	12781	202499
交通运输设备制造业	2086	19434	364607
电气机械及器材制造业	4285	33425	580610
通信设备、计算机及其他电子设备制造业	1771	19755	393918
仪器仪表及文化、办公用机械制造业	1420	10776	134408
工艺品及其他制造业	197	2236	25287
废弃资源和废旧材料回收加工业	14	82	1737
电力、燃气及水的生产和供应业	106	1192	15401
电力、热力的生产和供应业	86	1077	13711
燃气生产和供应业	1	4	23
水的生产和供应业	19	111	1667
按企业控股情况分组			
国有控股	1216	12751	257260
集体控股	701	7957	114477
私人控股	19165	147191	2629814
港澳台商控股	1800	17238	416889
外商控股	1799	17086	287614
其他	932	6877	135090
按地区分组			
杭州市	5155	43301	1023224
宁波市	6984	48988	746672
温州市	2331	20949	288755
嘉兴市	2783	23038	450398
湖州市	998	7608	181297
绍兴市	1583	22444	476727
金华市	1366	13663	237751
衢州市	399	3087	59378
舟山市	243	3137	69707
台州市	3565	20580	280079
丽水市	206	2305	27156

四、大中型工业企业情况

4—1 大中型工业企业科技活动情况(2005—2010)

单位:亿元

指标	单位	2005	2006	2007	2008	2009	2010
企业数	个	**3220**	**3851**	**4295**	**4516**	**4328**	**4420**
#有科技活动企业数	个	1734	2085	2468	2602	2613	3078
企业有科技机构	个	1261	1603	1861	2102	2247	2733
从业人员年平均人数	万人	270.26	311.49	347.82	353.30	331.22	352.08
科技活动人员	万人	11.35	13.96	15.47	17.86	18.62	23.09
#高中级职称人员	万人	3.22	3.68	4.01	4.31	4.19	4.54
科技活动经费支出		172.29	219.79	280.17	325.41	338.53	441.25
#劳务费		42.69	56.97	70.18	89.78	91.22	121.07
原材料费		58.97	71.22	90.31	105.49	124.75	173.00
#新产品开发经费支出		140.90	180.59	239.09	273.89	261.35	349.64
委托外单位开发经费支出		18.75	14.41	20.69	25.85	24.40	28.45
研究与试验发展人员	万人	4.88	6.63	8.16	9.84	10.78	13.82
研究与试验发展经费支出		91.74	125.85	161.76	192.52	215.85	272.34
新产品产值		2277.59	3122.75	4190.21	4958.88	4826.22	6584.46
新产品销售收入		2149.78	2946.83	4016.58	4767.36	4526.20	6282.62
#出口		598.19	904.12	1265.22	1521.87	1182.57	1775.97
专利申请数	项	5479	8752	13669	15897	19964	22859
#发明专利	项	1206	1761	2154	2643	3837	4241
拥有发明专利数	项	1967	3032	3661	4756	5189	6924
技术改造经费支出		245.47	253.53	296.06	306.62	240.24	226.64
技术引进经费支出		16.00	17.52	15.76	16.16	16.14	21.33
消化吸收经费支出		4.60	7.65	9.71	7.35	7.12	10.59
购买国内技术经费支出		9.52	8.64	9.61	12.10	11.58	10.70

4—2 大中型工业企业基本情况

指标名称	企业数（个）	#有R&D活动	#有科技机构	年末从业人员（人）	工业总产值（万元）
总计	**4420**	**2096**	**2404**	**3520790**	**261973730**
按企业规模分组					
大型企业	222	152	171	884944	81255900
中型企业	4198	1944	2233	2635846	180717830
按隶属关系分组					
中央	36	25	18	37747	18580282
地方	4384	2071	2386	3483043	243393448
按登记注册类型分组					
内资企业	2883	1455	1681	2242140	180902913
国有企业	77	27	17	69275	18892304
集体企业	6	3	2	2547	170174
股份合作企业	18	10	12	10063	478246
联营企业	3	1	1	1882	117075
国有联营企业	1			425	61112
集体联营企业	1	1	1	1059	42116
其他联营企业	1			398	13847
有限责任公司	693	370	401	591190	44958978
国有独资公司	23	11	11	29094	1424672
其他有限责任公司	670	359	390	562096	43534307
股份有限公司	251	200	217	304886	36217314
私营企业	1834	843	1030	1261916	80057722
私营独资企业	54	28	30	28108	1708993
私营合伙企业	12	5	9	5478	190915
私营有限责任公司	1686	759	934	1128460	66240202
私营股份有限公司	82	51	57	99870	11917613
其他企业	1	1	1	381	11101
港、澳、台商投资企业	784	332	369	612146	36834537
合资经营企业(港或澳、台资)	490	214	245	348778	24413519
合作经营企业(港或澳、台资)	7	2	1	3640	315133
港、澳、台商独资经营企业	273	103	112	249114	11428273

指标名称	企业数（个）	#有R&D活动	#有科技机构	年末从业人员（人）	工业总产值（万元）
港、澳、台商投资股份有限公司	14	13	11	10614	677612
外商投资企业	753	309	354	666504	44236280
中外合资经营企业	421	197	226	338978	22904110
中外合作经营企业	14	5	6	11042	438899
外资企业	292	89	102	286419	18201255
外商投资股份有限公司	26	18	20	30065	2692016
按国民经济行业大类分组					
采矿业	6	3	2	4177	370323
黑色金属矿采选业	1	1	1	1206	91058
有色金属矿采选业	4	2	1	2122	178341
非金属矿采选业	1			849	100924
制造业	4334	2069	2388	3453074	244258175
农副食品加工业	42	18	26	26803	1621845
食品制造业	47	19	23	40644	2164053
饮料制造业	38	16	23	48490	2400177
烟草制品业	2	1	1	3053	2796186
纺织业	672	194	231	514733	24643997
纺织服装、鞋、帽制造业	284	48	66	257412	8052772
皮革、毛皮、羽毛(绒)及其制品业	201	34	69	196082	6184840
木材加工及木、竹、藤、棕、草制品业	34	19	20	20861	1088353
家具制造业	101	21	50	83718	2801715
造纸及纸制品业	87	34	38	52373	4558092
印刷业和记录媒介的复制	24	13	11	14967	796236
文教体育用品制造业	78	35	42	54803	2072819
石油加工、炼焦及核燃料加工业	3	1	1	8045	12641396
化学原料及化学制品制造业	141	94	105	116402	18069546
医药制造业	82	67	66	73374	5056175
化学纤维制造业	71	34	44	72741	13978957
橡胶制品业	38	18	18	42513	3370095
塑料制品业	143	60	72	86499	6373119
非金属矿物制品业	110	51	54	71719	4837092
黑色金属冶炼及压延加工业	61	31	30	18350	10780313
有色金属冶炼及压延加工业	51	28	30	36683	8358457

指标名称	企业数（个）	#有R&D活动	#有科技机构	年末从业人员（人）	工业总产产值（万元）
金属制品业	198	98	105	137871	7740619
通用设备制造业	382	255	285	253610	15680180
专用设备制造业	138	93	109	92003	6657649
交通运输设备制造业	300	178	194	247077	22571640
电气机械及器材制造业	591	373	401	458802	27463773
通信设备、计算机及其他电子设备制造业	213	133	144	228899	14031012
仪器仪表及文化、办公用机械制造业	117	74	87	88512	4146792
工艺品及其他制造业	93	36	43	74862	3081475
废弃资源和废旧材料回收加工业	2		1	1164	238773
电力、燃气及水的生产和供应业	80	24	14	63539	17345232
电力、热力的生产和供应业	64	21	12	53146	16675469
燃气生产和供应业	3	1		1729	218401
水的生产和供应业	13	2	2	8664	451362
按企业控股情况分组					
国有控股	188	96	82	218804	46487851
集体控股	119	64	75	106217	7087932
私人控股	2959	1484	1747	2220387	145504790
港澳台商控股	491	200	214	413685	24241206
外商控股	492	178	203	445085	29802502
其他	171	74	83	116612	8849449
按地区分组					
杭州市	735	310	363	641403	61255680
宁波市	1103	566	602	806541	64431975
温州市	497	230	261	371601	18437830
嘉兴市	498	219	242	417100	24393566
湖州市	154	73	83	108683	9018001
绍兴市	578	231	281	481180	43567809
金华市	271	169	207	225759	12559766
衢州市	66	35	41	62320	4404717
舟山市	29	26	27	29197	4946202
台州市	399	207	272	308563	14522920
丽水市	90	30	25	68443	4435265

单位:万元

	主营业务收入	利润总额	资产总计	出口交货值
总计	**261780086**	**19081533**	**243676159**	**59956063**
按企业规模分组				
大型企业	82123146	6006870	70556074	20199537
中型企业	179656941	13074663	173120085	39756526
按隶属关系分组				
中央	18919397	1330832	16852853	79416
地方	242860689	17750700	226823306	59876648
按登记注册类型分组				
内资企业	181865796	12332896	173806480	31698031
国有企业	18902769	951972	15584653	104802
集体企业	157849	9872	115615	16022
股份合作企业	459758	20700	354965	101802
联营企业	115954	7236	130040	18838
国有联营企业	61166	2818	59207	
集体联营企业	34486	2426	54281	4991
其他联营企业	20302	1992	16552	13847
有限责任公司	47571879	3336871	52894784	7651301
国有独资公司	1516701	93926	4001947	143224
其他有限责任公司	46055178	3242946	48892837	7508076
股份有限公司	36552205	3037800	33207627	4261636
私营企业	78091754	4968021	71498787	19530886
私营独资企业	1688698	81914	1481036	369406
私营合伙企业	183838	11302	152640	84534
私营有限责任公司	64313588	4070322	60579460	16516591
私营股份有限公司	11905631	804484	9285650	2560355
其他企业	13628	423	20009	12746
港、澳、台商投资企业	35984323	3170040	34112099	10406034
合资经营企业(港或澳、台资)	23991092	1952164	21782726	5783030
合作经营企业(港或澳、台资)	307067	13046	176030	84787
港、澳、台商独资经营企业	10935233	1124411	10896691	4330072
港、澳、台商投资股份有限公司	750930	80419	1256651	208146

单位:万元

	主营业务收入	利润总额	资产总计	出口交货值
外商投资企业	43929968	3578597	35757580	17851998
中外合资经营企业	22684877	1835281	18533518	7469457
中外合作经营企业	420466	31965	278866	179487
外资企业	18302595	1408309	14246712	9892173
外商投资股份有限公司	2522030	303042	2698485	310881
按国民经济行业大类分组				
采矿业	373292	45396	291400	
黑色金属矿采选业	98664	12425	130447	
有色金属矿采选业	173704	27103	147341	
非金属矿采选业	100924	5868	13613	
制造业	244047142	17934327	223208355	59944745
农副食品加工业	1639901	68936	1314609	335793
食品制造业	2079391	193350	1663574	202282
饮料制造业	4413998	218810	2887007	58415
烟草制品业	2781005	191452	2455064	19029
纺织业	24284035	1481909	25719584	7096752
纺织服装、鞋、帽制造业	7790350	740615	7410884	3346936
皮革、毛皮、羽毛(绒)及其制品业	6051047	349412	4870965	2794651
木材加工及木、竹、藤、棕、草制品业	1073752	63356	782063	325765
家具制造业	2700214	179534	2772628	1914098
造纸及纸制品业	4503773	285083	5979344	319380
印刷业和记录媒介的复制	782619	54804	908129	119481
文教体育用品制造业	1979212	150357	1756833	1183521
石油加工、炼焦及核燃料加工业	12841086	714463	4478332	29077
化学原料及化学制品制造业	18975547	1950745	15964792	1992232
医药制造业	4896494	707043	6580685	1602720
化学纤维制造业	14214650	1047718	10829741	798324
橡胶制品业	3398416	149421	2636664	869087
塑料制品业	6268814	501279	5110781	1365278
非金属矿物制品业	4913657	490319	7230962	601116
黑色金属冶炼及压延加工业	10650597	443358	9647334	387777

单位:万元

	主营业务收入	利润总额	资产总计	出口交货值
有色金属冶炼及压延加工业	8288470	369327	6088680	797354
金属制品业	7445918	511433	6814416	2568235
通用设备制造业	15489489	1444809	16097212	3649580
专用设备制造业	6353436	683360	6276824	1254633
交通运输设备制造业	22168206	1423122	22658007	7278256
电气机械及器材制造业	26997903	1874114	25408264	8659395
通信设备、计算机及其他电子设备制造业	13833561	1072563	11388188	7799673
仪器仪表及文化、办公用机械制造业	4009012	362806	4320296	1228416
工艺品及其他制造业	2998427	200305	3039346	1347489
废弃资源和废旧材料回收加工业	224163	10525	117148	
电力、燃气及水的生产和供应业	17359653	1101809	20176404	11318
电力、热力的生产和供应业	16684215	1004223	17630160	11318
燃气生产和供应业	232337	6434	393038	
水的生产和供应业	443100	91153	2153205	
按企业控股情况分组				
国有控股	47239777	3037191	44853823	2417907
集体控股	7094545	527215	7171112	1079021
私人控股	145748143	9878707	137213314	34742581
港澳台商控股	23450677	2397066	22896961	6845329
外商控股	29616100	2536010	23600750	12888993
其他	8630845	705345	7940199	1982233
按地区分组				
杭州市	63559265	5044816	55781091	10628291
宁波市	63507067	4448590	53050715	17333642
温州市	17899682	1330663	17291441	2928271
嘉兴市	23979379	2034727	27079656	6761306
湖州市	9123287	527378	6466761	1585447
绍兴市	43122856	2905270	41399221	7813393
金华市	12359287	852001	12716938	3578901
衢州市	4763901	310128	4332746	407951
舟山市	4705309	237422	6723764	2904387
台州市	13074831	984216	15105127	5573844
丽水市	4785223	406323	3728699	440631

4—3　大中型工业企业 R&D 人员情况

	R&D 人员合计（人）	参加项目人员	管理和服务人员	＃女性	＃研究人员	全时人员	非全时人员
总计	**138247**	**129429**	**8818**	**31879**	**35445**	**87301**	**50946**
按企业规模分组							
大型企业	38501	36271	2230	10324	9963	24720	13781
中型企业	99746	93158	6588	21555	25482	62581	37165
按隶属关系分组							
中央	1603	1535	68	347	723	1075	528
地方	136644	127894	8750	31532	34722	86226	50418
按登记注册类型分组							
内资企业	97820	91242	6578	21239	25976	61524	36296
国有企业	1173	1099	74	216	543	618	555
集体企业	71	68	3	16	30	33	38
股份合作企业	295	263	32	27	119	126	169
联营企业	81	80	1	25	18	66	15
集体联营企业	81	80	1	25	18	66	15
有限责任公司	28212	26383	1829	5905	8199	18344	9868
国有独资公司	930	835	95	265	493	398	532
其他有限责任公司	27282	25548	1734	5640	7706	17946	9336
股份有限公司	25734	23945	1789	6329	6477	15827	9907
私营企业	42212	39362	2850	8709	10585	26468	15744
私营独资企业	1011	976	35	158	191	501	510
私营合伙企业	183	170	13	47	41	85	98
私营有限责任公司	35757	33330	2427	7138	8806	22718	13039
私营股份有限公司	5261	4886	375	1366	1547	3164	2097
其他企业	42	42		12	5	42	
港、澳、台商投资企业	19471	18596	875	5542	3625	12937	6534
合资经营企业(港或澳、台资)	10246	9730	516	2623	2067	6224	4022
合作经营企业(港或澳、台资)	139	136	3	27	23	88	51
港、澳、台商独资经营企业	7171	6841	330	2295	1226	4856	2315
港、澳、台商投资股份有限公司	1915	1889	26	597	309	1769	146

	R&D人员合计（人）	参加项目人员	管理和服务人员	#女性	#研究人员	全时人员	非全时人员
外商投资企业	20956	19591	1365	5098	5844	12840	8116
中外合资经营企业	12273	11359	914	3076	3073	7368	4905
中外合作经营企业	151	143	8	20	19	83	68
外资企业	6819	6482	337	1545	2222	4499	2320
外商投资股份有限公司	1713	1607	106	457	530	890	823
按国民经济行业分组							
采矿业	102	94	8	11	58	38	64
黑色金属矿采选业	43	37	6	7	20	3	40
有色金属矿采选业	59	57	2	4	38	35	24
非金属矿采选业							
制造业	137232	128449	8783	31790	35068	87015	50217
农副食品加工业	875	799	76	234	395	616	259
食品制造业	730	680	50	251	151	294	436
饮料制造业	1064	981	83	310	433	579	485
烟草制品业	34	30	4	8	34	8	26
纺织业	9892	9397	495	3408	2114	6877	3015
纺织服装、鞋、帽制造业	2274	2193	81	1212	445	1669	605
皮革、毛皮、羽毛(绒)及其制品业	2807	2660	147	1042	415	2428	379
木材加工及木、竹、藤、棕、草制品业	650	585	65	140	176	362	288
家具制造业	637	611	26	112	104	427	210
造纸及纸制品业	1315	1235	80	293	478	703	612
印刷业和记录媒介的复制	834	748	86	276	108	275	559
文教体育用品制造业	1627	1537	90	446	361	1060	567
石油加工、炼焦及核燃料加工业	20	20		2	4	2	18
化学原料及化学制品制造业	7691	7225	466	1546	2632	4142	3549
医药制造业	7647	7046	601	2883	2248	5707	1940
化学纤维制造业	2327	2169	158	527	644	1262	1065
橡胶制品业	1431	1353	78	431	242	967	464
塑料制品业	1636	1555	81	245	433	791	845
非金属矿物制品业	2254	2103	151	440	671	1354	900
黑色金属冶炼及压延加工业	1489	1351	138	149	526	859	630

	R&D人员合计（人）	参加项目人员	管理和服务人员	#女性	#研究人员	全时人员	非全时人员
有色金属冶炼及压延加工业	1869	1770	99	380	506	1178	691
金属制品业	5626	5280	346	883	1108	3355	2271
通用设备制造业	17092	16021	1071	3055	4487	10137	6955
专用设备制造业	4785	4514	271	740	1258	3100	1685
交通运输设备制造业	15016	13907	1109	2590	3635	9013	6003
电气机械及器材制造业	23832	21970	1862	4767	6687	13723	10109
通信设备、计算机及其他电子设备制造业	13849	13180	669	3660	3202	10735	3114
仪器仪表及文化、办公用机械制造业	6242	5936	306	1368	1351	4349	1893
工艺品及其他制造业	1687	1593	94	392	220	1043	644
电力、燃气及水的生产和供应业	913	886	27	78	319	248	665
电力、热力的生产和供应业	852	831	21	65	280	206	646
燃气生产和供应业	4	4			2		4
水的生产和供应业	57	51	6	13	37	42	15
按企业控股情况分组							
国有控股	11644	10974	670	3405	4026	7504	4140
集体控股	6986	6304	682	1505	1682	3462	3524
私人控股	89732	83909	5823	19093	22134	56569	33163
港澳台商控股	12849	12210	639	3591	2564	8402	4447
外商控股	12853	12160	693	3287	3928	8301	4552
其他	4183	3872	311	998	1111	3063	1120
按地区分组							
杭州市	27179	25789	1390	6070	8206	17473	9706
宁波市	32588	30299	2289	8506	6406	19358	13230
温州市	14132	13147	985	2827	2982	9071	5061
嘉兴市	13699	12745	954	3337	3707	9490	4209
湖州市	4205	3813	392	943	1385	2789	1416
绍兴市	17534	16572	962	4478	5278	11659	5875
金华市	9816	8976	840	2223	2837	7633	2183
衢州市	1794	1689	105	349	675	780	1014
舟山市	2317	2203	114	266	594	1588	729
台州市	13648	12926	722	2667	3023	6683	6965
丽水市	1335	1270	65	213	352	777	558

	R&D人员折合全时当量合计（人年）	#研究人员	基础研究人员	应用研究人员	试验发展人员
总计	**116965**	**30229**		**4**	**116962**
按企业规模分组					
大型企业	32851	8549			32851
中型企业	84114	21681		4	84110
按隶属关系分组					
中央	1333	600			1333
地方	115632	29629		4	115628
按登记注册类型分组					
内资企业	81820	21983		4	81816
国有企业	827	391		2	825
集体企业	66	27			66
股份合作企业	272	113			272
联营企业	72	16			72
集体联营企业	72	16			72
有限责任公司	24094	7069			24094
国有独资公司	807	423			807
其他有限责任公司	23288	6646			23288
股份有限公司	22031	5633			22031
私营企业	34416	8728		1	34414
私营独资企业	894	171			894
私营合伙企业	136	35			136
私营有限责任公司	29314	7293		1	29312
私营股份有限公司	4072	1230			4072
其他企业	42	5			42
港、澳、台商投资企业	17117	3104			17117
合资经营企业(港或澳、台资)	8696	1701			8696
合作经营企业(港或澳、台资)	120	20			120
港、澳、台商独资经营企业	6409	1077			6409
港、澳、台商投资股份有限公司	1893	306			1893
外商投资企业	18028	5143			18028
中外合资经营企业	10555	2749			10555

	R&D人员折合全时当量合计（人年）	#研究人员	基础研究人员	应用研究人员	试验发展人员
中外合作经营企业	127	17			127
外资企业	6026	2021			6026
外商投资股份有限公司	1320	355			1320
按国民经济行业分组					
采矿业	72	40			72
黑色金属矿采选业	30	14			30
有色金属矿采选业	42	26			42
非金属矿采选业					
制造业	116317	29935		1	116316
农副食品加工业	731	345			731
食品制造业	547	118			547
饮料制造业	854	352			854
烟草制品业	17	17			17
纺织业	8720	1901			8720
纺织服装、鞋、帽制造业	2147	388			2147
皮革、毛皮、羽毛(绒)及其制品业	2670	386			2670
木材加工及木、竹、藤、棕、草制品业	575	148		1	573
家具制造业	525	96			525
造纸及纸制品业	1043	366			1043
印刷业和记录媒介的复制	658	80			658
文教体育用品制造业	1336	305			1336
石油加工、炼焦及核燃料加工业	6	1			6
化学原料及化学制品制造业	6450	2237			6450
医药制造业	6761	2029			6761
化学纤维制造业	1909	532			1909
橡胶制品业	850	159			850
塑料制品业	1367	377			1367
非金属矿物制品业	1899	546			1899
黑色金属冶炼及压延加工业	1313	496			1313
有色金属冶炼及压延加工业	1643	441			1643

4—3 续表5

	R&D人员折合全时当量合计（人年）	#研究人员	基础研究人员	应用研究人员	试验发展人员
金属制品业	4205	826			4205
通用设备制造业	14635	3940			14635
专用设备制造业	4160	1072			4160
交通运输设备制造业	12196	2806			12196
电气机械及器材制造业	19976	5828			19976
通信设备、计算机及其他电子设备制造业	12457	2805			12457
仪器仪表及文化、办公用机械制造业	5274	1144			5274
工艺品及其他制造业	1393	194			1393
电力、燃气及水的生产和供应业	576	255		2	574
电力、热力的生产和供应业	517	217		2	514
燃气生产和供应业	3	2			3
水的生产和供应业	56	36			56
按企业控股情况分组					
国有控股	10195	3419		2	10192
集体控股	5382	1380			5382
私人控股	75270	18761		1	75269
港澳台商控股	11411	2216			11411
外商控股	11216	3571			11216
其他	3492	883			3492
按地区分组					
杭州市	24605	7477			24605
宁波市	28295	5663			28295
温州市	11879	2497			11879
嘉兴市	11548	3064			11548
湖州市	3483	1165		1	3482
绍兴市	14765	4543		2	14762
金华市	7239	2079			7239
衢州市	1323	509			1323
舟山市	2012	520			2012
台州市	10747	2423			10747
丽水市	1070	289			1070

4—4 大中型工业企业R&D经费情况

单位:万元

指标名称	R&D经费内部支出合计	(一)按活动类型分组			(二)按支出用途分组	
		基础研究支出	应用研究支出	试验发展支出	经常费支出	#人员劳务费
总计	**2723447**		**117**	**2723329**	**2413199**	**785913**
按企业规模分组						
大型企业	871982			871982	787130	278003
中型企业	1851465		117	1851347	1626069	507910
按隶属关系分组						
中央	21507			21507	20410	10014
地方	2701940		117	2701822	2392789	775899
按登记注册类型分组						
内资企业	1947482		117	1947364	1714981	556564
国有企业	26178		20	26159	24207	5934
集体企业	893			893	869	276
股份合作企业	5040			5040	4698	1897
联营企业	604			604	597	239
国有联营企业						
集体联营企业	604			604	597	239
其他联营企业						
有限责任公司	613924			613924	542260	202206
国有独资公司	21448			21448	19342	5394
其他有限责任公司	592476			592476	522918	196812
股份有限公司	476790			476790	421633	138191
私营企业	823561		98	823464	720257	207624
私营独资企业	22103			22103	19387	5503
私营合伙企业	1827			1827	1528	404
私营有限责任公司	665697		98	665600	576302	171506
私营股份有限公司	133933			133933	123039	30211
其他企业	492			492	461	198
港、澳、台商投资企业	398523			398523	353411	116325
合资经营企业(港或澳、台资)	228896			228896	200531	51626
合作经营企业(港或澳、台资)	2481			2481	1940	849

单位：万元

指标名称	R&D经费内部支出合计	(一)按活动类型分组			(二)按支出用途分组	
		基础研究支出	应用研究支出	试验发展支出	经常费支出	＃人员劳务费
港、澳、台商独资经营企业	112500			112500	101171	35846
港、澳、台商投资股份有限公司	54645			54645	49769	28004
外商投资企业	377443			377443	344807	113024
中外合资经营企业	217056			217056	196845	63641
中外合作经营企业	3139			3139	2990	718
外资企业	116895			116895	105973	39733
外商投资股份有限公司	40354			40354	38999	8933
按国民经济行业分组						
采矿业	1359			1359	1208	331
黑色金属矿采选业	694			694	621	54
有色金属矿采选业	665			665	587	277
制造业	2709666		98	2709569	2400087	781171
农副食品加工业	15642			15642	13052	4290
食品制造业	23620			23620	22225	2944
饮料制造业	40448			40448	38451	10769
烟草制品业	1209			1209	1196	338
纺织业	200751			200751	174245	44504
纺织服装、鞋、帽制造业	33964			33964	31610	12560
皮革、毛皮、羽毛(绒)及其制品业	40353			40353	37295	12381
木材加工及木、竹、藤、棕、草制品业	12751		98	12653	10801	3460
家具制造业	7414			7414	6847	2214
造纸及纸制品业	28209			28209	23273	6850
印刷业和记录媒介的复制	9798			9798	9089	3271
文教体育用品制造业	19549			19549	17055	6172
石油加工、炼焦及核燃料加工业	310			310	310	84
化学原料及化学制品制造业	213962			213962	187964	49954
医药制造业	125060			125060	107191	37806
化学纤维制造业	85205			85205	78582	13680
橡胶制品业	32246			32246	28529	8360
塑料制品业	37423			37423	30843	8037
非金属矿物制品业	56757			56757	50456	9913
黑色金属冶炼及压延加工业	68224			68224	62049	11300

单位:万元

指标名称	R&D经费内部支出合计	(一)按活动类型分组			(二)按支出用途分组	
		基础研究支出	应用研究支出	试验发展支出	经常费支出	#人员劳务费
有色金属冶炼及压延加工业	54741			54741	51423	11989
金属制品业	84106			84106	67988	23192
通用设备制造业	280108			280108	254050	87969
专用设备制造业	86499			86499	76817	25928
交通运输设备制造业	298297			298297	255899	74277
电气机械及器材制造业	429741			429741	380990	116655
通信设备、计算机及其他电子设备制造业	318303			318303	289294	155055
仪器仪表及文化、办公用机械制造业	83811			83811	73482	30400
工艺品及其他制造业	21166			21166	19082	6822
电力、燃气及水的生产和供应业	12422		20	12402	11903	4411
电力、热力的生产和供应业	11604		20	11585	11086	4041
燃气生产和供应业	23			23	23	18
水的生产和供应业	794			794	794	352
按企业控股情况分组						
国有控股	235943		20	235923	211795	74548
集体控股	90291			90291	75950	26332
私人控股	1747174		98	1747076	1539492	460305
港澳台商控股	345658			345658	307114	129785
外商控股	210151			210151	192873	71653
其他	94230			94230	85976	23291
按地区分组						
杭州市	756690			756690	699365	252133
宁波市	520378			520378	457934	148378
温州市	189623			189623	170668	59374
嘉兴市	287113			287113	259323	69815
湖州市	113300		98	113203	95747	24137
绍兴市	382624		20	382604	338768	115632
金华市	176430			176430	136517	38380
衢州市	37841			37841	32583	9386
舟山市	48001			48001	42219	12999
台州市	195006			195006	165823	50268
丽水市	16442			16442	14252	5412

指标名称	（二）按支出用途分组			（三）按资金来源分组			
	资产性支出	土建工程支出	仪器和设备支出	政府资金	企业资金	境外资金	其他资金
总计	**310248**	**7177**	**303071**	**64253**	**2633226**	**12389**	**13578**
按企业规模分组							
大型企业	84852	3105	81747	26135	839064	5214	1570
中型企业	225396	4072	221324	38118	1794162	7175	12009
按隶属关系分组							
中央	1097	6	1091	992	20504		11
地方	309151	7171	301980	63262	2612722	12389	13568
按登记注册类型分组							
内资企业	232501	5427	227074	52553	1883296	3454	8179
国有企业	1972	11	1961	38	26130		11
集体企业	24		24		893		
股份合作企业	342	9	333	213	4827		
联营企业	7		7	51	553		
国有联营企业							
集体联营企业	7		7	51	553		
其他联营企业							
有限责任公司	71664	1833	69831	17024	593514	1740	1646
国有独资公司	2106	157	1949	1106	19853	489	
其他有限责任公司	69559	1677	67882	15918	573661	1252	1646
股份有限公司	55157	1234	53923	19809	454136	1465	1380
私营企业	103305	2339	100965	15419	802752	249	5142
私营独资企业	2716	36	2681	282	21671		150
私营合伙企业	300		300	73	1755		
私营有限责任公司	89395	1961	87435	11053	650104	129	4412
私营股份有限公司	10894	343	10551	4011	129222	120	581
其他企业	31		31		492		
港、澳、台商投资企业	45111	1015	44097	4542	391929	370	1682
合资经营企业（港或澳、台资）	28365	956	27409	3074	225145		677
合作经营企业（港或澳、台资）	540	3	537	27	2454		
港、澳、台商独资经营企业	11330	55	11275	575	110550	370	1005
港、澳、台商投资股份有限公司	4876		4876	866	53780		

指标名称	(二)按支出用途分组			(三)按资金来源分组			
	资产性支出	土建工程支出	仪器和设备支出	政府资金	企业资金	境外资金	其他资金
外商投资企业	32636	736	31900	7159	358001	8565	3718
中外合资经营企业	20211	596	19616	3572	210608	256	2620
中外合作经营企业	148	4	144	67	3072		
外资企业	10922	115	10807	857	106947	7993	1098
外商投资股份有限公司	1355	22	1333	2664	37375	316	
按国民经济行业分组							
采矿业	151	10	140	2	1358		
黑色金属矿采选业	73	9	64		694		
有色金属矿采选业	78	1	76	2	663		
制造业	309579	7166	302413	64243	2619456	12389	13578
农副食品加工业	2590	38	2552	774	14868		
食品制造业	1394	1	1393	2183	21436		
饮料制造业	1996	47	1949	830	39618		
烟草制品业	13		13		1198		11
纺织业	26506	467	26038	3232	196896	124	499
纺织服装、鞋、帽制造业	2354	91	2263	252	33531		181
皮革、毛皮、羽毛(绒)及其制品业	3059	27	3031	383	39689		282
木材加工及木、竹、藤、棕、草制品业	1950	200	1749	431	12056		264
家具制造业	568	1	567	10	6784		620
造纸及纸制品业	4936	133	4804	427	27754		29
印刷业和记录媒介的复制	709	237	473	88	9710		
文教体育用品制造业	2494	56	2438	127	19188		234
石油加工、炼焦及核燃料加工业					310		
化学原料及化学制品制造业	25998	380	25617	4749	205113	1961	2138
医药制造业	17869	270	17599	9406	114915	462	277
化学纤维制造业	6623	270	6353	1532	83378		296
橡胶制品业	3717	38	3679	185	31636		425
塑料制品业	6580	153	6427	1176	35602		645
非金属矿物制品业	6302	185	6117	821	54633		1303
黑色金属冶炼及压延加工业	6175	57	6118	1000	66913		312
有色金属冶炼及压延加工业	3318	17	3302	1257	53484		

单位:万元

指标名称	(二)按支出用途分组			(三)按资金来源分组			
	资产性支出	土建工程支出	仪器和设备支出	政府资金	企业资金	境外资金	其他资金
金属制品业	16118	186	15932	1755	81170	105	1076
通用设备制造业	26058	948	25110	5026	273474	1262	346
专用设备制造业	9682	217	9465	1695	84315	120	370
交通运输设备制造业	42398	1430	40968	7037	288386	640	2234
电气机械及器材制造业	48751	597	48154	6386	416261	6132	962
通信设备、计算机及其他电子设备制造业	29009	747	28262	10926	305274	1563	540
仪器仪表及文化、办公用机械制造业	10330	252	10077	1445	81934	21	411
工艺品及其他制造业	2084	123	1961	1110	19932		124
电力、燃气及水的生产和供应业	518	1	517	9	12413		
电力、热力的生产和供应业	518	1	517	5	11599		
燃气生产和供应业					23		
水的生产和供应业				4	790		
按企业控股情况分组							
国有控股	24148	918	23230	9961	225482	489	11
集体控股	14341	412	13929	3837	86122	185	148
私人控股	207682	4472	203210	43196	1691220	3016	9742
港澳台商控股	38545	354	38191	2715	341070	370	1504
外商控股	17279	396	16883	1962	198762	8329	1098
其他	8254	624	7629	2582	90572		1076
按地区分组							
杭州市	57324	1309	56015	14894	738616	1089	2092
宁波市	62444	947	61496	6431	511088	263	2596
温州市	18954	644	18311	3292	185256	236	839
嘉兴市	27790	487	27303	4916	273414	7527	1256
湖州市	17554	774	16780	3308	108313	105	1575
绍兴市	43856	1055	42802	11818	369048	93	1665
金华市	39914	709	39205	6821	167599	665	1346
衢州市	5257	178	5079	1742	35642	456	
舟山市	5782	114	5668	1585	44829		1587
台州市	29183	860	28324	8500	183928	1956	623
丽水市	2190	101	2089	948	15494		

单位:万元

指标名称	R&D经费外部支出	对境内研究机构支出	对境内高等学校支出	对境外支出
总计	**188935**	**69931**	**27787**	**20028**
按企业规模分组				
大型企业	108594	29764	8341	12404
中型企业	80341	40167	19446	7624
按隶属关系分组				
中央	3249	1775	625	
地方	185685	68156	27162	20028
按登记注册类型分组				
内资企业	150831	56186	23259	6880
国有企业	2392	1981	411	
集体企业				
股份合作企业	46	20	26	
联营企业	958	958		
国有联营企业				
集体联营企业	958	958		
其他联营企业				
有限责任公司	43484	21100	10545	5900
国有独资公司	2521	1587	599	314
其他有限责任公司	40963	19513	9947	5586
股份有限公司	16214	8620	3752	94
私营企业	87738	23507	8524	886
私营独资企业	677	348	176	
私营合伙企业	16	16		
私营有限责任公司	30840	18757	7154	814
私营股份有限公司	56205	4386	1195	72
其他企业				
港、澳、台商投资企业	13654	4475	2828	1405
合资经营企业(港或澳、台资)	5923	2465	2198	647
合作经营企业(港或澳、台资)				
港、澳、台商独资经营企业	7552	2010	450	758
港、澳、台商投资股份有限公司	179		179	

指标名称	R&D经费外部支出	对境内研究机构支出	对境内高等学校支出	对境外支出
外商投资企业	24449	9270	1701	11744
中外合资经营企业	18074	6973	1298	8073
中外合作经营企业	20	20		
外资企业	5064	1002	387	3671
外商投资股份有限公司	1291	1275	16	
按国民经济行业分组				
采矿业	192	192		
黑色金属矿采选业	180	180		
有色金属矿采选业	12	12		
制造业	187673	69367	27744	20028
农副食品加工业	737	430	303	4
食品制造业	230	125	80	
饮料制造业	6472	6059	414	
烟草制品业	1874	1609	266	
纺织业	8821	1790	1923	546
纺织服装、鞋、帽制造业	2119	251	308	461
皮革、毛皮、羽毛(绒)及其制品业	775	511	112	102
木材加工及木、竹、藤、棕、草制品业	134	31	93	2
家具制造业	173	173		
造纸及纸制品业	584	296	170	16
印刷业和记录媒介的复制	168	11	157	
文教体育用品制造业	648	252	47	270
石油加工、炼焦及核燃料加工业				
化学原料及化学制品制造业	6807	4684	989	966
医药制造业	23516	11529	3312	3565
化学纤维制造业	1889	982	899	
橡胶制品业	104	46	58	
塑料制品业	820	560	81	
非金属矿物制品业	1008	285	437	265
黑色金属冶炼及压延加工业	787	334	454	
有色金属冶炼及压延加工业	1308	503	626	

指标名称	R&D经费外部支出	对境内研究机构支出	对境内高等学校支出	对境外支出
金属制品业	6738	6177	311	228
通用设备制造业	18005	3799	3344	6936
专用设备制造业	4136	2362	857	796
交通运输设备制造业	75724	18525	5063	1130
电气机械及器材制造业	17046	7028	4415	4647
通信设备、计算机及其他电子设备制造业	4909	767	1611	95
仪器仪表及文化、办公用机械制造业	1699	140	1087	
工艺品及其他制造业	440	111	329	
电力、燃气及水的生产和供应业	1069	372	43	
电力、热力的生产和供应业	1027	372		
燃气生产和供应业	1		1	
水的生产和供应业	41		41	
按企业控股情况分组				
国有控股	17074	9456	2635	3764
集体控股	8117	5407	1721	877
私人控股	129397	45369	18468	3106
港澳台商控股	13925	2827	3393	939
外商控股	18518	6489	816	10910
其他	1904	383	754	432
按地区分组				
杭州市	84057	18109	4718	7777
宁波市	19407	9113	2313	2112
温州市	7736	4488	2296	722
嘉兴市	9719	3935	741	3940
湖州市	4098	1179	1391	152
绍兴市	21570	11929	6496	517
金华市	9467	2612	5355	265
衢州市	1050	721	254	
舟山市	8869	7658	630	541
台州市	22385	10115	3171	4001
丽水市	576	71	422	

4—5　大中型工业企业全部R&D项目情况

	项目数（项）	参　　加项目人员（人）	项　目　人　员折合全时当量（人年）	全部项目经费内部支出（万元）
总计	**11046**	**129429**	**109615**	**2585884**
按企业规模分组				
大型企业	1866	36271	30974	829589
中型企业	9180	93158	78641	1756295
按隶属关系分组				
中央	127	1535	1281	19729
地方	10919	127894	108334	2566155
按登记注册类型分组				
内资企业	8023	91242	76385	1842249
国有企业	132	1099	777	25952
集体企业	17	68	63	879
股份合作企业	48	263	241	4781
联营企业	7	80	71	599
集体联营企业	7	80	71	599
有限责任公司	2354	26383	22577	583046
国有独资公司	143	835	721	19639
其他有限责任公司	2211	25548	21856	563407
股份有限公司	1941	23945	20490	449245
私营企业	3521	39362	32124	777256
私营独资企业	100	976	861	20693
私营合伙企业	18	170	126	1658
私营有限责任公司	3015	33330	27349	626097
私营股份有限公司	388	4886	3787	128808
其他企业	3	42	42	492
港、澳、台商投资企业	1430	18596	16368	384246
合资经营企业(港或澳、台资)	886	9730	8266	221459
合作经营企业(港或澳、台资)	3	136	117	1961
港、澳、台商独资经营企业	470	6841	6117	108528
港、澳、台商投资股份有限公司	71	1889	1868	52299

	项目数（项）	参加项目人员（人）	项目人员折合全时当量（人年）	全部项目经费内部支出（万元）
外商投资企业	1593	19591	16863	359389
中外合资经营企业	1033	11359	9772	207690
中外合作经营企业	13	143	121	2886
外资企业	407	6482	5730	110992
外商投资股份有限公司	140	1607	1240	37822
按国民经济行业分组				
采矿业	11	94	67	1250
黑色金属矿采选业	1	37	26	632
有色金属矿采选业	10	57	41	618
制造业	10962	128449	108992	2572732
农副食品加工业	108	799	670	14465
食品制造业	72	680	506	21305
饮料制造业	157	981	790	39540
烟草制品业	21	30	15	1209
纺织业	542	9397	8281	187259
纺织服装、鞋、帽制造业	168	2193	2079	32505
皮革、毛皮、羽毛(绒)及其制品业	144	2660	2530	39621
木材加工及木、竹、藤、棕、草制品业	80	585	528	11507
家具制造业	40	611	503	6954
造纸及纸制品业	103	1235	978	27002
印刷业和记录媒介的复制	43	748	590	8955
文教体育用品制造业	166	1537	1266	18073
石油加工、炼焦及核燃料加工业	1	20	6	310
化学原料及化学制品制造业	610	7225	6066	204482
医药制造业	770	7046	6233	111594
化学纤维制造业	171	2169	1791	82663
橡胶制品业	56	1353	792	32004
塑料制品业	182	1555	1297	34918
非金属矿物制品业	227	2103	1773	54254
黑色金属冶炼及压延加工业	116	1351	1183	66721
有色金属冶炼及压延加工业	154	1770	1555	53408

	项目数 （项）	参　　加 项目人员 （人）	项 目 人 员 折合全时当量 （人年）	全部项目经 费内部支出 （万元）
金属制品业	443	5280	3946	77218
通用设备制造业	1676	16021	13728	269767
专用设备制造业	526	4514	3932	81493
交通运输设备制造业	1073	13907	11336	284374
电气机械及器材制造业	2013	21970	18428	407027
通信设备、计算机及其他电子设备制造业	723	13180	11861	305274
仪器仪表及文化、办公用机械制造业	474	5936	5023	79322
工艺品及其他制造业	103	1593	1312	19511
电力、燃气及水的生产和供应业	73	886	557	11901
电力、热力的生产和供应业	62	831	504	11084
燃气生产和供应业	1	4	3	23
水的生产和供应业	10	51	50	794
按企业控股情况分组				
国有控股	933	10974	9610	224354
集体控股	403	6304	4829	84850
私人控股	7570	83909	70438	1648937
港澳台商控股	864	12210	10847	335645
外商控股	917	12160	10643	202154
其他	359	3872	3249	89944
按地区分组				
杭州市	2111	25789	23344	742935
宁波市	2892	30299	26340	499718
温州市	981	13147	11116	174153
嘉兴市	1042	12745	10724	272674
湖州市	336	3813	3153	103011
绍兴市	865	16572	13955	358128
金华市	653	8976	6633	153717
衢州市	183	1689	1242	37341
舟山市	99	2203	1916	46927
台州市	1815	12926	10165	182327
丽水市	69	1270	1029	14955

4—6 大中型工业企业办科技机构情况

指标名称	机构数（个）	机构人员合计（人）	#博士毕业	硕士毕业	本科毕业
总计	**2733**	**155730**	**1427**	**8986**	**68309**
按企业规模分组					
大型企业	254	41244	378	3452	18737
中型企业	2479	114486	1049	5534	49572
按隶属关系分组					
中央	20	1186	14	72	801
地方	2713	154544	1413	8914	67508
按登记注册类型分组					
内资企业	1931	106229	1118	6099	46992
国有企业	19	1168	13	90	577
集体企业	2	70		2	41
股份合作企业	12	385	1	8	120
联营企业	3	137	1	9	26
集体联营企业	3	137	1	9	26
有限责任公司	476	29939	362	2638	14303
国有独资公司	20	817	15	51	490
其他有限责任公司	456	29122	347	2587	13813
股份有限公司	296	26004	323	1768	11906
私营企业	1122	48484	418	1584	20003
私营独资企业	30	1104	3	26	425
私营合伙企业	9	305	3	5	124
私营有限责任公司	1014	42505	353	1294	17608
私营股份有限公司	69	4570	59	259	1846
其他企业	1	42			16
港、澳、台商投资企业	392	22386	117	1358	9360
合资经营企业(港或澳、台资)	257	11930	62	377	4898
合作经营企业(港或澳、台资)	1	247			121
港、澳、台商独资经营企业	123	8224	44	267	3315
港、澳、台商投资股份有限公司	11	1985	11	714	1026

指标名称	机构数（个）	机构人员合计（人）	#博士毕业	硕士毕业	本科毕业
外商投资企业	410	27115	192	1529	11957
中外合资经营企业	263	15811	107	681	6976
中外合作经营企业	6	224	2	3	74
外资企业	115	9228	73	733	4073
外商投资股份有限公司	26	1852	10	112	834
按国民经济行业分组					
采矿业	2	104		2	35
黑色金属矿采选业	1	35			18
有色金属矿采选业	1	69		2	17
制造业	2716	154818	1426	8944	67966
农副食品加工业	29	1066	29	77	488
食品制造业	26	743	22	56	430
饮料制造业	26	1311	20	135	571
烟草制品业	1	91	7	25	48
纺织业	265	12506	79	294	5141
纺织服装、鞋、帽制造业	68	3865	20	76	1266
皮革、毛皮、羽毛(绒)及其制品业	77	3814	6	56	1197
木材加工及木、竹、藤、棕、草制品业	25	602	25	53	222
家具制造业	58	2033	6	46	431
造纸及纸制品业	42	1465	15	86	630
印刷业和记录媒介的复制	11	571	5	18	268
文教体育用品制造业	43	1844	6	53	681
石油加工、炼焦及核燃料加工业	1	20		2	11
化学原料及化学制品制造业	122	7975	136	717	3970
医药制造业	111	6622	196	762	3411
化学纤维制造业	45	3177	29	100	1433
橡胶制品业	19	2757	2	26	921
塑料制品业	73	2519	20	86	1032
非金属矿物制品业	60	2984	47	123	1395
黑色金属冶炼及压延加工业	31	1295	11	81	540
有色金属冶炼及压延加工业	34	1653	28	73	733

指标名称	机构数（个）	机构人员合计（人）	#博士毕业	硕士毕业	本科毕业
金属制品业	128	5317	32	144	2301
通用设备制造业	310	17793	145	670	7453
专用设备制造业	117	5869	30	163	2437
交通运输设备制造业	217	15377	85	415	7173
电气机械及器材制造业	448	25061	230	1168	11287
通信设备、计算机及其他电子设备制造业	174	16291	104	2691	8510
仪器仪表及文化、办公用机械制造业	107	7191	75	655	3007
工艺品及其他制造业	47	2995	16	89	972
废弃资源和废旧材料回收加工业	1	11		4	7
电力、燃气及水的生产和供应业	15	808	1	40	308
电力、热力的生产和供应业	13	737		33	258
水的生产和供应业	2	71	1	7	50
按企业控股情况分组					
国有控股	113	9747	127	1049	4899
集体控股	93	5859	102	271	3134
私人控股	1974	102769	938	4414	43452
港澳台商控股	233	16130	105	1967	6848
外商控股	227	16555	124	1078	7947
其他	93	4670	31	207	2029
按地区分组					
杭州市	428	34583	329	4415	17761
宁波市	638	35308	172	1018	14276
温州市	273	16777	112	501	6319
嘉兴市	269	14811	115	539	5037
湖州市	108	4389	109	346	1869
绍兴市	325	20069	209	814	9621
金华市	275	10679	174	526	5033
衢州市	48	1962	20	79	805
舟山市	30	2513	7	70	1293
台州市	310	13793	176	641	5796
丽水市	29	846	4	37	499

	机　　构 经费支出 （万元）	仪器和设备 原　　价 （万元）	＃进口	境　外 机构数 （个）
总计	**3094159**	**2231317**	**417445**	**85**
按企业规模分组				
大型企业	969543	722627	214253	17
中型企业	2124616	1508691	203192	68
按隶属关系分组				
中央	19051	35519	18135	
地方	3075108	2195799	399310	85
按登记注册类型分组				
内资企业	2107905	1545196	231779	46
国有企业	32095	17395	908	
集体企业	2042	128		
股份合作企业	4573	4830	233	
联营企业	358	335		
集体联营企业	358	335		
有限责任公司	683670	478287	111835	11
国有独资公司	25578	12604	3328	4
其他有限责任公司	658092	465683	108508	7
股份有限公司	537785	383228	48172	14
私营企业	846891	660271	70631	21
私营独资企业	14664	10904	957	2
私营合伙企业	3485	3423	26	
私营有限责任公司	753176	568759	59042	17
私营股份有限公司	75567	77186	10607	2
其他企业	492	722		
港、澳、台商投资企业	456403	337502	108378	26
合资经营企业(港或澳、台资)	269406	230227	82719	8
合作经营企业(港或澳、台资)	2050	850	120	1
港、澳、台商独资经营企业	135297	90864	24809	17
港、澳、台商投资股份有限公司	49650	15561	730	
外商投资企业	529850	348619	77288	13
中外合资经营企业	328579	198873	44412	6

	机　　构 经费支出 （万元）	仪器和设备 原　　价 （万元）	＃进口	境　外 机构数 （个）
中外合作经营企业	5033	7972	1628	
外资企业	155911	100150	18981	7
外商投资股份有限公司	40328	41625	12266	
按国民经济行业分组				
采矿业	1069	435		
黑色金属矿采选业	47	29		
有色金属矿采选业	1022	407		
制造业	3074917	2223714	417445	85
农副食品加工业	20059	13965	1405	1
食品制造业	23111	10695	1964	
饮料制造业	46215	25897	9852	1
烟草制品业	1234	10993		
纺织业	217821	191821	36597	8
纺织服装、鞋、帽制造业	47090	28302	3110	5
皮革、毛皮、羽毛(绒)及其制品业	50758	54104	15080	1
木材加工及木、竹、藤、棕、草制品业	10588	6132	1460	
家具制造业	25274	26837	777	3
造纸及纸制品业	35332	29651	7073	3
印刷业和记录媒介的复制	5760	8309	813	
文教体育用品制造业	27167	18273	3764	1
石油加工、炼焦及核燃料加工业	325			
化学原料及化学制品制造业	264835	143259	15538	5
医药制造业	143619	132953	23754	5
化学纤维制造业	115227	90564	6758	3
橡胶制品业	69953	46273	9534	
塑料制品业	47080	57905	15638	
非金属矿物制品业	61587	24697	2767	2
黑色金属冶炼及压延加工业	77085	18686	2988	
有色金属冶炼及压延加工业	71918	40365	8392	2
金属制品业	85090	84651	7768	3

	机构经费支出（万元）	仪器和设备原价（万元）	#进口	境外机构数（个）
通用设备制造业	306452	248348	31374	7
专用设备制造业	108381	61387	9434	4
交通运输设备制造业	290096	310918	111293	10
电气机械及器材制造业	490713	258448	25597	13
通信设备、计算机及其他电子设备制造业	321752	209951	45097	4
仪器仪表及文化、办公用机械制造业	83952	56326	16107	3
工艺品及其他制造业	26408	14003	3511	1
废弃资源和废旧材料回收加工业	34			
电力、燃气及水的生产和供应业	18174	7168		
电力、热力的生产和供应业	16443	5168		
水的生产和供应业	1730	2000		
按企业控股情况分组				
国有控股	293438	175522	55623	5
集体控股	90069	76375	11375	2
私人控股	1900351	1385239	187813	46
港澳台商控股	398080	318295	105151	22
外商控股	291820	225242	51160	9
其他	120401	50645	6323	1
按地区分组				
杭州市	828440	509339	80629	14
宁波市	685366	470567	125730	21
温州市	214769	143204	8235	8
嘉兴市	275807	233390	73110	12
湖州市	133990	72515	11570	13
绍兴市	471385	396701	62223	10
金华市	169153	137015	15390	1
衢州市	36018	29301	952	1
舟山市	65025	31779	6331	2
台州市	205743	201108	33267	3
丽水市	8464	6399	8	

4—7 大中型工业企业自主知识产权及相关情况

指标名称	专利申请数（件）	#发明专利	有效发明专利数（件）	#境外授权	专利所有权转让及许可数（项）
总计	**22859**	**4241**	**6924**	**221**	**625**
按企业规模分组					
大型企业	4969	1454	2035	37	79
中型企业	17890	2787	4889	184	546
按隶属关系分组					
中央	168	51	40		8
地方	22691	4190	6884	221	617
按登记注册类型分组					
内资企业	15132	2947	5325	129	439
国有企业	184	65	51		6
集体企业	8	1	4		
股份合作企业	29	7	10		
联营企业	2	2	7	1	
集体联营企业	2	2	7	1	
其他联营企业					
有限责任公司	3992	1124	2121	17	62
国有独资公司	116	34	15		
其他有限责任公司	3876	1090	2106	17	62
股份有限公司	1985	597	1242	35	72
私营企业	8926	1151	1890	76	299
私营独资企业	86	12	31	1	21
私营合伙企业	50	2	6		
私营有限责任公司	8025	1010	1555	55	224
私营股份有限公司	765	127	298	20	54
其他企业	6				
港、澳、台商投资企业	4116	645	791	40	48
合资经营企业(港或澳、台资)	2607	343	441	12	41
合作经营企业(港或澳、台资)	48	1	1		

4—7 续表1

指标名称	专利申请数（件）	#发明专利	有效发明专利数（件）	#境外授权	专利所有权转让及许可数（项）
港、澳、台商独资经营企业	1187	208	208	20	7
港、澳、台商投资股份有限公司	274	93	141	8	
外商投资企业	3611	649	808	52	138
中外合资经营企业	2308	405	557	29	70
中外合作经营企业	86	4	8		
外资企业	1029	195	209	20	68
外商投资股份有限公司	188	45	34	3	
国民经济行业分组					
制造业	22752	4195	6879	221	625
农副食品加工业	81	26	54		3
食品制造业	37	12	10		
饮料制造业	82	10	46		
烟草制品业	50	19	1		
纺织业	1805	156	226		12
纺织服装、鞋、帽制造业	305	16	16	2	
皮革、毛皮、羽毛(绒)及其制品业	420	21	34	1	29
木材加工及木、竹、藤、棕、草制品业	202	45	59	5	10
家具制造业	802	31	85		
造纸及纸制品业	119	25	57		3
印刷业和记录媒介的复制	141	55	48		
文教体育用品制造业	649	50	216	18	11
化学原料及化学制品制造业	692	335	467	20	39
医药制造业	398	257	432	21	9
化学纤维制造业	269	63	79		3
橡胶制品业	65	26	24	2	
塑料制品业	660	113	104	13	14
非金属矿物制品业	536	67	65	2	44
黑色金属冶炼及压延加工业	124	31	39		1
有色金属冶炼及压延加工业	249	66	52	1	15

指标名称	专利申请数（件）	#发明专利	有效发明专利数（件）	#境外授权	专利所有权转让及许可数（项）
金属制品业	1276	178	326	5	56
通用设备制造业	2604	513	759	35	123
专用设备制造业	865	152	317	1	23
交通运输设备制造业	1907	231	375	8	41
电气机械及器材制造业	4845	663	1169	38	122
通信设备、计算机及其他电子设备制造业	2099	826	1382	18	25
仪器仪表及文化、办公用机械制造业	1017	169	353	6	41
工艺品及其他制造业	453	39	84	25	1
电力、燃气及水的生产和供应业	107	46	45		
电力、热力的生产和供应业	107	46	45		
按企业控股情况分组					
国有控股	827	371	442	14	10
集体控股	794	190	326	10	19
私人控股	15045	2372	4008	110	452
港澳台商控股	3265	790	1385	37	25
外商控股	2264	346	475	48	117
其他	664	172	288	2	2
按地区分组					
杭州市	4017	1339	2219	43	108
宁波市	6591	929	1541	71	218
温州市	1564	289	522	17	65
嘉兴市	1945	213	227	12	23
湖州市	1179	256	242		25
绍兴市	2696	517	801	33	60
金华市	2439	292	508	16	64
衢州市	208	48	134	2	4
舟山市	41	17	51		1
台州市	1933	302	579	25	57
丽水市	246	39	100	2	

	专利所有权转让与许可收入（万元）	发表科技论文（篇）	拥有注册商标数（件）	#境外注册	形成国家或行业标准数（项）
总计	**8080**	**2025**	**21591**	**3829**	**1792**
按企业规模分组					
大型企业	280	716	5347	1199	479
中型企业	7800	1309	16244	2630	1313
按隶属关系分组					
中央	17	185	334	108	7
地方	8063	1840	21257	3721	1785
按登记注册类型分组					
内资企业	6175	1751	16584	2625	1416
国有企业	17	315	355	111	8
集体企业			1		5
股份合作企业		6	14		5
联营企业			130		1
集体联营企业			129		1
其他联营企业			1		
有限责任公司	622	570	4936	746	491
国有独资公司		103	287	68	22
其他有限责任公司	622	467	4649	678	469
股份有限公司	2823	530	3070	499	373
私营企业	2714	330	8060	1259	533
私营独资企业		5	97	9	4
私营合伙企业			21	7	1
私营有限责任公司	2714	294	7041	1180	405
私营股份有限公司		31	901	63	123
其他企业			18	10	
港、澳、台商投资企业	386	99	2255	472	178
合资经营企业(港或澳、台资)	386	50	1585	263	106
合作经营企业(港或澳、台资)			5		
港、澳、台商独资经营企业		23	489	102	42

	专利所有权转让与许可收入（万元）	发表科技论文（篇）	拥有注册商标数（件）	#境外注册	形成国家或行业标准数（项）
港、澳、台商投资股份有限公司		26	176	107	30
外商投资企业	1519	175	2752	732	198
中外合资经营企业	1376	84	1761	618	142
中外合作经营企业			18	2	1
外资企业	143	69	718	96	49
外商投资股份有限公司		22	255	16	6
国民经济行业分组					
制造业	8080	1787	21589	3829	1787
农副食品加工业		48	103	3	4
食品制造业		7	551	51	15
饮料制造业		99	1112	58	9
烟草制品业		32	327	108	
纺织业	370	60	1332	91	68
纺织服装、鞋、帽制造业		5	965	85	17
皮革、毛皮、羽毛(绒)及其制品业		15	1198	209	15
木材加工及木、竹、藤、棕、草制品业	1	8	208	15	23
家具制造业		1	558	40	7
造纸及纸制品业	50	29	135	9	19
印刷业和记录媒介的复制			339	58	9
文教体育用品制造业	86	1	467	106	29
化学原料及化学制品制造业	1610	235	777	184	101
医药制造业	1405	146	1699	153	364
化学纤维制造业		18	97	3	28
橡胶制品业		16	289	147	20
塑料制品业		13	109	13	14
非金属矿物制品业	125	24	185	27	14
黑色金属冶炼及压延加工业		104	76	14	13
有色金属冶炼及压延加工业		26	321	32	27
金属制品业	3	78	899	120	88

	专利所有权转让与许可收入（万元）	发表科技论文（篇）	拥有注册商标数（件）	#境外注册	形成国家或行业标准数（项）
通用设备制造业	1009	203	2460	497	254
专用设备制造业		31	337	43	59
交通运输设备制造业	20	93	1662	372	57
电气机械及器材制造业	496	262	3003	659	252
通信设备、计算机及其他电子设备制造业	1073	125	1000	343	68
仪器仪表及文化、办公用机械制造业	1833	79	824	321	131
工艺品及其他制造业		29	556	68	82
电力、燃气及水的生产和供应业		238	2		5
电力、热力的生产和供应业		222	2		5
按企业控股情况分组					
国有控股	17	789	1344	515	92
集体控股	1426	65	583	86	47
私人控股	6115	953	16318	2627	1401
港澳台商控股	370	45	1633	356	94
外商控股	143	103	1322	173	101
其他	9	70	391	72	57
按地区分组					
杭州市	212	686	3923	805	518
宁波市	2168	240	4311	1020	266
温州市	1682	203	2693	509	183
嘉兴市	1708	142	1045	122	116
湖州市	20	59	584	115	77
绍兴市	1649	312	3647	453	258
金华市	482	130	2564	399	172
衢州市		114	174	9	26
舟山市		33	70	5	3
台州市	154.6	89	2459	386	161
丽水市	3.1	17	121	6	12

4—8 大中型工业企业新产品开发、生产及销售情况

单位:万元

指标名称	新产品开发项目数(项)	新产品开发经费支出	新产品产值	新产品销售收入	#出口
总计	**13842**	**3496408**	**65844633**	**62826183**	**17759661**
按企业规模分组					
大型企业	2261	1117924	22249503	22388917	6541566
中型企业	11581	2378484	43595129	40437266	11218095
按隶属关系分组					
中央	134	22390	122215	562872	5923
地方	13708	3474018	65722417	62263311	17753738
按登记注册类型分组					
内资企业	9659	2472988	44706551	42617668	11293116
国有企业	147	40466	350273	786431	33841
集体企业	24	2323	69484	64118	
股份合作企业	49	5269	71765	58734	3895
联营企业	9	795	30188	26151	3697
集体联营企业	9	795	30188	26151	3697
有限责任公司	2844	735769	12804707	12244911	3120048
国有独资公司	130	26145	455876	455271	79429
其他有限责任公司	2714	709625	12348832	11789640	3040620
股份有限公司	2169	591821	9328190	9130830	2059164
私营企业	4414	1096054	22051099	20305651	6071628
私营独资企业	116	22908	321421	310685	72253
私营合伙企业	28	2515	38139	33380	23384
私营有限责任公司	3820	901431	18373947	16700069	5132450
私营股份有限公司	450	169199	3317592	3261517	843542
其他企业	3	492	846	843	843
港、澳、台商投资企业	1887	479023	10089075	9031669	2522371
合资经营企业(港或澳、台资)	1154	270452	7144597	6116571	1735564
合作经营企业(港或澳、台资)	5	3788	37446	35881	5462
港、澳、台商独资经营企业	655	149199	2765187	2748844	753501

指标名称	新产品开发项目数（项）	新产品开发经费支出	新产品产值	新产品销售收入	#出口
港、澳、台商投资股份有限公司	73	55584	141844	130373	27844
外商投资企业	2296	544396	11049007	11176846	3944174
中外合资经营企业	1412	301665	6856887	6657870	2408040
中外合作经营企业	21	7014	80204	76053	52315
外资企业	682	183179	3231249	3632995	1379200
外商投资股份有限公司	181	52539	880666	809928	104619
按国民经济行业分组					
采矿业	2	248			
有色金属矿采选业	2	248			
制造业	13794	3490653	65743973	62730845	17759661
农副食品加工业	136	21449	270186	265816	61717
食品制造业	79	25619	444511	496743	74389
饮料制造业	202	53625	438005	430912	1105
烟草制品业	27	1030	48826	495139	
纺织业	855	289828	5617866	5038328	1446528
纺织服装、鞋、帽制造业	288	63106	1305707	1284191	469695
皮革、毛皮、羽毛(绒)及其制品业	304	67973	1308986	1312607	613105
木材加工及木、竹、藤、棕、草制品业	84	15645	451380	430487	100777
家具制造业	146	35243	666420	670695	397024
造纸及纸制品业	112	28130	721497	708882	63194
印刷业和记录媒介的复制	31	6394	191683	174107	25054
文教体育用品制造业	220	31341	389968	365422	294876
化学原料及化学制品制造业	619	228004	6425103	5371654	695770
医药制造业	758	125603	1843475	1768243	787447
化学纤维制造业	204	131015	2976807	2597016	259853
橡胶制品业	76	40640	698111	1074861	158164
塑料制品业	282	65304	1191180	1120481	305151
非金属矿物制品业	290	56151	1223979	1160432	216410
黑色金属冶炼及压延加工业	147	91362	1687581	1588040	165261
有色金属冶炼及压延加工业	165	62670	1771375	1743049	392051

指标名称	新产品开发项目数（项）	新产品开发经费支出	新产品产值	新产品销售收入	#出口
金属制品业	533	98299	1832119	1718243	601786
通用设备制造业	2087	375689	6240367	6083814	1286671
专用设备制造业	664	120018	2361114	2180957	413521
交通运输设备制造业	1287	383921	8607348	8277438	3474630
电气机械及器材制造业	2550	575511	10558916	10292982	3324023
通信设备、计算机及其他电子设备制造业	891	357874	4112156	3782588	1392066
仪器仪表及文化、办公用机械制造业	577	101439	1634840	1579008	325589
工艺品及其他制造业	180	37771	684985	679227	413806
废弃资源和废旧材料回收加工业			39486	39486	
电力、燃气及水的生产和供应业	46	5507	100660	95338	
电力、热力的生产和供应业	46	5507	100660	95338	
按企业控股情况分组					
国有控股	1033	284468	4306693	4627051	766994
集体控股	513	104619	1490089	1432483	378009
私人控股	9265	2261427	43427394	41109955	12238835
港澳台商控股	1136	398605	7801729	6712646	1348115
外商控股	1355	317635	6000900	6145390	1927229
其他	540	129654	2817827	2798658	1100479
按地区分组					
杭州市	2697	967748	14562684	14521649	1983776
宁波市	3676	669841	12948729	11890187	4399839
温州市	1209	246709	3309929	3053905	466524
嘉兴市	1299	355248	8162772	8397221	2457170
湖州市	397	150924	2686347	2620905	631451
绍兴市	1167	571498	11554466	10546358	2777239
金华市	813	197063	3217741	3056969	1200033
衢州市	197	40653	775866	747259	64177
舟山市	105	51316	2947988	2618112	1474861
台州市	2175	224961	5241704	4938452	2232892
丽水市	107	20447	436407	435167	71699

4—9 大中型工业企业政府相关政策落实情况

单位:万元

指标名称	使用来自政府部门的科技活动资金	研究开发费用加计扣除减免税	高新技术企业减免税
总计	**93037**	**205304**	**393799**
按企业规模分组			
大型企业	34309	57969	167383
中型企业	58728	147335	226416
按隶属关系分组			
中央	1275	1313	1711
地方	91761	203991	392088
按登记注册类型分组			
内资企业	75504	144012	290249
国有企业	204	998	694
集体企业		144	266
股份合作企业	268	713	518
联营企业	73	63	
国有联营企业			
集体联营企业	73	63	
其他联营企业			
有限责任公司	24460	45985	82968
国有独资公司	1963	1359	713
其他有限责任公司	22498	44627	82254
股份有限公司	28994	39697	116028
私营企业	21506	56412	89774
私营独资企业	331	1009	1010
私营合伙企业	207	452	475
私营有限责任公司	15808	50794	69394
私营股份有限公司	5160	4158	18895
港、澳、台商投资企业	6166	27814	34035
合资经营企业(港或澳、台资)	4096	15080	21147
合作经营企业(港或澳、台资)	40		

指标名称	使用来自政府部门的科技活动资金	研究开发费用加计扣除减免税	高新技术企业减免税
港、澳、台商独资经营企业	851	12429	12019
港、澳、台商投资股份有限公司	1178	305	868
外商投资企业	11367	33478	69515
中外合资经营企业	5529	21720	51154
中外合作经营企业	128	232	980
外资企业	2614	9072	7631
外商投资股份有限公司	3097	2453	9750
按国民经济行业分组			
采矿业	4	35	
有色金属矿采选业	4	35	
制造业	93013	204157	392243
农副食品加工业	1006	588	730
食品制造业	2540	985	2662
饮料制造业	1061	236	2293
纺织业	5478	7198	9424
纺织服装、鞋、帽制造业	371	955	3441
皮革、毛皮、羽毛(绒)及其制品业	459	1321	4454
木材加工及木、竹、藤、棕、草制品业	634	737	2462
家具制造业	59	2572	2066
造纸及纸制品业	834	621	405
印刷业和记录媒介的复制	91	1142	1570
文教体育用品制造业	200	551	6766
化学原料及化学制品制造业	6769	12902	36649
医药制造业	11730	14946	45675
化学纤维制造业	2292	3651	7674
橡胶制品业	360	3760	11980
塑料制品业	1809	4515	6832
非金属矿物制品业	1087	10526	10820
黑色金属冶炼及压延加工业	1317	1634	6058
有色金属冶炼及压延加工业	2592	2436	4828

指标名称	使用来自政府部门的科技活动资金	研究开发费用加计扣除减免税	高新技术企业减免税
金属制品业	2311	3684	9164
通用设备制造业	6360	24592	59043
专用设备制造业	2913	9244	22966
交通运输设备制造业	10469	16377	30807
电气机械及器材制造业	13399	42791	52390
通信设备、计算机及其他电子设备制造业	13374	21420	38008
仪器仪表及文化、办公用机械制造业	1796	12899	10828
工艺品及其他制造业	1704	1874	2250
电力、燃气及水的生产和供应业	20	1111	1555
电力、热力的生产和供应业	10	1111	1555
水的生产和供应业	10		
按企业控股情况分组			
国有控股	14978	21343	58324
集体控股	4843	6792	11032
私人控股	61410	124522	236324
港澳台商控股	4356	26826	39986
外商控股	4122	20190	33553
其他	3329	5631	14579
按地区分组			
杭州市	20943	59768	125554
宁波市	10828	38249	61983
温州市	4406	21054	40170
嘉兴市	6213	21804	36000
湖州市	4655	7406	12800
绍兴市	19530	21113	65306
金华市	9593	9332	12209
衢州市	2309	3632	4790
舟山市	2291	692	9232
台州市	11096	20645	23204
丽水市	1174	1610	2552

4—10 大中型工业企业技术获取和技术改造情况

单位:万元

指标名称	引进技术经费支出	消化吸收经费支出	购买国内技术经费支出	技术改造经费支出
总计	**213300**	**105928**	**106951**	**2266417**
按企业规模分组				
大型企业	84936	54259	44350	953809
中型企业	128364	51670	62601	1312608
按隶属关系分组				
中央			22	32180
地方	213300	105928	106929	2234236
按登记注册类型分组				
内资企业	140609	80662	77665	1780285
国有企业	22	19	11454	88259
集体企业		3		
股份合作企业				2786
有限责任公司	50901	37534	23932	484443
国有独资公司	4391	1671	210	26514
其他有限责任公司	46509	35863	23722	457929
股份有限公司	47137	20893	11775	463506
私营企业	42550	22214	30504	741286
私营独资企业	439	316	834	18120
私营合伙企业				364
私营有限责任公司	39538	19331	27584	559456
私营股份有限公司	2573	2567	2086	163346
其他企业				4
港、澳、台商投资企业	14542	6477	8787	234439
合资经营企业(港或澳、台资)	8598	3953	6459	132798
合作经营企业(港或澳、台资)			150	
港、澳、台商独资经营企业	5381	2241	2178	99356
港、澳、台商投资股份有限公司	564	283		2285

指标名称	引进技术经费支出	消化吸收经费支出	购买国内技术经费支出	技术改造经费支出
外商投资企业	58149	18789	20499	251693
中外合资经营企业	39563	10190	13874	185499
中外合作经营企业				1636
外资企业	17251	8270	3711	38859
外商投资股份有限公司	1334	330	2914	25699
按国民经济行业大类分组				
采矿业				513
黑色金属矿采选业				357
有色金属矿采选业				156
制造业	213278	105789	106405	2174132
农副食品加工业	920	56	147	7009
食品制造业	1860	710	607	9371
饮料制造业	624	385	43	24376
纺织业	15925	6693	8900	140566
纺织服装、鞋、帽制造业	1224	1240	1023	25452
皮革、毛皮、羽毛(绒)及其制品业	4192	2159	1244	9374
木材加工及木、竹、藤、棕、草制品业	315	126	126	3345
家具制造业	1028	700	379	7382
造纸及纸制品业	1982	1759	1505	50367
印刷业和记录媒介的复制			107	18883
文教体育用品制造业	2024	286	1146	8920
化学原料及化学制品制造业	21868	11726	3850	169061
医药制造业	6857	11226	5951	140854
化学纤维制造业	13259	6021	5459	166178
橡胶制品业	500	400	239	106267
塑料制品业	1599	934	1260	11360
非金属矿物制品业	793	1868	5212	27947
黑色金属冶炼及压延加工业	1200	566	13662	51766
有色金属冶炼及压延加工业	3027	175	535	35825
金属制品业	1487	966	1222	25194

指标名称	引进技术经费支出	消化吸收经费支出	购买国内技术经费支出	技术改造经费支出
通用设备制造业	19461	19235	14438	235032
专用设备制造业	18080	3777	4079	124346
交通运输设备制造业	25720	12359	11745	287816
电气机械及器材制造业	52037	14968	16504	354219
通信设备、计算机及其他电子设备制造业	14340	4610	3325	72571
仪器仪表及文化、办公用机械制造业	1085	1587	3001	50726
工艺品及其他制造业	1873	1260	698	9926
电力、燃气及水的生产和供应业	22	139	546	91772
电力、热力的生产和供应业	22	139	546	91098
燃气生产和供应业				674
按企业控股情况分组				
国有控股	22127	28234	20455	431867
集体控股	10428	5179	1714	81253
私人控股	102663	54764	55845	1436301
港澳台商控股	12437	3633	8759	194205
外商控股	53947	11673	17926	74213
其他	11699	2446	2252	48578
按地区分组				
杭州市	69106	27159	27065	570724
宁波市	39691	14671	7066	410223
温州市	11539	5942	7463	43382
嘉兴市	33144	19224	15267	212531
湖州市	5134	2981	4566	72384
绍兴市	23257	11025	18562	381847
金华市	13501	6458	11296	232613
衢州市	616	3803	571	72101
舟山市	5100	2200	4432	48982
台州市	12211	12466	10559	182891
丽水市			103	38739

4—11 大中型工业企业限额以上R&D项目情况

指标名称	全部科技项目数（项）	参加科技项目人员（人）	本年度项目经费内部支出（万元）
总计	**11046**	**129429**	**2585039**
按项目来源分组			
国家科技项目	212	4516	109595
地方科技项目	974	16304	330064
企业委托科技项目	168	1565	24037
自选科技项目	9499	105025	2078706
来自国外的科技项目	78	798	17461
其他科技项	115	1221	25176
按项目合作形式分组			
与境外机构合作	88	922	26504
与国内高校合作	685	10410	226537
与国内独立研究机构合作	359	5099	104799
与境内注册外商独资企业合作	75	1098	100984
与境内注册其他企业合作	284	2744	54770
独立完成	9038	103509	1964418
其他	517	5647	107028
按项目活动类型分组			
基础研究			
应用研究	2	6	116
试验发展	11044	129423	2584923
按项目成果形式分组			
论文或专著	16	146	1816
新产品原型或样机、样件、样品、配方、新装置	5639	65952	1263255
新技术或新工艺	5049	58252	1232279
发明专利	327	4871	86192
基础软件	15	208	1497
按项目技术经济目标分组			
科学原理的探索、发现			
技术原理的研究	18	156	2289
开发全新产品	6329	74248	1516992

指标名称	全部科技项目数（项）	参加科技项目人员（人）	本年度项目经费内部支出（万元）
增加产品功能或提高性能	3167	36388	684327
提高劳动生产率	285	3279	62030
减少能源消耗或提高能源使用效率	591	7418	151814
节约原材料	215	3102	84839
减少环境污染	244	3248	49025
其他	197	1590	33724
按企业规模分组			
大型企业	1866	36271	828756
中型企业	9180	93158	1756283
按隶属关系分组			
中央	127	1535	19729
地方	10919	127894	2565310
按登记注册类型分组			
内资企业	8023	91242	1841404
国有企业	132	1099	25952
集体企业	17	68	879
股份合作企业	48	263	4781
联营企业	7	80	599
集体联营企业	7	80	599
有限责任公司	2354	26383	583046
国有独资公司	143	835	19639
其他有限责任公司	2211	25548	563407
股份有限公司	1941	23945	449245
私营企业	3521	39362	776411
私营独资企业	100	976	20693
私营合伙企业	18	170	1658
私营有限责任公司	3015	33330	625252
私营股份有限公司	388	4886	128808
其他企业	3	42	492
港、澳、台商投资企业	1430	18596	384246
合资经营企业（港或澳、台资）	886	9730	221459
合作经营企业（港或澳、台资）	3	136	1961

指标名称	全部科技项目数（项）	参加科技项目人员（人）	本年度项目经费内部支出（万元）
港、澳、台商独资经营企业	470	6841	108528
港、澳、台商投资股份有限公司	71	1889	52299
外商投资企业	1593	19591	359389
中外合资经营企业	1033	11359	207690
中外合作经营企业	13	143	2886
外资企业	407	6482	110992
外商投资股份有限公司	140	1607	37822
按国民经济行业大类分组			
采矿业	11	94	1250
黑色金属矿采选业	1	37	632
有色金属矿采选业	10	57	618
制造业	10962	128449	2571887
农副食品加工业	108	799	14465
食品制造业	72	680	21305
饮料制造业	157	981	39540
烟草制品业	21	30	1209
纺织业	542	9397	187259
纺织服装、鞋、帽制造业	168	2193	32505
皮革、毛皮、羽毛(绒)及其制品业	144	2660	39621
木材加工及木、竹、藤、棕、草制品业	80	585	11507
家具制造业	40	611	6954
造纸及纸制品业	103	1235	27002
印刷业和记录媒介的复制	43	748	8955
文教体育用品制造业	166	1537	18073
石油加工、炼焦及核燃料加工业	1	20	310
化学原料及化学制品制造业	610	7225	204482
医药制造业	770	7046	111594
化学纤维制造业	171	2169	82663
橡胶制品业	56	1353	32004
塑料制品业	182	1555	34918
非金属矿物制品业	227	2103	54254
黑色金属冶炼及压延加工业	116	1351	66721

指标名称	全部科技项目数（项）	参加科技项目人员（人）	本年度项目经费内部支出（万元）
有色金属冶炼及压延加工业	154	1770	53397
金属制品业	443	5280	77218
通用设备制造业	1676	16021	269767
专用设备制造业	526	4514	81493
交通运输设备制造业	1073	13907	283541
电气机械及器材制造业	2013	21970	407027
通信设备、计算机及其他电子设备制造业	723	13180	305274
仪器仪表及文化、办公用机械制造业	474	5936	79322
工艺品及其他制造业	103	1593	19511
废弃资源和废旧材料回收加工业			
电力、燃气及水的生产和供应业	73	886	11901
电力、热力的生产和供应业	62	831	11084
燃气生产和供应业	1	4	23
水的生产和供应业	10	51	794
按企业控股情况分组			
国有控股	933	10974	224354
集体控股	403	6304	84850
私人控股	7570	83909	1648092
港澳台商控股	864	12210	335645
外商控股	917	12160	202154
其他	359	3872	89944
按地区分组			
杭州市	2111	25789	742923
宁波市	2892	30299	499718
温州市	981	13147	174153
嘉兴市	1042	12745	272674
湖州市	336	3813	103011
绍兴市	865	16572	358128
金华市	653	8976	153717
衢州市	183	1689	37341
舟山市	99	2203	46094
台州市	1815	12926	182327
丽水市	69	1270	14955

五、高等院校

5—1 高等学校基本情况(1978—2010)

年份	学校数（所）	招生数（人）		在校学生数（人）		毕业生数（人）		教职员工数（人）	
		本专科	研究生	本专科	研究生	本专科	研究生		专任教师
1978	20	14241		24223		3743		11961	5389
1979	20	9498		32227		1013		13889	6275
1980	22	9387		37815		3710		15619	6886
1981	22	9208		41020		5852		16365	6933
1982	22	10162		36088		14968		18181	7701
1983	24	12750		39008		10411		19274	8219
1984	27	15030		44883		9002		20431	8690
1985	35	19026		52688		11044		22497	9908
1986	37	17877		57352		13027		24723	10804
1987	37	18190		60072		15017		25620	11223
1988	37	19364		60419		18712		26472	11578
1989	37	18270		61045		17323		26772	11574
1990	37	18264		60327		18417		26787	11578
1991	36	18651		59822		18175		27004	11208
1992	35	21217		62226		18267		27821	11105
1993	36	27716		73586		15971		27898	11148
1994	37	30482		87428		17895		28212	11345
1995	37	28094		92857		22443		28194	11491
1996	36	30541		96480		27133		28107	11530
1997	35	33145		102302		26386		28123	11595
1998	32	36668	2155	113543	5991	24296		28327	11816
1999	36	59300	3216	151318	7460	30561	1578	30532	13140
2000	35	93516	4130	212375	9895	32477	1600	40037	18981
2001	38	120195	5577	293078	13237	37230	1882	44347	22168
2002	60	152470	6111	393145	16297	48431	2645	48481	25993
2003	64	173519	6863	484639	19269	78685	3514	48691	29945
2004	68	195617	8029	572759	22062	103123	4858	60833	35766
2005	67	215362	9577	651307	25637	133051	5558	58924	38402
2006	68	237157	10996	719869	27125	162531	8731	69730	42143
2007	77	249749	12326	777982	31409	183863	7387	73704	45622
2008	77	265696	13691	832224	35812	203203	8944	75986	47795
2009	78	261361	16184	866496	43381	218226	7941	77852	49516
2010	80	260111	16575	884867	47991	233741	11156	79785	50969

5—2 普通高等教育分类情况

分　类	学校数（所）	本、专科学生（人）			教职员工数（人）	
		毕业生数	招生数	在校学生数		专任教师
总计	**80**	**233741**	**260111**	**884867**	**79785**	**50969**
普通本科	33	108865	138886	522172	57420	35904
＃民办本科	3	47318	57542	218296	14267	10951
＃独立学院	22	39299	41991	169775	10174	7929
高等职业学院	47	124876	121225	362695	22365	15065
＃民办	9	24622	22718	71182	3639	2540

5—3 高等院校自然科学领域科技人力资源情况（一）

单位：人

	合　计		教　师					
		女性	小计	教授	副教授	讲师	助教	其他
合　　计	**36492**	**18763**	**15710**	**2825**	**4667**	**6212**	**1483**	**523**
按学科分								
自然科学	5166	1869	3839	816	1306	1423	162	132
工程与技术	10701	3414	7168	1141	2186	3107	467	267
医药科学	17683	12011	3665	650	878	1293	773	71
农业科学	1162	418	654	200	231	169	19	35
其他	1780	1051	384	18	66	220	62	18
按学历分								
博士研究生	7288	1905	5688	1544	2092	1641	77	334
硕士研究生	9448	4119	5204	584	1100	2553	809	158
大学本科	13388	7923	4173	660	1414	1633	435	31
大学专科	4181	3236	466	37	51	251	127	
中专	1482	1229	165		9	122	34	
高中及以下	705	351	14		1	12	1	
按年龄分								
30岁及以下	10504	7188	2706		80	1384	903	339
31—35岁	8248	4105	4129	24	819	2679	465	142
36—40岁	5772	2789	2746	201	1193	1245	75	32
41—45岁	4516	2000	2231	649	1084	479	12	7
46—55岁	6355	2449	3422	1643	1385	366	26	2
56—60岁	947	217	377	210	105	59	2	1
61岁及以上	150	15	99	98	1			

5—4 高等院校自然科学领域科技人力资源情况(二)

单位:人

	其他技术职务系列人员					辅助人员
	小计	高级	中级	初级	其他	
合　　计	**20782**	**3770**	**7458**	**8287**	**694**	**573**
按学科分						
自然科学	1327	404	573	253	57	40
工程与技术	3533	893	1588	728	144	180
医药科学	14018	2160	4551	6763	406	138
农业科学	508	121	186	130	14	57
其他	1396	192	560	413	73	158
按学历分						
博士研究生	1600	843	528	201	28	
硕士研究生	4244	801	1750	1484	209	
大学本科	9215	1745	3349	3664	457	
大学专科	3715	306	1223	2016		170
中专	1317	60	474	674		109
高中及以下	691	15	134	248		294
按年龄分						
30 岁及以下	7798	30	909	6174	611	74
31—35 岁	4119	260	2624	1166	40	29
36—40 岁	3026	806	1747	402	11	60
41—45 岁	2285	1075	923	181	21	85
46—55 岁	2933	1307	1081	289	11	245
56—60 岁	570	242	173	75		80
61 岁及以上	51	50	1			

5—5 高等院校自然科学领域科技人力资源情况(三)

单位:人

	总计	科学家和工程师				技术员	辅助人员
		小计	高级	中级	初级		
合计	**36492**	**35225**	**11262**	**13670**	**10293**	**694**	**573**
按学科分							
自然科学	5166	5069	2526	1996	547	57	40
工程与技术	10701	10377	4220	4695	1462	144	180
医药科学	17683	17139	3688	5844	7607	406	138
农业科学	1162	1091	552	355	184	14	57
其他	1780	1549	276	780	493	73	158
按学历分							
博士研究生	7288	7260	4479	2169	612	28	
硕士研究生	9448	9239	2485	4303	2451	209	
大学本科	13388	12931	3819	4982	4130	457	
大学专科	4181	4011	394	1474	2143		170
中专	1482	1373	69	596	708		109
高中及以下	705	411	16	146	249		294
按年龄分							
30岁及以下	10504	9819	110	2293	7416	611	74
31—35岁	8248	8179	1103	5303	1773	40	29
36—40岁	5772	5701	2200	2992	509	11	60
41—45岁	4516	4410	2808	1402	200	21	85
46—55岁	6355	6099	4335	1447	317	11	245
56—60岁	947	867	557	232	78		80
61岁及以上	150	150	149	1			

5—6　高等院校自然科学领域科技活动经费情况

单位:千元

经费名称	经费数	经费名称	经费数
一、上年结转经费	4762695	三、当年经费支出合计	4742792
二、当年拨入经费合计	5193221	其中:R&D经费支出合计	3230824
其中:R&D经费拨入合计	3743269	转拨给外单位经费	590979
科研事业费	207141	其中:对国内研究机构	196372
其中:科研人员工资1	12019	对国内高等学校	242888
科研人员工资2	147421	对国内企业	138669
主管部门专项费	306198	对境外机构	13050
其中:平台建设经费	133017	内部支出经费合计	4151813
人才队伍建设经费	23596	人员劳务费	812830
其他学科建设经费	120215	业务费	2414527
国家发改委、科技部专项费	1208411	固定资产购置费	648442
国家自然科学基金项目费	387725	其中:仪器设备费	565665
国务院其他部门专项费	341507	上缴税金	49510
省、市、自治区专项费	756791	管理费	188993
企、事业单位委托经费	1398376	其他支出	37511
其中:进入学校财务	1347883	四、当年结余经费合计	5213124
当年学校科技活动经费	575246	银行存款	4848764
其中:为国家科技计划项目配套	233303	暂付款	364060
金融机构贷款		其他	300
国外资金	11796	附:当年科研基建投入	26144
其他资金	30	当年科研基建支出	11307
		其中:土建工程	3726
		仪器设备	7581
		在岗人员人均年工资	783

5—7 高等院校自然科学领域科技活动机构情况(一)

	机构数(个)	从业人员(人)	科技活动人员(人年)	高级职称	中级职称	博业毕业	硕士毕业	培养研究生(人)
合计	**163**	**5827**	**3161.9**	**1787.0**	**789.3**	**3052**	**1669**	**10177**
其中:R&D机构	145	5319	2969.4	1708.8	722.5	2862	1462	9924
其他机构	18	508	192.5	78.2	66.8	190	207	253
其中:国家级机构	24	960	628.0	416.5	158.1	621	184	2897
省部级机构	116	4232	2234.7	1233.1	555.1	2177	1244	6918
其他主管部门机构	23	635	299.2	137.4	76.1	254	241	362
其中:本校独办	130	4712	2593.8	1481.6	638.2	2456	1280	8775
校际联合	13	444	291.8	146.1	67.7	266	147	850
与国内企业合办	17	598	229.0	138.7	73.7	291	218	499
与国外企业合办	3	73	47.3	20.6	9.7	39	24	53

5—8 高等院校自然科学领域科技活动机构情况(二)

	内部支出(千元)	R&D支出	承担课题数(项)	固定资产原值(千元)	仪器设备	进口
合计	**1217816**	**979641**	**7197**	**3378086**	**2628619**	**1424774**
其中:R&D机构	1175055	948479	6776	3186307	2466168	1349519
其他机构	42761	31162	421	191779	162451	75255
其中:国家级机构	470550	407265	1602	823707	685879	333575
省部级机构	690644	532696	5213	2436313	1838307	1041385
其他主管部门机构	56622	39680	382	118066	104433	49814
其中:本校独办	1083122	867021	6259	2912111	2321896	1242573
校际联合	76132	68372	487	179046	138799	89184
与国内企业合办	53588	40473	409	282329	164074	91217
与国外企业合办	4974	3775	42	4600	3850	1800

5—9 高等院校自然科学领域科技项目情况(一)

研究类别	课题数（项）	当年投入经费（千元）	当年支出经费（千元）	当年投入人员（人年）	女性
合计	**22391**	**4252591**	**3467057**	**10072.7**	**2505.2**
按研究类型分					
基础研究	7668	983993	776360	3068.8	790.2
应用研究	9706	2128513	1694088	4769.5	1207.2
试验与发展	1876	308657	285352	794.9	170.9
R&D 成果应用	1895	509936	421228	940.6	233.0
其他科技服务	1246	321492	290029	498.9	103.9
按学科分					
自然科学	3416	494479	395178	1578.0	353.8
工程与技术	11732	2318128	1853821	5449.1	1304.6
医药科学	5456	1055158	877738	2243.9	686.5
农业科学	1787	384826	340320	801.7	160.3

5—9 续表

研究类别	当年投入人员(人年)				参与项目的研究生人数（人）		
	高级职务	中级职务	初级职务	其他		博士	硕士
合计	**4498.5**	**3894.8**	**1351.1**	**328.3**	**28810**	**9293**	**19517**
按研究类型分							
基础研究	1350.0	1147.0	455.7	116.1	10999	3332	7667
应用研究	2131.2	1839.8	661.4	137.1	10898	3450	7448
试验与发展	343.2	304.3	114.1	33.3	2763	982	1781
R&D 成果应用	428.0	415.3	71.8	25.5	2352	828	1524
其他科技服务	246.1	188.4	48.1	16.3	1798	701	1097
按学科分							
自然科学	751.7	580.6	197.2	48.5	3420	970	2450
工程与技术	2519.5	2184.6	579.9	165.1	15614	5318	10296
医药科学	832.4	867.9	454.2	89.4	7085	1976	5109
农业科学	394.9	261.7	119.8	25.3	2691	1029	1662

5—10　高等院校自然科学领域科技项目情况(二)

研究类别	课题数(项)	当年投入经费(千元)	当年支出经费(千元)	当年投入人员(人年)	女性
合计	**22391**	**4252591**	**3467057**	**10072.7**	**2505.2**
“973”计划	219	100139	100709	147.7	44.4
国家科技支撑计划	256	147453	139419	223.2	61.5
“863”计划	422	208234	203960	320.5	84.2
科技部重大专项	183	939632	703227	587.8	193.6
国家自然科学基金项目	3184	462603	338619	1265.2	308.2
主管部门科技项目	1386	30943	25801	359.2	83.6
国家部委其他科技项目	760	328954	304646	734.5	194.5
省、市、自治区科技项目	6829	650791	586352	2711.8	655.2
企事业单位委托科技项目	7717	1348033	1036553	3265.7	770.0
国际合作项目	41	11967	9789	23.1	4.8
自选课题	1391	23812	17914	433.5	104.8
其他课题	3	30	68	0.5	0.4

5—10　续表

研究类别	当年投入人员(人年)				参与项目的研究生人数(人)		
	高级职务	中级职务	初级职务	其　　他		博士	硕士
合计	**4498.5**	**3894.8**	**1351.1**	**328.3**	**28810**	**9293**	**19517**
“973”计划	80.3	45.2	18.3	3.9	542	201	341
国家科技支撑计划	111.8	75.9	28.3	7.2	586	227	359
“863”计划	176.2	106.2	29.8	8.3	1152	461	691
科技部重大专项	355.5	176.3	47.4	8.6	801	316	485
国家自然科学基金项目	574.0	433.9	198.1	59.2	5399	1796	3603
主管部门科技项目	96.7	190.1	66.7	5.7	967	91	876
国家部委其他科技项目	391.0	250.7	71.0	21.8	1845	705	1140
省、市、自治区科技项目	1102.5	1098.5	421.2	89.6	7095	1610	5485
企事业单位委托科技项目	1476.2	1304.6	380.0	104.9	9849	3829	6020
国际合作项目	12.6	8.2	1.7	0.6	92	29	63
自选课题	121.2	205.2	88.6	18.5	482	28	454
其他课题	0.5						

5—11 高等院校自然科学领域科技交流情况

形　　式	合　　计	国(境)内	国(境)外
合作研究/派遣(人次)	1197	429	768
合作研究/接受(人)	1009	640	369
国际学术会议/出席人员(人次)	6071	3303	2768
国际学术会议/交流论文(篇)	3254	1493	1761
国际学术会议/特邀报告(篇)	627	403	224
国际学术会议/主办(次)	125	113	12

5—12 高等院校自然科学领域技术转让与知识产权情况(一)

受让方类型	合同数(项)	合同金额(千元)	当年实际收入(千元)
合　　计	**603**	**134984**	**101178**
其中:专利出售	163	37898	29990
其他知识产权出售	130	57257	37759
国有企业	120	39816	28724
外资企业	7	1010	816
民营企业	402	83805	60863
其　　他	74	10353	10775

5—13 高等院校自然科学领域技术转让与知识产权情况(二)

知识产权类别	申 请 数(项)	授 权 数(项)	拥有数(项)
合　计	**7278**	**5580**	**14802**
专　利	7278	5087	13086
其中:国外	6	4	16
其中:发明专利	3431	1729	5803
实用新型	2122	1648	3915
外观设计	1725	1710	3368
其他知识产权		493	1716
其中:集成电路布图设计登记数		2	60
植物新品种权授予数		1	11
国家或行业标准数		9	58

5—14 高等院校自然科学领域科技成果情况

学科门类	发表学术论文(篇)		三大检索收录论文数		
		国外学术刊物发表	SCIE	EI	ISTP
合　计	**31896**	**11522**	**7361**	**5712**	**2306**
自然科学	7190	3168	2200	1042	372
工程与技术	12679	4621	2362	4293	1755
医药科学	9473	2622	1897	97	128
农业科学	2554	1111	902	280	51

5—14　续表1

学科门类	科技专著				大专院校教科书		编　著	
	部	千字	国(境)外出版		部	千字	部	千字
			部	千字				
合　计	**99**	**27307**	**11**	**1702**	**177**	**34113**	**94**	**17567**
自然科学	12	4706	2	46	31	7746	12	4519
工程与技术	46	11076	9	1656	101	21488	46	6855
医药科学	37	10902			40	3899	19	3104
农业科学	4	623			5	980	17	3089

5—14　续表 2

	国家级项目验收(项)						
	合　计		项目来源				
		与其他单位合作	"973"计划	国家科技攻关计划	"863"计划	国家自然科学基金重点、重大项目	军工项目
合计	**232**	**71**	**24**	**22**	**61**	**39**	**86**

5—14　续表 3

	鉴定成果(项)					
	合　计		鉴定结论			
		与其他单位合作	国际水平	国内首创	国内先进	其　他
合计	**222**	**30**	**55**	**17**	**115**	**35**

六、高技术产业

6—1 高技术产业R&D及相关活动情况

指标名称	单位	高技术产业合计	医药制造业	航空航天器制造	电子及通信设备制造业	电子计算机及办公设备制造业	医疗设备及仪器仪表制造业
企业基本情况							
企业数	个	3339	543	7	1666	149	974
有R&D活动的企业	个	1206	273	3	487	55	388
有科技机构的企业	个	938	226	1	372	43	296
有新产品销售的企业数	个	1140	243	3	460	50	384
年末从业人员数	人	646326	123560	740	315001	58469	148556
工业总产值	万元	34132924	7697239	38171	13633633	6176403	6587478
主营业务收入	万元	33236753	7322379	34789	13372751	6150653	6356181
利润总额	万元	2963449	925049	2432	937848	525028	573092
资产总计	万元	34315579	9797002	64088	13941127	3795437	6717925
出口交货值	万元	12900428	2148003	18153	4456907	4715986	1561380
R&D活动人员情况							
R&D人员	人	44230	11387	124	18520	2795	11404
①参加项目人员	人	41556	10511	114	17450	2695	10786
②管理和服务人员	人	2674	876	10	1070	100	618
其中:女性	人	11301	3972	39	4264	783	2243
其中:研究人员	人	11561	3438	6	4865	448	2804
其中:①全时人员	人	30194	7745	64	12717	2356	7312
②非全时人员	人	14036	3642	60	5803	439	4092
R&D人员全时当量	人年	38271	9817	110	16070	2637	9637
其中:研究人员	人年	9982	3024	5	4160	421	2371
其中:①基础研究人员	人年						
②应用研究人员	人年						
③试验发展人员	人年	38271	9817	110	16070	2637	9637
R&D经费情况							
R&D经费内部支出合计	万元	747528	182894	1787	291900	125634	145314
其中:①经常费支出	万元	663457	156470	788	260083	116525	129590

注:本部分统计范围为年主营业务收入500万元及以上工业企业。

指标名称	单位	高技术产业合计	医药制造业	航空航天器制造	电子及通信设备制造业	电子计算机及办公设备制造业	医疗设备及仪器仪表制造业
其中：人员劳务费	万元	298059	52633	345	112934	77199	54949
②资产性支出	万元	84072	26424	999	31817	9108	15724
其中：土建工程	万元	1717	455		883	21	357
仪器和设备	万元	82355	25969	999	30933	9087	15367
其中：①基础研究支出	万元						
②应用研究支出	万元						
③试验发展支出	万元	747528	182894	1787	291900	125634	145314
其中：①政府资金	万元	33235	12436		15106	1426	4267
②企业资金	万元	707756	168358	942	274723	123331	140402
③境外资金	万元	2857	738		1222	877	21
④其他资金	万元	3681	1362	844	850		625
R&D经费外部支出	万元	45455	31052	490	4731	3468	5714
其中：对境内研究机构支出	万元	18083	13831	250	1808	97	2098
对境内高等学校支出	万元	11454	5242		2148	1227	2837
对境外支出	万元	6480	6181		105		194
全部R&D项目(课题)情况							
项目数	项	4802	1487	5	1668	175	1467
项目人员折合全时当量	人年	36000	9078	100	15157	2548	9117
项目经费内部支出	万元	702200	165319	1786	273783	123972	137340
企业办科技机构情况							
机构数	个	1075	287	1	411	45	331
机构人员数	人	43830	9916	30	18374	4112	11398
其中：博士	人	749	310		256	32	151
硕士	人	5125	1076	2	1430	1646	971
本科	人	21986	5122	28	9603	2041	5192
机构经费支出	万元	721091	194748	242	275207	120691	130203
仪器和设备原价	万元	512033	164561	1224	208056	58630	79563
其中：进口	万元	98296	26725	980	53982	2692	13918

指标名称	计量单位	高技术产业合计	医药制造业	航空航天器制造	电子及通信设备制造业	电子计算机及办公设备制造业	医疗设备及仪器仪表制造业
境外机构数	个	20	7		6		7
企业新产品开发及生产情况							
新产品开发项目数	项	5531	1508	4	2042	213	1764
新产品开发经费支出	万元	834647	192005	1730	333021	132946	174945
新产品产值	万元	9432480	2396577	19639	4023563	981740	2010961
新产品销售收入	万元	8884677	2321019	18442	3819140	811684	1914393
其中:出口	万元	2942151	943351	14513	1489976	140216	354095
自主知识产权及相关情况							
专利申请数	件	6969	814	4	2947	850	2354
其中:发明专利	件	1995	477		548	556	414
有效发明专利数	件	3436	715		971	928	822
其中:境外授权	件	84	44		22	6	12
专利所有权转让及许可数	件	163	22		89	1	51
专利所有权转让与许可收入	万元	5035	2118		1084		1833
发表科技论文	篇	577	262		133	28	154
拥有注册商标数	件	5408	2790	4	1000	341	1273
其中:境外注册	件	837	184	1	182	182	288
形成国家或行业标准数	项	725	414		113	7	191
政府相关政策落实情况							
使用来自政府部门的科技活动资金	万元	41704	15601		18514	1666	5922
研究开发费用加计扣除减免税	万元	62689	19239		18881	8500	16069
高新技术企业减免税	万元	109562	51963		25819	15921	15858
企业技术获取和技术改造情况							
引进国外技术经费支出	万元	28044	8397		11544	5074	3030
引进技术的消化吸收经费支出	万元	20313	12007		5150	704	2453
购买国内技术经费支出	万元	20907	8408		8457	75	3967
技术改造经费支出	万元	293930	155818	39	79495	3235	55343

6－2 高技术产业基本情况

	企业数（个）	有R&D活动	有科技机构	有新产品销售	年末从业人员（人）
总　计	**3339**	**1206**	**938**	**1140**	**646326**
按工业企业规模分组					
大中型企业	418	273	293	290	379794
大型企业	30	19	21	18	114634
中型企业	388	254	272	272	265160
小型企业	2921	933	645	850	266532
按登记注册类型分组					
内资企业	2675	915	677	860	412358
国有企业	13	11	4	8	2865
集体企业	12	3	1	2	1258
股份合作企业	53	13	6	13	3964
联营企业	2	1	1	1	1125
有限责任公司	449	210	164	199	119603
股份有限公司	91	59	56	55	60818
私营企业	2055	618	445	582	222725
港澳台商投资	290	130	115	127	94849
与港澳台商合资经营	153	80	72	79	43200
与港澳台商合作经营	8	4	2	3	1370
港、澳、台商独资经营	117	40	35	42	43587
港、澳、台商投资股份有限公司	12	6	6	3	6692
外商投资	374	161	146	153	139119
中外合资经营	194	94	78	87	48186
中外合作经营	6	3	2	3	848

6－2 续表 1

	企业数（个）	有 R&D 活动	有科技机构	有新产品销售	年末从业人员（人）
外资企业	169	60	62	59	87554
外商投资股份有限公司	5	4	4	4	2531
按隶属关系分组					
中央	7	7	3	6	4405
地方	3332	1199	935	1134	641921
按企业控股情况分组					
国有控股	50	35	24	31	27878
集体控股	80	35	33	33	34952
私人控股	2702	921	690	866	384031
港澳台商控股	206	77	70	79	75736
外商控股	259	94	90	93	113006
其他	42	44	31	38	10723
按地区分组					
杭州市	755	343	274	276	158296
宁波市	769	271	215	268	154050
温州市	455	107	82	79	65404
嘉兴市	296	133	86	129	67812
湖州市	152	46	36	42	17537
绍兴市	200	64	55	61	42748
金华市	281	65	63	71	60100
衢州市	46	18	15	13	5083
舟山市	26	6	4	3	3514
台州市	325	145	103	188	67655
丽水市	34	8	5	10	4127

单位:万元

	工业总产值	主营业务收入	利润总额	资产总计	出口交货值
总 计	**34132924**	**33236753**	**2963449**	**34315579**	**12900428**
按工业企业规模分组					
大中型企业	23690519	23196253	2235772	22570240	10755661
大型企业	10048184	9971932	990494	8432469	5941841
中型企业	13642335	13224321	1245278	14137771	4813820
小型企业	10442405	10040500	727677	11745339	2144766
按登记注册类型分组					
内资企业	19100343	18449203	1985732	22379351	4758699
国有企业	289056	285791	6782	135930	7547
集体企业	46662	46745	8962	55760	1613
股份合作企业	124144	106165	7606	125183	8486
联营企业	43208	36148	2227	56169	4991
有限责任公司	5868033	5619937	788601	7059644	1381468
股份有限公司	4146619	4147273	577800	6104143	1416093
私营企业	8582623	8207144	593755	8842521	1938502
港澳台商投资	4518492	4445931	328720	4631521	2009211
与港澳台商合资经营	1996411	1929729	164605	1916090	724650
与港澳台商合作经营	38032	35510	1092	43143	8274
港、澳、台商独资经营	2031530	1960740	95843	1699321	1157321
港、澳、台商投资股份有限公司	452519	519953	67179	972967	118966
外商投资	10514089	10341619	648997	7304707	6132518
中外合资经营	2678475	2580804	225422	2464396	849836
中外合作经营	81144	76039	9137	90445	58694
外资企业	7561461	7493052	400229	4506966	5187981

6—2　续表 3　　　　单位：万元

	工业总产值	主营业务收入	利润总额	资产总计	出口交货值
外商投资股份有限公司	193009	191724	14210	242901	36007
按隶属关系分组					
中央	292833	330692	26505	401987	9433
地方	33840091	32906061	2936944	33913592	12890995
按企业控股情况分组					
国有控股	1776943	1888916	367250	3103412	546006
集体控股	1303422	1190909	139743	1682066	287852
私人控股	17623573	16957079	1480845	19177062	4545397
港澳台商控股	3935488	3824472	461010	3903800	1766075
外商控股	9010047	8902155	470248	5888754	5611567
其他	483452	473221	44354	560485	143531
按地区分组					
杭州市	10922568	10877375	1318333	11123375	3036296
宁波市	8763983	8606568	396860	6930454	5230403
温州市	2091722	2000642	162098	2439612	374710
嘉兴市	2217218	2123996	171558	2211944	814062
湖州市	996947	965232	74256	945617	137805
绍兴市	2709720	2627631	300874	2970633	1082179
金华市	2510536	2371782	222596	3065058	634389
衢州市	262140	256008	22275	377834	40790
舟山市	124557	125661	1578	165822	14296
台州市	3325927	3105210	274176	3934136	1529700
丽水市	207607	176648	18845	151093	5797

6—3　高技术产业 R&D 人员情况

	R&D人员合计（人）	#1.参加项目人员	2.管理和服务人员	#女性	#研究人员	#1.全时人员	2.非全时人员
总　计	**44230**	**41556**	**2674**	**11301**	**11561**	**30194**	**14036**
按工业企业规模分组							
大中型企业	27681	26150	1531	7902	6759	20792	6889
大型企业	8570	8188	382	2719	1591	7335	1235
中型企业	19111	17962	1149	5183	5168	13457	5654
小型企业	16549	15406	1143	3399	4802	9402	7147
按登记注册类型分组							
内资企业	31611	29482	2129	7633	8350	21646	9965
国有(单位)	391	364	27	101	211	309	82
集体(单位)	40	36	4	2	6	7	33
股份合作	231	210	21	38	59	162	69
集体联营	81	80	1	25	18	66	15
国有独资公司	130	101	29	32	78	89	41
其他有限责任公司	10191	9499	692	2499	2832	7330	2861
股份有限公司	7802	7355	447	2314	1722	6245	1557
私营独资	494	465	29	74	107	213	281
私营合伙	124	111	13	33	34	42	82
私营有限责任公司	10996	10211	785	2268	2999	6567	4429
私营股份有限公司	1131	1050	81	247	284	616	515
港澳台商投资	5767	5545	222	1816	1091	3972	1795
与港澳台商合资经营	2447	2325	122	748	508	1542	905
与港澳台商合作经营	58	57	1	12	17	21	37
港、澳、台商独资经营	1643	1569	74	505	349	848	795
港、澳、台商投资股份有限公司	1619	1594	25	551	217	1561	58
外商投资	6852	6529	323	1852	2120	4576	2276

	R&D人员合计（人）	＃1.参加项目人员	2.管理和服务人员	＃女性	＃研究人员	＃1.全时人员	2.非全时人　员
中外合资经营	3035	2881	154	875	891	1878	1157
中外合作经营	89	83	6	15	28	66	23
外资企业	3492	3353	139	866	1091	2442	1050
外商投资股份有限公司	236	212	24	96	110	190	46
按隶属关系分组							
中央	555	537	18	91	201	493	62
地方	43675	41019	2656	11210	11360	29701	13974
按企业控股情况分组							
国有控股	5457	5142	315	1907	1521	4576	881
集体控股	2673	2490	183	659	541	2162	511
私人控股	26366	24680	1686	6027	6854	16761	9605
港澳台商控股	3717	3543	174	1050	771	2392	1325
外商控股	4416	4217	199	1169	1443	3079	1337
其他	1601	1484	117	489	431	1224	377
按地区分组							
杭州市	15551	14723	828	3709	4342	10842	4709
宁波市	7704	7403	301	1967	1554	4861	2843
温州市	2542	2309	233	409	642	1796	746
嘉兴市	4412	4080	332	1162	1425	3175	1237
湖州市	1019	941	78	236	219	677	342
绍兴市	4296	3995	301	1522	1025	3326	970
金华市	3253	2963	290	959	945	2457	796
衢州市	277	251	26	95	147	175	102
舟山市	102	97	5	24	37	33	69
台州市	4963	4692	271	1192	1187	2819	2144
丽水市	111	102	9	26	38	33	78

	R&D人员折合全时当量合计（人年）	＃研究人员	＃1.基础研究人员	2.应用研究人员	3.试验发展人员
总　计	**38271**	**9982**			**38271**
按工业企业规模分组					
大中型企业	24485	5941			24485
大型企业	7900	1474			7900
中型企业	16584	4467			16584
小型企业	13786	4041			13786
按登记注册类型分组					
内资企业	27177	7235			27177
国有(单位)	343	179			343
集体(单位)	36	3			36
股份合作	213	55			213
集体联营	72	16			72
国有独资公司	130	78			130
其他有限责任公司	8673	2503			8673
股份有限公司	7179	1579			7179
私营独资	404	93			404
私营合伙	88	26			88
私营有限责任公司	9016	2453			9016
私营股份有限公司	1023	250			1023
港澳台商投资	5189	962			5189
与港澳台商合资经营	2151	437			2151
与港澳台商合作经营	40	13			40
港、澳、台商独资经营	1378	295			1378
港、澳、台商投资股份有限公司	1619	217			1619
外商投资	5905	1785			5905

	R&D人员折合全时当量合计（人年）	#研究人员	#1.基础研究人员	2.应用研究人员	3.试验发展人员
中外合资经营	2526	739			2526
中外合作经营	78	24			78
外资企业	3066	913			3066
外商投资股份有限公司	236	110			236
按隶属关系分组					
中央	538	184			538
地方	37732	9798			37732
按企业控股情况分组					
国有控股	5231	1451			5231
集体控股	2068	426			2068
私人控股	22554	5880			22554
港澳台商控股	3307	677			3307
外商控股	3850	1206			3850
其他	1262	341			1262
按地区分组					
杭州市	14475	4033			14475
宁波市	6820	1361			6820
温州市	2006	488			2006
嘉兴市	3586	1123			3586
湖州市	804	185			804
绍兴市	3910	915			3910
金华市	2412	732			2412
衢州市	201	107			201
舟山市	88	33			88
台州市	3892	977			3892
丽水市	78	29			78

6－4　高技术产业R&D经费内部支出情况

单位：万元

	R&D经费内部支出合计	按支出用途分组				
		1.经常费支出	#人员劳务费	2.资产性支出	#①土建工程	②仪器设备
总　计	**747528**	**663457**	**298059**	**84072**	**1717**	**82355**
按工业企业规模分组						
大中型企业	524402	467137	223734	57265	1269	55996
大型企业	222261	201326	114082	20935	906	20029
中型企业	302141	265812	109651	36330	363	35967
小型企业	223126	196320	74325	26807	448	26359
按登记注册类型分组						
内资企业	544456	478089	217293	66367	1553	64814
国有(单位)	3762	3546	1866	216	8	208
集体(单位)	556	533	269	22		22
股份合作	2219	1971	957	248	4	244
集体联营	604	597	239	7		7
国有独资公司	2498	2443	1205	56		56
其他有限责任公司	229526	201739	109393	27787	555	27232
股份有限公司	137252	122988	50999	14264	621	13643
私营独资	5301	4132	1874	1169	19	1150
私营合伙	1464	1262	311	203		203
私营有限责任公司	144749	124976	45010	19773	342	19431
私营股份有限公司	16525	13902	5171	2623	4	2619
港澳台商投资	108594	99488	46080	9106	39	9067
与港澳台商合资经营	42206	38069	12942	4138	22	4116
与港澳台商合作经营	627	584	171	44		43
港、澳、台商独资经营	17094	15979	6703	1115	12	1103
港、澳、台商投资股份有限公司	48666	44857	26264	3809	5	3804
外商投资	94479	85880	34685	8599	125	8474

	R&D经费内部支出合计	按支出用途分组				
		1.经常费支出	#人员劳务费	2.资产性支出	#①土建工程	②仪器设备
中外合资经营	43714	38993	13171	4722	77	4644
中外合作经营	2263	2248	436	15		15
外资企业	44986	41572	19647	3414	47	3367
外商投资股份有限公司	3515	3067	1432	449	1	448
按隶属关系分组						
中央	8265	8163	4122	101		101
地方	739264	655293	293936	83970	1717	82254
按企业控股情况分组						
国有控股	85045	77281	36156	7765	166	7599
集体控股	34719	27443	11932	7277	346	6931
私人控股	398243	347162	137290	51080	1101	49980
港澳台商控股	150038	139147	81250	10891	48	10843
外商控股	57722	52819	23619	4903	50	4853
其他	21762	19606	7812	2156	7	2150
按地区分组						
杭州市	346225	318677	170829	27548	699	26849
宁波市	110046	97727	37417	12319	41	12278
温州市	28023	24245	9994	3778	28	3750
嘉兴市	57798	48746	19545	9053	235	8818
湖州市	19447	16060	4766	3386	122	3264
绍兴市	57307	50694	19913	6613	113	6499
金华市	49092	40678	13859	8414	401	8013
衢州市	3647	3148	892	499	12	487
舟山市	2176	2115	772	61		61
台州市	72534	60555	19812	11979	60	11919
丽水市	1233	812	261	421	6	415

单位:万元

	按活动类型分组			按资金来源分组			
	①基础研究支出	②应用研究支出	③试验发展支出	#1.政府资金	2.企业资金	3.境外资金	4.其他资金
总　计			**747528**	**33235**	**707756**	**2857**	**3681**
按工业企业规模分组							
大中型企业			524402	21820	498603	2046	1933
大型企业			222261	10891	210377	582	411
中型企业			302141	10929	288227	1463	1522
小型企业			223126	11415	209152	811	1748
按登记注册类型分组							
内资企业			544456	28503	512501	627	2824
国有(单位)			3762	101	3660		
集体(单位)			556	10	546		
股份合作			2219	239	1975		6
集体联营			604	51	553		
国有独资公司			2498	60	2438		
其他有限责任公司			229526	7520	220693	433	881
股份有限公司			137252	11509	125254	79	411
私营独资			5301	98	5203		
私营合伙			1464	82	1379		3
私营有限责任公司			144749	6885	136362	116	1385
私营股份有限公司			16525	1948	14438		139
港澳台商投资			108594	3228	105366		
与港澳台商合资经营			42206	2334	39873		
与港澳台商合作经营			627	12	615		
港、澳、台商独资经营			17094	76	17018		
港、澳、台商投资股份有限公司			48666	807	47860		
外商投资			94479	1504	89889	2230	857
中外合资经营			43714	1152	42025	220	317

6—4 续表3

单位:万元

	按活动类型分组			按资金来源分组			
	①基础研究支出	②应用研究支出	③试验发展支出	#1.政府资金	2.企业资金	3.境外资金	4.其他资金
中外合作经营			2263	106	2157		
外资企业			44986	171	42265	2010	540
外商投资股份有限公司			3515	74	3441		
按隶属关系分组							
中央			8265	631	7634		
地方			739264	32604	700122	2857	3681
按企业控股情况分组							
国有控股			85045	6353	78693		
集体控股			34719	1543	32961	185	31
私人控股			398243	21680	373436	443	2684
港澳台商控股			150038	2102	147936		
外商控股			57722	283	54352	2230	857
其他			21762	1275	20378		109
按地区分组							
杭州市			346225	13877	330350	764	1233
宁波市			110046	3910	105742		395
温州市			28023	1255	26730		38
嘉兴市			57798	1629	54692	1412	65
湖州市			19447	600	18654		193
绍兴市			57307	3485	53458	280	84
金华市			49092	3092	45084	187	729
衢州市			3647	145	3502		
舟山市			2176	14	2042		120
台州市			72534	5156	66339	215	823
丽水市			1233	71	1162		

6—5　高技术产业 R&D 经费外部支出情况

单位:万元

	R&D经费外部支出	对境内研究机构支出	对境内高等学校支出	对境外支出
总　计	**45455**	**18083**	**11454**	**6480**
按工业企业规模分组				
大中型企业	30301	12688	6167	3659
大型企业	18503	6200	2263	3272
中型企业	11799	6487	3904	387
小型企业	15154	5396	5287	2821
按登记注册类型分组				
内资企业	38387	14441	8872	6352
国有(单位)	348		348	
集体(单位)				
股份合作	5	5		
集体联营	958	958		
国有独资公司				
其他有限责任公司	19302	6641	3882	3869
股份有限公司	6373	2232	1297	
私营独资	179	62	67	
私营合伙	16	16		
私营有限责任公司	10207	4023	2783	2483
私营股份有限公司	998	504	494	
港澳台商投资	2690	985	1114	26
与港澳台商合资经营	1519	634	833	26
与港澳台商合作经营	99			
港、澳、台商独资经营	893	351	102	
港、澳、台商投资股份有限公司	179		179	

	R&D经费外部支出	对境内研究机构支出	对境内高等学校支出	对境外支出
外商投资	4378	2657	1468	103
中外合资经营	3764	2519	1168	76
中外合作经营				
外资企业	615	139	300	26
外商投资股份有限公司				
按隶属关系分组				
中央	174			
地方	45281	18083	11454	6480
按企业控股情况分组				
国有控股	9565	5066	1037	3272
集体控股	1797	958	399	334
私人控股	26988	10703	7268	2774
港澳台商控股	5229	837	1790	
外商控股	1409	397	787	75
其他	468	123	172	26
按地区分组				
杭州市	13249	4268	2981	2600
宁波市	4445	1968	2047	101
温州市	1649	820	687	80
嘉兴市	1025	375	431	88
湖州市	817	366	405	46
绍兴市	3135	1410	1494	28
金华市	2495	1018	971	265
衢州市	215	136	80	
舟山市	50			
台州市	18304	7702	2318	3272
丽水市	71	20	41	

6—6 高技术产业全部R&D项目情况

	项目数（项）	项目人员折合全时当量（人年）	项目经费内部支出（万元）
总　计	**4802**	**36000**	**702200**
按工业企业规模分组			
大中型企业	1986	23150	494840
大型企业	341	7553	209807
中型企业	1645	15597	285033
小型企业	2816	12850	207360
按登记注册类型分组			
内资企业	3609	25387	507471
国有(单位)	34	319	3565
集体(单位)	4	33	530
股份合作	35	193	1997
集体联营	7	71	599
国有独资公司	17	101	2215
其他有限责任公司	1026	8099	221278
股份有限公司	574	6773	123342
私营独资	87	379	4890
私营合伙	28	79	1295
私营有限责任公司	1680	8386	133619
私营股份有限公司	117	954	14142
港澳台商投资	538	4996	103846
与港澳台商合资经营	321	2047	40106
与港澳台商合作经营	13	39	627
港、澳、台商独资经营	178	1316	16318
港、澳、台商投资股份有限公司	26	1594	46794
外商投资	655	5618	90883

	项目数 （项）	项目人员折合全时当量 （人年）	项目经费内部支出 （万元）
中外合资经营	375	2394	41722
中外合作经营	12	73	2191
外资企业	254	2939	43592
外商投资股份有限公司	14	212	3378
按隶属关系分组			
中央	28	522	7553
地方	4774	35478	694647
按企业控股情况分组			
国有控股	322	4930	79509
集体控股	141	1924	32749
私人控股	3424	21143	368394
港澳台商控股	334	3153	146046
外商控股	378	3671	55471
其他	203	1179	20031
按地区分组			
杭州市	1480	13720	334015
宁波市	1102	6559	104740
温州市	305	1831	25007
嘉兴市	422	3311	54434
湖州市	122	740	16327
绍兴市	273	3634	49049
金华市	238	2197	44895
衢州市	42	183	3390
舟山市	10	84	1903
台州市	785	3670	67503
丽水市	23	72	938

6—7 高技术产业企业办科技机构情况

	机构数（个）	机构人员合计（人）	＃博士毕业	硕士毕业	本科毕业	机构经费支出（万元）	仪器和设备原价（万元）	进口	境外机构数（个）
总　计	**1075**	**43830**	**749**	**5125**	**21986**	**721091**	**512033**	**98296**	**20**
按工业企业规模分组									
大中型企业	388	29852	376	4107	14808	545013	392684	79497	11
大型企业	46	8016	129	2034	4330	204214	155522	37860	2
中型企业	342	21836	247	2073	10478	340799	237162	41637	9
小型企业	687	13978	373	1018	7178	176078	119350	18799	9
按登记注册类型分组									
内资企业	789	28768	601	3387	14805	489989	362517	74948	12
国有(单位)	5	128		7	75	1657	255		
集体(单位)	1	7			5	350	50	21	
股份合作	6	172		5	91	1778	4169	1211	
集体联营	3	137	1	9	26	358	335		
国有独资公司	2	161		14	116	2792	1159	881	
其他有限责任公司	193	10573	299	1917	5601	220933	171126	47025	1
股份有限公司	85	6159	116	745	3590	125445	80360	15912	2
私营独资	17	392	10	22	117	4000	2395	197	
私营合伙	10	145	3	6	73	2414	1867	9	
私营有限责任公司	441	9768	163	560	4790	118587	85142	9603	9
私营股份有限公司	26	1126	9	102	321	11674	15661	89	
港澳台商投资	122	6362	39	880	3025	109400	63661	9145	3
与港澳台商合资经营	77	2491	16	107	1161	40002	32292	1201	
与港澳台商合作经营	2	32	3	1	12	1134	1831	1139	1
港、澳、台商独资经营	37	2128	9	61	940	21971	16125	6557	2
港、澳、台商投资股份有限公司	6	1711	11	711	912	46294	13413	249	
外商投资	164	8700	109	858	4156	121702	85855	14203	5

	机构数（个）	机构人员合计（人）	#博士毕业	硕士毕业	本科毕业	机构经费支出（万元）	仪器和设备原价（万元）	进口	境外机构数（个）
中外合资经营	91	3700	40	297	1804	52671	43437	9684	3
中外合作经营	2	124	1	3	61	4226	3824	1262	
外资企业	67	4523	63	545	2036	59961	30955	3108	2
外商投资股份有限公司	4	353	5	13	255	4843	7640	150	
按隶属关系分组									
中央	3	335	1	7	312	6578	20789	18135	
地方	1072	43495	748	5118	21674	714513	491245	80161	20
按企业控股情况分组									
国有控股	30	3406	71	698	2042	80940	68955	29633	1
集体控股	40	2180	71	167	1348	27368	19067	5783	
私人控股	797	25672	466	1929	12815	364336	272932	47014	13
港澳台商控股	75	5557	39	1595	2314	151431	91804	9594	2
外商控股	96	5850	80	652	2912	78735	49286	4785	3
其他	37	1165	22	84	555	18281	9990	1487	1
按地区分组									
杭州市	331	17941	314	3547	10148	335186	167974	17597	2
宁波市	222	8339	67	353	3608	120728	77438	11234	10
温州市	85	2646	18	100	1035	25725	18444	568	
嘉兴市	93	3654	35	184	1572	35804	32994	7101	2
湖州市	37	787	20	45	300	17457	16215	6590	2
绍兴市	64	2542	53	203	1382	68902	53446	23667	2
金华市	94	2719	109	254	1488	38810	46518	9207	1
衢州市	15	355	14	13	168	3590	3514	67	
舟山市	4	56	3	7	41	2495	3037	21	
台州市	124	4716	112	411	2212	71941	91971	22243	1
丽水市	6	75	4	8	32	452	482		

6—8 高技术产业新产品开发、生产及销售情况

	新产品开发项目数（项）	新产品开发经费支出（万元）	新产品产值（万元）	新产品销售收入（万元）	出口
总　计	**5531**	**834647**	**9432480**	**8884677**	**2942151**
按工业企业规模分组					
大中型企业	2234	580192	7409716	6956994	2467966
大型企业	370	233686	2767355	2581188	975670
中型企业	1864	346506	4642361	4375805	1492296
小型企业	3297	254456	2022764	1927684	474185
按登记注册类型分组					
内资企业	4015	583632	6467651	6048370	1859609
国有(单位)	37	3913	14012	13375	2896
集体(单位)	2	272	190	183	
股份合作	45	2767	12789	11093	1735
集体联营	9	795	30188	26151	3697
国有独资公司	20	2904	11881	12191	
其他有限责任公司	1074	230047	2421441	2223057	503642
股份有限公司	582	142063	1895524	1860856	597861
私营独资	93	6204	49566	47325	10106
私营合伙	50	2312	16408	14961	5044
私营有限责任公司	1960	174142	1856705	1713160	721376
私营股份有限公司	143	18216	158947	126017	13251
港澳台商投资	683	125197	1134695	1064860	368748
与港澳台商合资经营	402	48955	564199	519493	236661
与港澳台商合作经营	22	1337	9098	9497	1434
港、澳、台商独资经营	222	24851	538501	513022	126919
港、澳、台商投资股份有限公司	37	50055	22897	22847	3734
外商投资	833	125818	1830134	1771448	713794

	新产品开发项目数（项）	新产品开发经费支出（万元）	新产品产值（万元）	新产品销售收入（万元）	出口
中外合资经营	413	55318	925321	925167	367628
中外合作经营	14	4166	51697	49966	32244
外资企业	390	60860	812216	755049	310653
外商投资股份有限公司	16	5474	40899	41267	3269
按隶属关系分组					
中央	32	8650	20913	19840	3337
地方	5499	825997	9411566	8864838	2938814
按企业控股情况分组					
国有控股	333	88944	674303	691997	293456
集体控股	155	34033	413699	389879	161447
私人控股	3871	442353	5423877	5131319	1751498
港澳台商控股	418	161502	1405428	1238061	218294
外商控股	523	83077	1189883	1149465	404093
其他	231	24740	325290	283957	113363
按地区分组					
杭州市	1599	377257	3339451	3157707	499461
宁波市	1433	134531	1467096	1389255	564419
温州市	380	35503	395060	345574	54551
嘉兴市	500	65807	928277	841059	255588
湖州市	144	22501	363016	354371	62381
绍兴市	294	73593	1132319	1096726	620569
金华市	259	45208	563048	544129	291213
衢州市	37	3659	49896	49600	12185
舟山市	10	2554	1949	4010	
台州市	843	71726	1171639	1083414	581299
丽水市	32	2309	20729	18834	486

6—9 高技术产业自主知识产权及相关情况

	专利申请数（件）	发明专利	有效发明专利数（件）	境外授权	专利所有权转让及许可数（项）
总 计	**6969**	**1995**	**3436**	**84**	**163**
按工业企业规模分组					
大中型企业	3358	1252	2199	44	75
大型企业	1012	682	1252	17	7
中型企业	2346	570	947	27	68
小型企业	3611	743	1237	40	88
按登记注册类型分组					
内资企业	4735	1464	2707	56	147
国有(单位)	30	5	10		
集体(单位)	2	2	2		
股份合作	24	3	12		
集体联营	2	2	7	1	
国有独资公司	13	3	5		
其他有限责任公司	1578	743	1368	25	11
股份有限公司	501	229	464	15	10
私营独资	126	12	56		4
私营合伙	15	2	6		
私营有限责任公司	2357	425	656	14	121
私营股份有限公司	87	38	121	1	1
港澳台商投资	1183	229	373	20	9
与港澳台商合资经营	769	100	178	6	8
与港澳台商合作经营	32	4	1		
港、澳、台商独资经营	216	35	53	6	1
港、澳、台商投资股份有限公司	166	90	141	8	
外商投资	1051	302	356	8	7

	专利申请数（件）	发明专利	有效发明专利数（件）	境外授权	专利所有权转让及许可数（项）
中外合资经营	625	191	175	2	2
中外合作经营	4	1	8		
外资企业	406	108	171	6	5
外商投资股份有限公司	16	2	2		
按隶属关系分组					
中央	7	1	11		
地方	6962	1994	3425	84	163
按企业控股情况分组					
国有控股	290	149	196	11	1
集体控股	230	98	99	2	11
私人控股	4535	988	1689	40	139
港澳台商控股	997	519	1091	19	7
外商控股	666	169	271	8	5
其他	251	72	90	4	
按地区分组					
杭州市	2390	1013	1923	44	15
宁波市	1956	325	432	12	90
温州市	453	75	134	6	16
嘉兴市	653	85	176	1	8
湖州市	280	72	96		6
绍兴市	214	93	184	9	10
金华市	462	117	207	4	13
衢州市	106	27	30	2	2
舟山市	9	8	13		
台州市	417	177	216	4	3
丽水市	29	3	25	2	

	专利所有权转让及许可收入（万元）	发表科技论文（篇）	拥有注册商标数（件）	境外注册	形成国家或行业标准数（项）
总　计	**5035**	**577**	**5408**	**837**	**725**
按工业企业规模分组					
大中型企业	4311	350	3335	713	562
大型企业	155	101	934	356	219
中型企业	4157	249	2401	357	343
小型企业	724	227	2073	124	163
按登记注册类型分组					
内资企业	3656	443	3876	542	544
国有(单位)		5	12		3
集体(单位)			4	3	
股份合作		3	16		2
集体联营			129		1
国有独资公司		2			
其他有限责任公司	146	169	1140	119	282
股份有限公司	1105	161	1015	207	127
私营独资			30		
私营合伙			23	7	1
私营有限责任公司	2405	99	1390	204	115
私营股份有限公司		4	117	2	13
港澳台商投资	6	37	784	210	102
与港澳台商合资经营	6	10	392	56	55
与港澳台商合作经营			4		
港、澳、台商独资经营		2	251	48	19
港、澳、台商投资股份有限公司		25	137	106	28
外商投资	1373	97	748	85	79
中外合资经营	1251	72	594	47	44

	专利所有权转让及许可收入（万元）	发表科技论文（篇）	拥有注册商标数（件）	境外注册	形成国家或行业标准数（项）
中外合作经营			10		3
外资企业	122	25	140	38	32
外商投资股份有限公司			4		
按隶属关系分组					
中央		23	3		
地方	5035	554	5405	837	725
按企业控股情况分组					
国有控股		180	496	202	43
集体控股	951	13	288	5	9
私人控股	3956	281	3398	429	543
港澳台商控股		6	588	140	52
外商控股	122	38	364	53	49
其他	6	59	274	8	29
按地区分组					
杭州市	145	285	2112	318	343
宁波市	1072	30	765	158	93
温州市	1682	27	376	156	48
嘉兴市		39	141	6	57
湖州市	43	13	81	16	6
绍兴市	1262	66	467	119	62
金华市	677	80	588	23	73
衢州市		4	81	2	9
舟山市		12	20	3	
台州市	155	14	704	36	34
丽水市		7	73		

6—10 高技术产业政府相关政策落实情况

单位:万元

	使用来自政府部门的科技活动资金	研究开发费用加计扣除减免税	高新技术企业减免税
总　计	**41704**	**62689**	**109562**
按工业企业规模分组			
大中型企业	26946	48743	94379
大型企业	12022	19542	50010
中型企业	14923	29201	44369
小型企业	14758	13946	15183
按登记注册类型分组			
内资企业	35243	40262	86041
国有(单位)	127	194	64
集体(单位)	10	139	
股份合作	239	387	335
集体联营	73	63	
国有独资公司	232	797	214
其他有限责任公司	8792	15293	35279
股份有限公司	13725	11377	39811
私营独资	183	48	9
私营合伙	227	80	150
私营有限责任公司	9364	11118	7932
私营股份有限公司	2272	768	2247
港澳台商投资	3848	10002	8157
与港澳台商合资经营	2605	4006	6875
与港澳台商合作经营	22		116
港、澳、台商独资经营	103	5891	880
港、澳、台商投资股份有限公司	1117	106	287
外商投资	2613	12425	15363

单位：万元

	使用来自政府部门的科技活动资金	研究开发费用加计扣除减免税	高新技术企业减免税
中外合资经营	1578	8122	8499
中外合作经营	167	220	619
外资企业	569	3876	4649
外商投资股份有限公司	300	207	1597
按隶属关系分组			
中央	717	208	163
地方	40987	62481	109399
按企业控股情况分组			
国有控股	7198	7028	23412
集体控股	1952	1842	5676
私人控股	28282	29236	47697
港澳台商控股	2156	15390	21035
外商控股	743	7327	8934
其他	1373	1866	2808
按地区分组			
杭州市	16023	27524	47304
宁波市	5617	10851	9461
温州市	1706	2837	3077
嘉兴市	1789	4467	3650
湖州市	966	1142	1309
绍兴市	4883	5288	25188
金华市	3966	3068	7243
衢州市	240	129	22
舟山市	44		
台州市	6390	7205	11990
丽水市	81	178	319

6－11　高技术产业技术获取和技术改造情况

单位:万元

	引进技术经费支出	消化吸收经费支出	购买国内技术经费支出	技术改造经费支出
总　计	**28044**	**20313**	**20907**	**293930**
按工业企业规模分组				
大中型企业	22273	17394	12226	261491
大型企业	13683	10688	4185	68667
中型企业	8591	6706	8041	192825
小型企业	5771	2919	8681	32439
按登记注册类型分组				
内资企业	22540	16141	13839	226363
国有(单位)			428	12
集体(单位)				
股份合作	48	38	11	63
集体联营				
国有独资公司				415
其他有限责任公司	9717	10795	6685	91746
股份有限公司	7954	2856	2048	60809
私营独资	57	37	65	990
私营合伙	19	23	16	
私营有限责任公司	3767	2089	3892	40390
私营股份有限公司	980	304	695	31938
港澳台商投资	1935	1054	2592	29085
与港澳台商合资经营	1385	799	1466	15912
与港澳台商合作经营				
港、澳、台商独资经营	301	208	1120	11816
港、澳、台商投资股份有限公司	249	48		1357
外商投资	3569	3118	4475	38482

	引进技术经费支出	消化吸收经费支出	购买国内技术经费支出	技术改造经费支出
中外合资经营	1490	2049	689	18932
中外合作经营	80	151		985
外资企业	1999	918	786	14429
外商投资股份有限公司			3000	4136
按隶属关系分组				
中央				1647
地方	28044	20313	20907	292283
按企业控股情况分组				
国有控股	3780	8807	3165	44543
集体控股	948	1102	455	14107
私人控股	15779	9003	9234	186576
港澳台商控股	5311	289	1447	12672
外商控股	2171	1113	4107	17883
其他	55		2499	18149
按地区分组				
杭州市	8666	942	6295	33767
宁波市	4293	3254	1688	57061
温州市	1633	1309	1114	2520
嘉兴市	2135	746	1237	5649
湖州市	369	264	89	7002
绍兴市	2420	2271	907	29513
金华市	1490	1377	3058	78599
衢州市		520	486	1997
舟山市			90	600
台州市	7038	9631	4925	75198
丽水市			1018	2026

6—12 医药制造业基本情况

	企业数（个）	有R&D活动	有科技机构	有新产品销售	年末从业人员（人）
总　计	**543**	**273**	**226**	**243**	**123560**
按工业企业规模分组					
大中型企业	89	67	66	67	77828
大型企业	9	7	7	7	25488
中型企业	80	60	59	60	52340
小型企业	454	206	160	176	45732
按登记注册类型分组					
内资企业	438	207	173	185	95251
国有(单位)	3	2	1	1	443
集体(单位)	3	1	1	1	459
股份合作	3	1	1	1	126
联营企业	1	1	1	1	1059
有限责任公司	126	77	68	71	39937
股份有限公司	32	23	23	24	23944
私营企业	270	102	78	86	29283
港澳台商投资	35	25	22	23	8723
与港澳台商合资经营	23	18	17	18	7099
港、澳、台商独资经营	12	7	5	5	1624
外商投资	70	41	31	35	19586
中外合资经营	46	28	21	26	12269
中外合作经营	1	1		1	40
外商独资经营企业	22	12	10	8	7202

	企业数（个）	有R&D活动	有科技机构	有新产品销售	年末从业人员（人）
外商投资股份有限公司	1				75
按隶属关系分组					
地方	543	273	226	243	123560
按企业控股情况分组					
国有控股	13	9	8	9	13384
集体控股	27	13	15	12	6721
私人控股	426	200	162	179	79916
港澳台商控股	24	13	11	11	6882
外商控股	42	23	19	19	13061
其他	11	15	11	13	3596
按地区分组					
杭州市	108	65	55	51	26626
宁波市	44	21	19	17	5964
温州市	21	11	8	7	3902
嘉兴市	34	18	9	18	3708
湖州市	47	26	19	20	5923
绍兴市	79	28	29	28	22320
金华市	67	31	29	25	15629
衢州市	14	9	6	6	1427
舟山市	6	3	2	2	1310
台州市	113	57	47	63	35226
丽水市	10	4	3	6	1525

单位:万元

	工业总产值	主营业务收入	利润总额	资产总计	出口交货值
总 计	**7697239**	**7322379**	**925049**	**9797002**	**2148003**
按工业企业规模分组					
大中型企业	5252111	5058963	726688	6779578	1672891
大型企业	1815703	1786196	303952	2850135	810168
中型企业	3436407	3272767	422736	3929443	862723
小型企业	2445129	2263416	198362	3017424	475111
按登记注册类型分组					
内资企业	5441261	5189468	647523	7787098	1705918
国有(单位)	16477	15446	1431	18570	2609
集体(单位)	27750	28740	8992	30429	
股份合作	5108	4887	672	7879	
联营企业	42116	34486	2426	54281	4991
有限责任公司	2129461	2031627	192506	3089483	670293
股份有限公司	1767157	1734883	344629	2813453	776081
私营企业	1453193	1339400	96868	1773004	251944
港澳台商投资	515755	485986	55906	540512	133835
与港澳台商合资经营	430163	399556	47371	405553	116584
港、澳、台商独资经营	85592	86430	8535	134959	17251
外商投资	1740223	1646925	221620	1469391	308250
中外合资经营	1002996	916550	82480	880510	208986
中外合作经营	3873	1195	43	7399	
外商独资经营企业	730771	726308	138697	578888	99264

单位:万元

	工业总产值	主营业务收入	利润总额	资产总计	出口交货值
外商投资股份有限公司	2583	2872	400	2593	
按隶属关系分组					
地方	7697239	7322379	925049	9797002	2148003
按企业控股情况分组					
国有控股	883781	888706	199047	1516147	388418
集体控股	340035	323356	35699	470667	87764
私人控股	4642616	4365763	467111	6074825	1384343
港澳台商控股	369076	351297	48670	410944	68957
外商控股	1278878	1216097	152597	1067859	188599
其他	182854	177160	21925	256561	29922
按地区分组					
杭州市	1795472	1745451	283301	2098988	219026
宁波市	346350	332604	26563	356243	78914
温州市	191553	171230	20489	207166	56996
嘉兴市	145188	139557	10547	142906	26557
湖州市	307117	284413	32990	347152	24551
绍兴市	1673241	1635914	253692	2158864	606298
金华市	914848	875693	93405	1397778	151048
衢州市	71225	67824	3020	103589	18222
舟山市	59052	65435	—493	99358	12444
台州市	2112764	1944501	194622	2824899	951285
丽水市	80430	59757	6914	60060	2662

6—13 医药制造业R&D人员情况

	R&D人员合计（人）	#1.参加项目人员	2.管理和服务人员	#女性	#研究人员	#1.全时人员	2.非全时人员
总　计	**11387**	**10511**	**876**	**3972**	**3438**	**7745**	**3642**
按工业企业规模分组							
大中型企业	7647	7046	601	2883	2248	5707	1940
大型企业	3292	3086	206	1263	835	2782	510
中型企业	4355	3960	395	1620	1413	2925	1430
小型企业	3740	3465	275	1089	1190	2038	1702
按登记注册类型分组							
内资企业	9514	8748	766	3299	2754	6524	2990
国有(单位)	35	35		3	7	11	24
集体(单位)	6	5	1		5		6
股份合作	9	7	2	2	4	6	3
集体联营	81	80	1	25	18	66	15
其他有限责任公司	3700	3329	371	1191	1268	2383	1317
股份有限公司	3489	3288	201	1379	754	2885	604
私营独资	17	15	2	6	10	15	2
私营合伙	91	81	10	29	18	34	57
私营有限责任公司	1831	1684	147	531	575	964	867
私营股份有限公司	255	224	31	133	95	160	95
港澳台商投资	692	654	38	234	204	398	294
与港澳台商合资经营	428	400	28	176	178	313	115
港、澳、台商独资经营	264	254	10	58	26	85	179
外商投资	1181	1109	72	439	480	823	358

	R&D人员合计（人）	#1.参加项目人员	2.管理和服务人员	#女性	#研究人员	#1.全时人员	2.非全时人员
中外合资经营	815	766	49	315	361	609	206
中外合作经营	12	10	2	3	4	12	
外资企业	354	333	21	121	115	202	152
按隶属关系分组							
地方	11387	10511	876	3972	3438	7745	3642
按企业控股情况分组							
国有控股	2901	2688	213	1152	832	2361	540
集体控股	360	305	55	111	117	287	73
私人控股	6489	6000	489	2135	1896	4050	2439
港澳台商控股	463	435	28	145	150	232	231
外商控股	532	497	35	166	206	299	233
其他	642	586	56	263	237	516	126
按地区分组							
杭州市	2227	2071	156	822	880	1455	772
宁波市	448	428	20	160	103	244	204
温州市	229	211	18	76	77	69	160
嘉兴市	315	292	23	148	107	168	147
湖州市	519	482	37	146	131	338	181
绍兴市	3133	2889	244	1220	742	2551	582
金华市	1190	1052	138	446	538	794	396
衢州市	119	106	13	50	63	75	44
舟山市	81	76	5	23	27	17	64
台州市	3078	2861	217	866	750	2017	1061
丽水市	48	43	5	15	20	17	31

	R&D人员折合全时当量合计（人年）	#研究人员	#1.基础研究人员	2.应用研究人员	3.试验发展人员
总　计	**9817**	**3024**			**9817**
按工业企业规模分组					
大中型企业	6761	2029			6761
大型企业	3156	808			3156
中型企业	3605	1221			3605
小型企业	3057	995			3057
按登记注册类型分组					
内资企业	8181	2439			8181
国有(单位)	32	6			32
集体(单位)	2	2			2
股份合作	9	4			9
集体联营	72	16			72
其他有限责任公司	3074	1127			3074
股份有限公司	3268	718			3268
私营独资	17	10			17
私营合伙	64	13			64
私营有限责任公司	1466	472			1466
私营股份有限公司	178	71			178
港澳台商投资	635	174			635
与港澳台商合资经营	389	151			389
港、澳、台商独资经营	246	23			246
外商投资	1002	412			1002
中外合资经营	669	304			669

	R&D人员折合全时当量合计（人年）	#研究人员	#1.基础研究人员	2.应用研究人员	3.试验发展人员
中外合作经营	6	2			6
外资企业	327	106			327
按隶属关系分组					
地方	9817	3024			9817
按企业控股情况分组					
国有控股	2801	804			2801
集体控股	287	101			287
私人控股	5363	1639			5363
港澳台商控股	415	123			415
外商控股	464	176			464
其他	489	181			489
按地区分组					
杭州市	2051	826			2051
宁波市	385	91			385
温州市	150	59			150
嘉兴市	260	96			260
湖州市	400	115			400
绍兴市	2960	685			2960
金华市	897	431			897
衢州市	80	41			80
舟山市	68	24			68
台州市	2533	642			2533
丽水市	33	14			33

6－14 医药制造业R&D经费内部支出情况

单位:万元

	R&D经费内部支出合计	按支出用途分组				
		1.经常费支出	#人员劳务费	2.资产性支出	#①土建工程	②仪器设备
总　计	**182894**	**156470**	**52633**	**26424**	**455**	**25969**
按工业企业规模分组						
大中型企业	125060	107191	37806	17869	270	17599
大型企业	53096	48147	17279	4948	64	4884
中型企业	71964	59044	20527	12921	205	12715
小型企业	57835	49279	14828	8556	185	8370
按登记注册类型分组						
内资企业	151279	129290	43059	21989	397	21592
国有(单位)	419	419	261			
集体(单位)	210	210	60			
股份合作	204	68	18	136	4	132
集体联营	604	597	239	7		7
其他有限责任公司	58151	48413	18129	9738	165	9573
股份有限公司	57817	51447	17088	6370	102	6268
私营独资	278	221	69	57		57
私营合伙	981	810	177	171		171
私营有限责任公司	29003	23959	6424	5044	123	4921
私营股份有限公司	3612	3147	594	465	2	462
港澳台商投资	9976	8786	3218	1190	14	1176
与港澳台商合资经营	7106	6287	2293	819	11	808
港、澳、台商独资经营	2870	2499	925	371	3	368
外商投资	21640	18394	6357	3246	44	3201

	R&D经费内部支出合计	按支出用途分组				
		1.经常费支出	#人员劳务费	2.资产性支出	#①土建工程	②仪器设备
中外合资经营	14794	12181	3782	2613	6	2607
中外合作经营	113	113	44			
外资企业	6732	6099	2531	633	38	595
按隶属关系分组						
地方	182894	156470	52633	26424	455	25969
按企业控股情况分组						
国有控股	41462	36332	11982	5130	153	4977
集体控股	5657	4844	1583	812	17	795
私人控股	108995	91596	30453	17400	227	17173
港澳台商控股	6154	5511	2102	643	14	629
外商控股	11038	9652	3497	1385	44	1341
其他	9589	8535	3016	1054		1054
按地区分组						
杭州市	33550	28772	10736	4778	159	4619
宁波市	7584	6615	2346	969	8	961
温州市	2948	2050	876	898	1	897
嘉兴市	4055	3568	1075	487	17	470
湖州市	9402	8256	2638	1145	86	1059
绍兴市	46369	41010	15187	5359	103	5257
金华市	20255	17264	4207	2990	33	2957
衢州市	1580	1230	305	350	12	337
舟山市	1601	1601	621			
台州市	55136	45789	14529	9346	37	9310
丽水市	415	313	114	102		102

	按活动类型分组			按资金来源分组			
	①基础研究支出	②应用研究支出	③试验发展支出	♯1.政府资金	2.企业资金	3.境外资金	4.其他资金
总 计			**182894**	**12436**	**168358**	**738**	**1362**
按工业企业规模分组							
大中型企业			125060	9406	114915	462	277
大型企业			53096	5718	47377		
中型企业			71964	3688	67538	462	277
小型企业			57835	3030	53443	276	1085
按登记注册类型分组							
内资企业			151279	11670	138040	523	1045
国有(单位)			419	15	404		
集体(单位)			210	10	200		
股份合作			204	20	184		
集体联营			604	51	553		
其他有限责任公司			58151	2870	54188	328	765
股份有限公司			57817	5592	52146	79	
私营独资			278	41	237		
私营合伙			981	82	899		
私营有限责任公司			29003	2125	26481	116	280
私营股份有限公司			3612	864	2748		
港澳台商投资			9976	302	9675		
与港澳台商合资经营			7106	286	6820		
港、澳、台商独资经营			2870	16	2854		
外商投资			21640	464	20644	215	317
中外合资经营			14794	445	13833	199	317

6—14 续表3

单位:万元

	按活动类型分组			按资金来源分组			
	①基础研究支出	②应用研究支出	③试验发展支出	#1.政府资金	2.企业资金	3.境外资金	4.其他资金
中外合作经营			113		113		
外资企业			6732	20	6697	16	
按隶属关系分组							
地方			182894	12436	168358	738	1362
按企业控股情况分组							
国有控股			41462	4714	36747		
集体控股			5657	293	5253	80	31
私人控股			108995	6635	100904	443	1014
港澳台商控股			6154	39	6115		
外商控股			11038	106	10400	215	317
其他			9589	650	8940		
按地区分组							
杭州市			33550	1826	31405	77	241
宁波市			7584	355	7229		
温州市			2948	118	2830		
嘉兴市			4055	119	3936		
湖州市			9402	271	8937		193
绍兴市			46369	3189	42901	280	
金华市			20255	1722	18321	187	24
衢州市			1580	86	1494		
舟山市			1601	10	1471		120
台州市			55136	4678	49480	195	783
丽水市			415	63	352		

6—15 医药制造业R&D经费外部支出情况

单位：万元

	R&D经费外部支出	对境内研究机构支出	对境内高等学校支出	对境外支出
总　计	**31052**	**13831**	**5242**	**6181**
按工业企业规模分组				
大中型企业	23516	11529	3312	3565
大型企业	14975	6119	960	3272
中型企业	8541	5410	2352	293
小型企业	7536	2302	1929	2617
按登记注册类型分组				
内资企业	26376	10930	4133	6105
国有(单位)				
集体(单位)				
股份合作				
集体联营	958	958		
其他有限责任公司	13911	5897	1804	3770
股份有限公司	5495	1833	938	
私营独资	10	10		
私营合伙	16	16		
私营有限责任公司	5375	1847	1149	2335
私营股份有限公司	611	369	243	
港澳台商投资	1643	848	355	
与港澳台商合资经营	872	544	328	
港、澳、台商独资经营	771	303	28	
外商投资	3032	2053	753	76

单位:万元

	R&D经费外部支出	对境内研究机构支出	对境内高等学校支出	对境外支出
中外合资经营	2605	2053	476	76
中外合作经营				
外资企业	427		277	
按隶属关系分组				
地方	31052	13831	5242	6181
按企业控股情况分组				
国有控股	8988	5051	649	3272
集体控股	1230	958	7	265
私人控股	18246	6786	3737	2596
港澳台商控股	1375	704	231	
外商控股	944	209	536	48
其他	268	123	81	
按地区分组				
杭州市	6657	2924	627	2491
宁波市	626	389	183	
温州市	708	224	404	80
嘉兴市	296	182	114	
湖州市	608	179	383	46
绍兴市	2746	1395	1120	28
金华市	1375	739	371	265
衢州市	215	136	80	
舟山市				
台州市	17749	7643	1921	3272
丽水市	71	20	41	

6—16 医药制造业全部R&D项目情况

	项目数 （项）	项目人员折合全时当量 （人年）	项目经费内部支出 （万元）
总　计	**1487**	**9078**	**165319**
按工业企业规模分组			
大中型企业	770	6233	111594
大型企业	201	2962	46214
中型企业	569	3271	65380
小型企业	717	2845	53724
按登记注册类型分组			
内资企业	1185	7537	135322
国有(单位)	9	32	401
集体(单位)	1	2	200
股份合作	1	7	166
集体联营	7	71	599
其他有限责任公司	548	2761	54346
股份有限公司	284	3079	49667
私营独资	3	15	251
私营合伙	11	57	821
私营有限责任公司	284	1357	26371
私营股份有限公司	37	157	2500
港澳台商投资	133	601	9265
与港澳台商合资经营	90	363	6726
港、澳、台商独资经营	43	238	2540
外商投资	169	941	20732

	项目数 （项）	项目人员折合全时当量 （人年）	项目经费内部支出 （万元）
中外合资经营	127	628	14042
中外合作经营	3	5	107
外资企业	39	308	6583
按隶属关系分组			
地方	1487	9078	165319
按企业控股情况分组			
国有控股	190	2596	38092
集体控股	49	239	5055
私人控股	994	4969	97262
港澳台商控股	79	390	5594
外商控股	84	434	10549
其他	91	451	8767
按地区分组			
杭州市	367	1906	32254
宁波市	101	368	7159
温州市	37	139	2798
嘉兴市	69	243	3944
湖州市	70	371	8031
绍兴市	188	2730	39635
金华市	132	797	17525
衢州市	24	72	1377
舟山市	6	64	1328
台州市	484	2358	50886
丽水市	9	30	382

6—17 医药制造业企业办科技机构情况

	机构数（个）	机构人员合计（人）	#博士毕业	硕士毕业	本科毕业	机构经费支出（万元）	仪器和设备原价（万元）	进口	境外机构数（个）
总　计	**287**	**9916**	**310**	**1076**	**5122**	**194748**	**164561**	**26725**	**7**
按工业企业规模分组									
大中型企业	111	6622	196	762	3411	143619	132953	23754	5
大型企业	19	1742	81	283	951	49081	52764	20408	1
中型企业	92	4880	115	479	2460	94538	80190	3346	4
小型企业	176	3294	114	314	1711	51129	31608	2971	2
按登记注册类型分组									
内资企业	230	7733	263	803	4075	152183	135003	25589	3
国有(单位)	1	15		3	12	91	19		
集体(单位)	1	7			5	350	50	21	
股份合作	1	10		1	1	215	132	3	
集体联营	3	137	1	9	26	358	335		
其他有限责任公司	89	3640	124	387	1938	61030	62850	18104	
股份有限公司	37	2090	71	275	1218	64301	40654	6011	1
私营独资	2	20	3	7	8	687	414	197	
私营合伙	4	87	3	6	50	1947	1274	9	
私营有限责任公司	86	1547	56	105	735	21532	19720	1244	2
私营股份有限公司	6	180	5	10	82	1672	9557		
港澳台商投资	25	599	11	38	280	11215	5036	321	
与港澳台商合资经营	19	499	8	31	223	8917	4185	258	
港、澳、台商独资经营	6	100	3	7	57	2298	852	63	
外商投资	32	1584	36	235	767	31351	24522	816	4
中外合资经营	22	909	20	148	452	16818	16207	716	2

	机构数（个）	机构人员合计（人）	＃博士毕业	硕士毕业	本科毕业	机构经费支出（万元）	仪器和设备原价（万元）	进口	境外机构数（个）
中外合作经营									
外资企业	10	675	16	87	315	14533	8315	100	2
按隶属关系分组									
地方	287	9916	310	1076	5122	194748	164561	26725	7
按企业控股情况分组									
国有控股	13	1281	63	261	595	40861	38737	8078	1
集体控股	18	650	42	71	348	8984	4203	294	
私人控股	210	6382	160	554	3351	109913	101200	16967	4
港澳台商控股	13	294	7	18	165	7333	3005	63	
外商控股	19	913	23	130	442	20010	12993	435	2
其他	14	396	15	42	221	7647	4424	890	
按地区分组									
杭州市	69	2204	38	288	1178	41839	24475	1354	1
宁波市	19	495	8	38	233	7903	4488	366	1
温州市	8	206	6	12	112	1719	1487		
嘉兴市	9	242	6	9	87	2349	3632		
湖州市	19	272	17	30	130	5033	1895		2
绍兴市	35	1807	48	173	937	53438	28774	2773	2
金华市	52	1309	73	142	710	22379	20159	2699	
衢州市	6	160	10	7	90	1915	2362		
舟山市	2	42	2	5	33	1900	2900	21	
台州市	64	3124	98	366	1589	55936	74294	19513	1
丽水市	4	55	4	6	23	337	96		

6—18 医药制造业新产品开发、生产及销售情况

	新产品开发项目数（项）	新产品开发经费支出（万元）	新产品产值（万元）	新产品销售收入（万元）	
					出口
总计	**1508**	**192005**	**2396577**	**2321019**	**943351**
按工业企业规模分组					
大中型企业	758	125603	1843475	1768243	787447
大型企业	182	54187	772046	758670	486676
中型企业	576	71415	1071428	1009574	300771
小型企业	750	66402	553102	552775	155904
按登记注册类型分组					
内资企业	1157	149743	1969979	1885859	808301
国有(单位)	7	159	25	21	
集体(单位)	1	210	150	150	
股份合作			500	500	
集体联营	9	795	30188	26151	3697
其他有限责任公司	544	53880	719122	684978	256356
股份有限公司	253	60200	884429	863436	476769
私营独资	6	1015	1506	1505	
私营合伙	9	1010	6861	5594	5044
私营有限责任公司	277	28111	281727	260542	66435
私营股份有限公司	51	4365	45471	42983	
港澳台商投资	145	12673	93793	90079	55274
与港澳台商合资经营	103	10164	82589	79325	51257
港、澳、台商独资经营	42	2509	11204	10755	4017
外商投资	206	29589	332805	345080	79777

	新产品开发项目数（项）	新产品开发经费支出（万元）	新产品产值（万元）	新产品销售收入（万元）	出口
中外合资经营	152	19971	290029	299102	70404
中外合作经营	3	113	1676	390	
外资企业	51	9505	41100	45589	9373
按隶属关系分组					
地方	1508	192005	2396577	2321019	943351
按企业控股情况分组					
国有控股	186	42222	513268	533623	252523
集体控股	59	8667	80049	68464	18849
私人控股	1007	110832	1545336	1451157	602782
港澳台商控股	79	7183	23861	24241	4495
外商控股	102	14958	129313	145834	22086
其他	75	8142	104750	97700	42615
按地区分组					
杭州市	368	36312	367595	389489	70958
宁波市	136	9296	95233	90456	48344
温州市	41	3153	18432	20574	2766
嘉兴市	80	5414	88488	81999	6684
湖州市	72	9511	98085	93643	17984
绍兴市	180	51187	799885	784740	394594
金华市	146	23990	135688	128570	21434
衢州市	15	1458	18472	18210	8694
舟山市	5	1589	815	3225	
台州市	454	49420	759750	697305	371490
丽水市	11	674	14133	12808	404

6—19　医药制造业自主知识产权及相关情况

	专利申请数（件）	发明专利	有效发明专利数（件）	境外授权	专利所有权转让及许可数（项）
总　计	**814**	**477**	**715**	**44**	**22**
按工业企业规模分组					
大中型企业	398	257	432	21	9
大型企业	138	84	196	12	1
中型企业	260	173	236	9	8
小型企业	416	220	283	23	13
按登记注册类型分组					
内资企业	652	399	603	42	16
国有(单位)	2	2			
集体(单位)	2	2	2		
股份合作					
集体联营	2	2	7	1	
其他有限责任公司	257	154	214	17	2
股份有限公司	153	115	219	12	4
私营独资	15	2	1		
私营合伙	4	2	6		
私营有限责任公司	213	116	153	12	9
私营股份有限公司	4	4	1		1
港澳台商投资	50	28	40	2	3
与港澳台商合资经营	38	16	31	2	3
港、澳、台商独资经营	12	12	9		
外商投资	112	50	72		3

6—19　续表 1

	专利申请数（件）	发明专利	有效发明专利数（件）	境外授权	专利所有权转让及许可数（项）
中外合资经营	63	35	38		1
中外合作经营			1		
外资企业	49	15	33		2
按隶属关系分组					
地方	814	477	715	44	22
按企业控股情况分组					
国有控股	60	55	154	11	1
集体控股	29	18	21	2	
私人控股	578	332	444	27	17
港澳台商控股	37	20	23		2
外商控股	64	29	38		2
其他	46	23	35	4	
按地区分组					
杭州市	178	95	216	25	5
宁波市	59	35	27		1
温州市	38	29	25		1
嘉兴市	20	5	10		2
湖州市	72	32	27		6
绍兴市	89	59	146	9	1
金华市	101	59	85	2	1
衢州市	11	6	4	2	2
舟山市	5	5	12		
台州市	223	150	158	4	3
丽水市	18	2	5	2	

	专利所有权转让及许可收入（万元）	发表科技论文（篇）	拥有注册商标数（件）	境外注册	形成国家或行业标准数（项）
总　计	**2118**	**262**	**2790**	**184**	**414**
按工业企业规模分组					
大中型企业	1405	146	1699	153	364
大型企业	155	38	487	130	204
中型企业	1251	108	1212	23	160
小型企业	713	116	1091	31	50
按登记注册类型分组					
内资企业	867	196	2191	180	373
国有（单位）			11		1
集体（单位）			3	3	
股份合作					
集体联营			129		1
其他有限责任公司		74	697	37	252
股份有限公司	155	77	741	132	95
私营独资			1		
私营合伙			19	7	1
私营有限责任公司	713	45	553	1	15
私营股份有限公司			37		8
港澳台商投资		5	270	2	14
与港澳台商合资经营		3	209	2	11
港、澳、台商独资经营		2	61		3
外商投资	1251	61	329	2	27
中外合资经营	1251	58	287	1	27

	专利所有权转让及许可收入（万元）	发表科技论文（篇）	拥有注册商标数（件）	境外注册	形成国家或行业标准数（项）
中外合作经营			6		
外资企业		3	36	1	
按隶属关系分组					
地方	2118	262	2790	184	414
按企业控股情况分组					
国有控股		90	366	96	35
集体控股		3	261	3	2
私人控股	2118	107	1638	81	339
港澳台商控股		2	167	2	3
外商控股		7	118	2	6
其他		53	240		29
按地区分组					
杭州市		91	978	27	244
宁波市		2	64		11
温州市		12	51		1
嘉兴市		3	50		12
湖州市	43	9	45		1
绍兴市	1251	43	444	119	53
金华市	670	68	506	12	58
衢州市		2	8		5
舟山市		12	18	3	
台州市	155	13	553	23	29
丽水市		7	73		

6—20 医药制造业政府相关政策落实情况

单位:万元

	使用来自政府部门的科技活动资金	研究开发费用加计扣除减免税	高新技术企业减免税
总　计	**15601**	**19239**	**51963**
按工业企业规模分组			
大中型企业	11730	14946	45675
大型企业	6138	3757	27592
中型企业	5592	11189	18083
小型企业	3872	4294	6288
按登记注册类型分组			
内资企业	14272	14033	42763
国有(单位)	15	5	7
集体(单位)	10		
股份合作	20		
集体联营	73	63	
其他有限责任公司	3467	4625	9443
股份有限公司	6755	6212	30616
私营独资	41		
私营合伙	222	80	150
私营有限责任公司	2544	2887	1117
私营股份有限公司	1126	163	1430
港澳台商投资	431	441	3545
与港澳台商合资经营	415	432	3337
港、澳、台商独资经营	16	9	208
外商投资	898	4765	5655

单位:万元

	使用来自政府部门的科技活动资金	研究开发费用加计扣除减免税	高新技术企业减免税
中外合资经营	738	4137	4385
中外合作经营			
外资企业	161	628	1270
按隶属关系分组			
地方	15601	19239	51963
按企业控股情况分组			
国有控股	5165	5526	22222
集体控股	398	416	574
私人控股	9037	10496	22693
港澳台商控股	57	355	2849
外商控股	275	1337	1811
其他	671	1110	1815
按地区分组			
杭州市	2184	5518	12138
宁波市	431	197	480
温州市	193	374	289
嘉兴市	149	447	515
湖州市	302	211	490
绍兴市	4120	4586	24512
金华市	2302	1814	3371
衢州市	154	105	
舟山市	10		
台州市	5694	5828	9853
丽水市	63	161	314

6—21 医药制造业技术获取和技术改造情况

单位:万元

	引进技术经费支出	消化吸收经费支出	购买国内技术经费支出	技术改造经费支出
总计	**8397**	**12007**	**8408**	**155818**
按工业企业规模分组				
大中型企业	6857	11226	5951	140854
大型企业	5822	8858	3452	42192
中型企业	1035	2367	2499	98663
小型企业	1540	781	2457	14964
按登记注册类型分组				
内资企业	7990	11583	8075	136962
国有(单位)				
集体(单位)				
股份合作				50
集体联营				
其他有限责任公司	4283	9770	5911	60152
股份有限公司	2702	1126	1210	32905
私营独资				
私营合伙				
私营有限责任公司	355	622	605	12340
私营股份有限公司	650	65	349	31515
港澳台商投资		20	148	4029
与港澳台商合资经营		20	60	2853
港、澳、台商独资经营			88	1176
外商投资	407	404	185	14828

单位:万元

	引进技术经费支出	消化吸收经费支出	购买国内技术经费支出	技术改造经费支出
中外合资经营	407	404	185	13710
中外合作经营				
外资企业				1118
按隶属关系分组				
地方	8397	12007	8408	155818
按企业控股情况分组				
国有控股	3735	8769	2683	39742
集体控股		12	255	234
私人控股	4515	3046	2853	94549
港澳台商控股			88	1312
外商控股	147	180	30	3613
其他			2499	16368
按地区分组				
杭州市	480	57	141	12204
宁波市	1005	295	288	660
温州市	90	80	56	432
嘉兴市			111	25
湖州市	232	216	33	1319
绍兴市	507	1491	575	24408
金华市		374	2367	56207
衢州市		520	80	1634
舟山市				550
台州市	6082	8974	3740	57826
丽水市			1018	554

6－22 航空航天器制造基本情况

	企业数（个）	有 R&D 活动	有科技机构	有新产品销售	年末从业人员（人）
总　计	**7**	**3**	**1**	**3**	**740**
按工业企业规模分组					
大中型企业	1	1	1	1	320
中型企业	1	1	1	1	320
小型企业	6	2		2	420
按登记注册类型分组					
内资企业	7	3	1	3	740
私营企业	7	3	1	3	740
按隶属关系分组					
地方	7	3	1	3	740
按企业控股情况分组					
私人控股	7	3	1	3	740
按地区分组					
宁波市	2	1			219
温州市	1				20
金华市	2	1	1	1	370
台州市	2	1		2	131

单位：万元

	工业总产值	主营业务收入	利润总额	资产总计	出口交货值
总　计	**38171**	**34789**	**2432**	**64088**	**18153**
按工业企业规模分组					
大中型企业	22984	19644	1733	44846	17483
中型企业	22984	19644	1733	44846	17483
小型企业	15187	15145	699	19243	669
按登记注册类型分组					
内资企业	38171	34789	2432	64088	18153
私营企业	38171	34789	2432	64088	18153
按隶属关系分组					
地方	38171	34789	2432	64088	18153
按企业控股情况分组					
私人控股	38171	34789	2432	64088	18153
按地区分组					
宁波市	8414	8627	456	6645	48
温州市	753	753	－2	1507	
金华市	24272	20859	1813	51536	18104
台州市	4732	4552	165	4400	

6—23　航空航天器制造 R&D 人员情况

	R&D人员合计（人）	#1.参加项目人员	2.管理和服务人员	#女性	#研究人员	#1.全时人员	2.非全时人员
总　计	**124**	**114**	**10**	**39**	**6**	**64**	**60**
按工业企业规模分组							
大中型企业	83	73	10	29	5	48	35
中型企业	83	73	10	29	5	48	35
小型企业	41	41		10	1	16	25
按登记注册类型分组							
内资企业	124	114	10	39	6	64	60
私营独资	25	25		5	1		25
私营有限责任公司	83	73	10	29	5	48	35
私营股份有限公司	16	16		5		16	
按隶属关系分组							
地方	124	114	10	39	6	64	60
按企业控股情况分组							
私人控股	124	114	10	39	6	64	60
按地区分组							
宁波市	16	16		5		16	
金华市	83	73	10	29	5	48	35
台州市	25	25		5	1		25

	R&D人员折合全时当量合计（人年）	#研究人员	#1.基础研究人员	2.应用研究人员	3.试验发展人员
总　计	**110**	**5**			**110**
按工业企业规模分组					
大中型企业	83	5			83
中型企业	83	5			83
小型企业	27				27
按登记注册类型分组					
内资企业	110	5			110
私营独资	11				11
私营有限责任公司	83	5			83
私营股份有限公司	16				16
按隶属关系分组					
地方	110	5			110
按企业控股情况分组					
私人控股	110	5			110
按地区分组					
宁波市	16				16
金华市	83	5			83
台州市	11				11

6—24 航空航天器制造 R&D 经费内部支出情况

单位:万元

	R&D 经费内部支出合计	按支出用途分组				
		1.经常费支出	#人员劳务费	2.资产性支出	#①土建工程	②仪器设备
总　计	**1787**	**788**	**345**	**999**		**999**
按工业企业规模分组						
大中型企业	1410	428	242	982		982
中型企业	1410	428	242	982		982
小型企业	377	360	103	17		17
按登记注册类型分组						
内资企业	1787	788	345	999		999
私营独资	98	81	49	17		17
私营有限责任公司	1410	428	242	982		982
私营股份有限公司	279	279	54			
按隶属关系分组						
地方	1787	788	345	999		999
按企业控股情况分组						
私人控股	1787	788	345	999		999
按地区分组						
宁波市	279	279	54			
金华市	1410	428	242	982		982
台州市	98	81	49	17		17

单位:万元

	按活动类型分组			按资金来源分组			
	①基础研究支出	②应用研究支出	③试验发展支出	#1.政府资金	2.企业资金	3.境外资金	4.其他资金
总　计			**1787**		**942**		**844**
按工业企业规模分组							
大中型企业			1410		705		705
中型企业			1410		705		705
小型企业			377		237		139
按登记注册类型分组							
内资企业			1787		942		844
私营独资			98		98		
私营有限责任公司			1410		705		705
私营股份有限公司			279		139		139
按隶属关系分组							
地方			1787		942		844
按企业控股情况分组							
私人控股			1787		942		844
按地区分组							
宁波市			279		139		139
金华市			1410		705		705
台州市			98		98		

6—25　航空航天器制造 R&D 经费外部支出情况

单位:万元

	R&D经费外部支出	对境内研究机构支出	对境内高等学校支出	对境外支出
总　计	**490**	**250**		
按工业企业规模分组				
大中型企业	490	250		
中型企业	490	250		
小型企业				
按登记注册类型分组				
内资企业	490	250		
私营独资				
私营有限责任公司	490	250		
私营股份有限公司				
按隶属关系分组				
地方	490	250		
按企业控股情况分组				
私人控股	490	250		
按地区分组				
宁波市				
金华市	490	250		
台州市				

6—26　航空航天器制造全部 R&D 项目情况

	项目数 （项）	项目人员折合 全 时 当 量 （人年）	项目经费 内部支出 （万元）
总　计	**5**	**100**	**1786**
按工业企业规模分组			
大中型企业	2	73	1410
中型企业	2	73	1410
小型企业	3	27	376
按登记注册类型分组			
内资企业	5	100	1786
私营独资	2	11	98
私营有限责任公司	2	73	1410
私营股份有限公司	1	16	279
按隶属关系分组			
地方	5	100	1786
按企业控股情况分组			
私人控股	5	100	1786
按地区分组			
宁波市	1	16	279
金华市	2	73	1410
台州市	2	11	98

6—27 航空航天器制造企业办科技机构情况

	机构数（个）	机构人员合计（人）	#博士毕业	硕士毕业	本科毕业	机构经费支出（万元）	仪器和设备原价（万元）	进口	境外机构数（个）
总计	**1**	**30**		**2**	**28**	**242**	**1224**	**980**	
按工业企业规模分组									
大中型企业	1	30		2	28	242	1224	980	
中型企业	1	30		2	28	242	1224	980	
小型企业									
按登记注册类型分组									
内资企业	1	30		2	28	242	1224	980	
私营独资									
私营有限责任公司	1	30		2	28	242	1224	980	
私营股份有限公司									
按隶属关系分组									
地方	1	30		2	28	242	1224	980	
按企业控股情况分组									
私人控股	1	30		2	28	242	1224	980	
按地区分组									
宁波市									
金华市	1	30		2	28	242	1224	980	
台州市									

6—28 航空航天器制造新产品开发、生产及销售情况

	新产品开发项目数（项）	新产品开发经费支出（万元）	新产品产值（万元）	新产品销售收入（万元）	
					出口
总计	**4**	**1730**	**19639**	**18442**	**14513**
按工业企业规模分组					
大中型企业	2	1410	16340	15143	14513
中型企业	2	1410	16340	15143	14513
小型企业	2	320	3299	3299	
按登记注册类型分组					
内资企业	4	1730	19639	18442	14513
私营独资	1	42	782	782	
私营有限责任公司	2	1410	18857	17660	14513
私营股份有限公司	1	279			
按隶属关系分组					
地方	4	1730	19639	18442	14513
按企业控股情况分组					
私人控股	4	1730	19639	18442	14513
按地区分组					
宁波市	1	279			
金华市	2	1410	16340	15143	14513
台州市	1	42	3299	3299	

6—29 航空航天器制造自主知识产权及相关情况

	专利申请数（件）	发明专利	有效发明专利数（件）	境外授权	专利所有权转让及许可数（项）
总　计	**4**				
按工业企业规模分组					
大中型企业	3				
中型企业	3				
小型企业	1				
按登记注册类型分组					
内资企业	4				
私营独资	1				
私营有限责任公司	3				
私营股份有限公司					
按隶属关系分组					
地方	4				
按企业控股情况分组					
私人控股	4				
按地区分组					
宁波市					
金华市	3				
台州市	1				

	专利所有权转让及许可收入（万元）	发表科技论文（篇）	拥有注册商标数（件）	境外注册	形成国家或行业标准数（项）
总　计			**4**	**1**	
按工业企业规模分组					
大中型企业			3	1	
中型企业			3	1	
小型企业			1		
按登记注册类型分组					
内资企业			4	1	
私营独资			1		
私营有限责任公司			3	1	
私营股份有限公司					
按隶属关系分组					
地方			4	1	
按企业控股情况分组					
私人控股			4	1	
按地区分组					
宁波市					
金华市			3	1	
台州市			1		

6—30 航空航天器制造技术获取和技术改造情况

单位:万元

	引进技术经费支出	消化吸收经费支出	购买国内技术经费支出	技术改造经费支出
总　计				**39**
按工业企业规模分组				
大中型企业				
中型企业				
小型企业				39
按登记注册类型分组				
内资企业				39
私营独资				39
私营有限责任公司				
私营股份有限公司				
按隶属关系分组				
地方				39
按企业控股情况分组				
私人控股				39
按地区分组				
宁波市				
金华市				
台州市				39

6—31 电子及通信设备制造业基本情况

	企业数（个）	有 R&D 活动	有科技机构	有新产品销售	年末从业人员（人）
总　计	**1666**	**487**	**372**	**460**	**315001**
按工业企业规模分组					
大中型企业	205	129	137	133	181134
大型企业	9	8	10	8	40152
中型企业	196	121	127	125	140982
小型企业	1461	358	235	327	133867
按登记注册类型分组					
内资企业	1299	344	233	316	197252
国有企业	4	4		1	944
集体企业	3	1		1	220
股份合作企业	16	3	1	4	688
有限责任公司	186	70	48	61	53067
股份有限公司	37	20	20	18	21310
私营企业	1053	246	164	231	121023
港澳台商投资	178	70	67	76	51483
与港澳台商合资经营	92	44	40	47	25226
与港澳台商合作经营	5	2	2	2	598
港、澳、台商独资经营	73	21	22	25	23563
港、澳、台商投资股份有限公司	8	3	3	2	2096
外商投资	189	73	72	68	66266
中外合资经营	90	37	31	32	22266
中外合作经营	3	2	2	2	683

	企业数（个）	有 R&D 活动	有科技机构	有新产品销售	年末从业人员（人）
外资企业	93	31	36	31	40990
外商投资股份有限公司	3	3	3	3	2327
按隶属关系分组					
中央	6	7	3	6	3955
地方	1660	480	369	454	311046
按企业控股情况分组					
国有控股	22	17	9	13	8225
集体控股	23	13	10	11	22778
私人控股	1339	355	254	329	187808
港澳台商控股	126	40	39	47	38062
外商控股	135	44	46	42	53205
其他	21	18	14	18	4923
按地区分组					
杭州市	342	132	103	104	75298
宁波市	438	142	125	146	79389
温州市	244	32	16	23	34653
嘉兴市	193	79	52	79	47891
湖州市	84	15	12	16	9972
绍兴市	89	23	15	22	16035
金华市	160	24	21	29	36672
衢州市	25	9	9	7	3377
舟山市	7	2	1	1	788
台州市	67	26	17	29	9156
丽水市	17	3	1	4	1770

	工业总产值	主营业务收入	利润总额	资产总计	出口交货值
总　计	**13633633**	**13372751**	**937848**	**13941127**	**4456907**
按工业企业规模分组					
大中型企业	8751964	8593779	635248	8488536	3402320
大型企业	1886032	1822584	123031	1678223	625543
中型企业	6865932	6771195	512217	6810313	2776777
小型企业	4881668	4778972	302600	5452591	1054587
按登记注册类型分组					
内资企业	7767947	7604678	626574	8549534	1973639
国有企业	206688	207080	2899	52257	
集体企业	4554	4160	－35	2743	31
股份合作企业	21463	20941	1037	20260	2027
有限责任公司	1981529	1922594	194237	2265228	345221
股份有限公司	1059890	1110859	132469	2059209	438481
私营企业	4493822	4339044	295966	4149837	1187879
港澳台商投资	2454110	2395356	74990	2301468	961881
与港澳台商合资经营	1185768	1161062	78914	1173845	480619
与港澳台商合作经营	22668	21376	519	22779	105
港、澳、台商独资经营	1125552	1078113	52637	841383	446014
港、澳、台商投资股份有限公司	120123	134805	－57080	263462	35143
外商投资	3411576	3372717	236284	3090125	1521387
中外合资经营	1069298	1075089	88577	1028643	441176
中外合作经营	75589	73059	9064	76796	57262
外资企业	2078918	2038586	124930	1746115	989049

	工业总产值	主营业务收入	利润总额	资产总计	出口交货值
外商投资股份有限公司	187772	185982	13713	238571	33900
按隶属关系分组					
中央	266330	307437	26129	378805	9433
地方	13367303	13065314	911719	13562323	4447474
按企业控股情况分组					
国有控股	500193	557637	46104	821133	91301
集体控股	765665	696494	87287	1020941	183250
私人控股	7766573	7576658	585682	7787822	2226828
港澳台商控股	1695169	1653804	31939	1695944	653436
外商控股	2692474	2678601	168273	2379772	1220061
其他	213560	209557	18563	235516	82031
按地区分组					
杭州市	4274469	4329933	316994	4618403	1068003
宁波市	3454666	3365206	207832	3531366	1452279
温州市	887265	865208	52247	1016997	170319
嘉兴市	1516450	1455516	117665	1540732	592319
湖州市	596567	591651	35036	471942	99182
绍兴市	871735	833196	34550	640789	460257
金华市	1361629	1272485	115384	1389812	364604
衢州市	175077	172957	17810	258242	19199
舟山市	21560	21053	918	25739	743
台州市	417043	411857	33062	406683	228494
丽水市	57170	53689	6350	40423	1509

6—32 电子及通信设备制造业R&D人员情况

	R&D人员合计（人）	#1.参加项目人员	2.管理和服务人员	#女性	#研究人员	#1.全时人员	2.非全时人员
总 计	**18520**	**17450**	**1070**	**4264**	**4865**	**12717**	**5803**
按工业企业规模分组							
大中型企业	11997	11360	637	3034	2999	9018	2979
大型企业	2591	2468	123	645	452	2187	404
中型企业	9406	8892	514	2389	2547	6831	2575
小型企业	6523	6090	433	1230	1866	3699	2824
按登记注册类型分组							
内资企业	11923	11166	757	2430	3109	8336	3587
国有(单位)	117	111	6	31	76	78	39
集体(单位)	27	26	1				27
股份合作	32	30	2	9	8	25	7
国有独资公司	93	78	15	23	41	67	26
其他有限责任公司	3933	3729	204	867	1006	3144	789
股份有限公司	2688	2503	185	580	652	2188	500
私营独资	226	212	14	25	27	83	143
私营合伙	19	17	2	4	8	5	14
私营有限责任公司	4335	4040	295	865	1156	2606	1729
私营股份有限公司	453	420	33	26	135	140	313
港澳台商投资	2785	2652	133	881	522	1618	1167
与港澳台商合资经营	1626	1541	85	483	273	1002	624
与港澳台商合作经营	30	29	1	6	13	11	19
港、澳、台商独资经营	821	780	41	333	197	315	506
港、澳、台商投资股份有限公司	308	302	6	59	39	290	18
外商投资	3812	3632	180	953	1234	2763	1049

	R&D人员合计（人）	#1.参加项目人员	2.管理和服务人员	#女性	#研究人员	#1.全时人员	2.非全时人员
中外合资经营	1414	1346	68	381	324	866	548
中外合作经营	77	73	4	12	24	54	23
外资企业	2103	2017	86	469	779	1667	436
外商投资股份有限公司	218	196	22	91	107	176	42
按隶属关系分组							
中央	555	537	18	91	201	493	62
地方	17965	16913	1052	4173	4664	12224	5741
按企业控股情况分组							
国有控股	1120	1067	53	228	389	839	281
集体控股	2085	1976	109	501	373	1733	352
私人控股	10278	9619	659	2141	2650	6639	3639
港澳台商控股	1643	1566	77	525	328	848	795
外商控股	2656	2531	125	686	952	2117	539
其他	738	691	47	183	173	541	197
按地区分组							
杭州市	6633	6284	349	1310	2034	4592	2041
宁波市	4309	4120	189	1157	894	2630	1679
温州市	545	499	46	117	143	395	150
嘉兴市	3123	2875	248	782	936	2361	762
湖州市	462	426	36	84	76	321	141
绍兴市	938	890	48	243	201	589	349
金华市	1840	1716	124	462	373	1512	328
衢州市	158	145	13	45	84	100	58
舟山市	11	11		1	5	9	2
台州市	446	432	14	53	104	193	253
丽水市	55	52	3	10	15	15	40

	R&D人员折合全时当量合计（人年）	#研究人员	#1.基础研究人员	2.应用研究人员	3.试验发展人员
总　计	**16070**	**4160**			**16070**
按工业企业规模分组					
大中型企业	10632	2604			10632
大型企业	2173	378			2173
中型企业	8459	2226			8459
小型企业	5439	1557			5439
按登记注册类型分组					
内资企业	10334	2682			10334
国有(单位)	92	55			92
集体(单位)	27				27
股份合作	31	8			31
国有独资公司	93	41			93
其他有限责任公司	3278	874			3278
股份有限公司	2496	596			2496
私营独资	198	22			198
私营合伙	16	7			16
私营有限责任公司	3670	953			3670
私营股份有限公司	434	127			434
港澳台商投资	2385	438			2385
与港澳台商合资经营	1434	234			1434
与港澳台商合作经营	26	11			26
港、澳、台商独资经营	618	153			618
港、澳、台商投资股份有限公司	308	39			308
外商投资	3352	1041			3352
中外合资经营	1262	285			1262

	R&D人员折合全时当量合计（人年）	＃研究人员	＃1.基础研究人员	2.应用研究人员	3.试验发展人员
中外合作经营	72	22			72
外资企业	1800	627			1800
外商投资股份有限公司	218	107			218
按隶属关系分组					
中央	538	184			538
地方	15532	3976			15532
按企业控股情况分组					
国有控股	1014	357			1014
集体控股	1595	283			1595
私人控股	9142	2307			9142
港澳台商控股	1368	272			1368
外商控股	2344	800			2344
其他	607	142			607
按地区分组					
杭州市	6215	1893			6215
宁波市	3870	801			3870
温州市	462	116			462
嘉兴市	2528	697			2528
湖州市	376	60			376
绍兴市	788	170			788
金华市	1342	271			1342
衢州市	121	66			121
舟山市	11	5			11
台州市	321	71			321
丽水市	37	11			37

6—33 电子及通信设备制造业R&D经费内部支出情况

单位:万元

	R&D经费内部支出合计	按支出用途分组				
		1.经常费支出	#人员劳务费	2.资产性支出	#①土建工程	②仪器设备
总计	**291900**	**260083**	**112934**	**31817**	**883**	**30933**
按工业企业规模分组						
大中型企业	203579	182701	81718	20878	737	20141
大型企业	38783	32825	17481	5958	596	5362
中型企业	164796	149876	64238	14920	141	14779
小型企业	88321	77382	31215	10939	147	10792
按登记注册类型分组						
内资企业	181832	157273	72292	24560	796	23764
国有(单位)	426	420	290	6		6
集体(单位)	284	271	179	13		13
股份合作	338	306	118	33		33
国有独资公司	1968	1968	1057			
其他有限责任公司	59332	49390	22672	9942	361	9581
股份有限公司	49763	45017	24092	4747	283	4463
私营独资	2375	1812	914	562		562
私营合伙	348	332	98	16		16
私营有限责任公司	58130	50764	19893	7366	151	7215
私营股份有限公司	8869	6994	2979	1875		1875
港澳台商投资	60913	57175	22551	3738	13	3725
与港澳台商合资经营	28370	25602	8281	2768	11	2757
与港澳台商合作经营	473	430	73	42		42
港、澳、台商独资经营	8644	8021	3311	623	2	621
港、澳、台商投资股份有限公司	23426	23122	10887	305		305
外商投资	49155	45636	18091	3519	75	3445

单位:万元

	R&D经费内部支出合计	按支出用途分组				
		1.经常费支出	#人员劳务费	2.资产性支出	#①土建工程	②仪器设备
中外合资经营	17808	16713	5429	1095	70	1026
中外合作经营	2150	2135	393	15		15
外资企业	25888	23845	10887	2043	4	2039
外商投资股份有限公司	3310	2943	1382	366	1	365
按隶属关系分组						
中央	8265	8163	4122	101		101
地方	283635	251920	108811	31715	883	30832
按企业控股情况分组						
国有控股	18230	17795	7894	434	4	430
集体控股	25900	19530	9178	6370	325	6045
私人控股	165233	145622	62682	19612	535	19077
港澳台商控股	41199	38962	16611	2237	12	2225
外商控股	32277	29753	13174	2524	4	2519
其他	9061	8422	3395	640	2	638
按地区分组						
杭州市	132317	122995	59735	9321	249	9073
宁波市	63383	57629	21245	5754	22	5732
温州市	6119	5209	2499	910	11	899
嘉兴市	39253	31449	12758	7804	188	7616
湖州市	9441	7289	1976	2152	32	2120
绍兴市	8122	7176	3750	946	8	938
金华市	25879	21531	8861	4348	368	3980
衢州市	2067	1917	587	150		150
舟山市	365	310	86	55		55
台州市	4460	4232	1317	229		228
丽水市	495	347	120	148	6	142

单位:万元

	按活动类型分组			按资金来源分组			
	①基础研究支出	②应用研究支出	③试验发展支出	#1.政府资金	2.企业资金	3.境外资金	4.其他资金
总 计			**291900**	**15106**	**274723**	**1222**	**850**
按工业企业规模分组							
大中型企业			203579	10327	192026	687	540
大型企业			38783	3765	34436	582	
中型企业			164796	6562	157590	104	540
小型企业			88321	4779	82697	535	310
按登记注册类型分组							
内资企业			181832	12165	169253	104	310
国有(单位)			426	49	377		
集体(单位)			284		284		
股份合作			338	50	288		
国有独资公司			1968	60	1909		
其他有限责任公司			59332	3745	55367	104	116
股份有限公司			49763	5062	44701		
私营独资			2375	13	2362		
私营合伙			348		345		3
私营有限责任公司			58130	2348	55591		191
私营股份有限公司			8869	839	8030		
港澳台商投资			60913	2273	58640		
与港澳台商合资经营			28370	1925	26444		
与港澳台商合作经营			473	1	472		
港、澳、台商独资经营			8644	19	8625		
港、澳、台商投资股份有限公司			23426	328	23098		
外商投资			49155	668	46830	1117	540
中外合资经营			17808	416	17392		

单位:万元

	按活动类型分组			按资金来源分组			
	①基础研究支出	②应用研究支出	③试验发展支出	#1.政府资金	2.企业资金	3.境外资金	4.其他资金
中外合作经营			2150	106	2044		
外资企业			25888	72	24159	1117	540
外商投资股份有限公司			3310	74	3235		
按隶属关系分组							
中央			8265	631	7634		
地方			283635	14475	267089	1222	850
按企业控股情况分组							
国有控股			18230	1171	17059		
集体控股			25900	1108	24687	104	
私人控股			165233	10621	154368		244
港澳台商控股			41199	1557	39642		
外商控股			32277	92	30528	1117	540
其他			9061	557	8439		65
按地区分组							
杭州市			132317	8596	122494	687	540
宁波市			63383	2885	60291		207
温州市			6119	213	5869		38
嘉兴市			39253	1178	37474	535	65
湖州市			9441	316	9125		
绍兴市			8122	260	7863		
金华市			25879	1317	24562		
衢州市			2067	60	2007		
舟山市			365		365		
台州市			4460	274	4186		
丽水市			495	8	487		

6—34 电子及通信设备制造业R&D经费外部支出情况

单位:万元

	R&D经费外部支出	对境内研究机构支出	对境内高等学校支出	对境外支出
总　计	**4731**	**1808**	**2148**	**105**
按工业企业规模分组				
大中型企业	1879	767	725	95
大型企业	497	81	416	
中型企业	1382	686	308	95
小型企业	2852	1041	1423	10
按登记注册类型分组				
内资企业	3649	1229	1678	79
国有(单位)	178		178	
集体(单位)				
股份合作				
国有独资公司				
其他有限责任公司	1373	415	639	69
股份有限公司	597	399	79	
私营独资	50			
私营合伙				
私营有限责任公司	1095	299	541	10
私营股份有限公司	357	115	242	
港澳台商投资	604	138	432	26
与港澳台商合资经营	547	90	423	26
与港澳台商合作经营				
港、澳、台商独资经营	57	48	10	
港、澳、台商投资股份有限公司				
外商投资	478	441	37	

单位：万元

	R&D经费外部支出	对境内研究机构支出	对境内高等学校支出	对境外支出
中外合资经营	437	400	37	
中外合作经营				
外资企业	41	41		
外商投资股份有限公司				
按隶属关系分组				
中央	174			
地方	4557	1808	2148	105
按企业控股情况分组				
国有控股	407	15	218	
集体控股	566		392	69
私人控股	3020	1619	1083	10
港澳台商控股	500	133	367	
外商控股	53	41	12	
其他	185		77	26
按地区分组				
杭州市	1239	217	615	79
宁波市	2215	1129	787	26
温州市	181	146	15	
嘉兴市	149	101	48	
湖州市	187	187		
绍兴市	195	1	194	
金华市	499	27	472	
衢州市				
舟山市	50			
台州市	17		17	
丽水市				

6—35 电子及通信设备制造业全部R&D项目情况

	项目数 （项）	项目人员折合全时当量 （人年）	项目经费内部支出 （万元）
总　计	**1668**	**15157**	**273783**
按工业企业规模分组			
大中型企业	702	10067	191159
大型企业	68	2070	34055
中型企业	634	7997	157104
小型企业	966	5091	82624
按登记注册类型分组			
内资企业	1071	9701	167059
国有(单位)	7	88	377
集体(单位)	2	26	278
股份合作	6	29	275
国有独资公司	10	78	1968
其他有限责任公司	234	3121	55811
股份有限公司	135	2328	44397
私营独资	36	186	2217
私营合伙	11	14	339
私营有限责任公司	598	3429	53561
私营股份有限公司	32	403	7837
港澳台商投资	266	2272	59161
与港澳台商合资经营	165	1361	26877
与港澳台商合作经营	10	25	473
港、澳、台商独资经营	78	584	8396
港、澳、台商投资股份有限公司	13	302	23416
外商投资	331	3184	47563

	项目数 （项）	项目人员折合 全时当量 （人年）	项目经费 内部支出 （万元）
中外合资经营	152	1200	17124
中外合作经营	9	68	2084
外资企业	160	1720	25110
外商投资股份有限公司	10	196	3244
按隶属关系分组			
中央	28	522	7553
地方	1640	14636	266230
按企业控股情况分组			
国有控股	94	966	16906
集体控股	60	1514	24636
私人控股	1074	8576	152662
港澳台商控股	156	1302	39839
外商控股	204	2226	31154
其他	80	574	8586
按地区分组			
杭州市	495	5894	124708
宁波市	556	3704	61085
温州市	70	425	5238
嘉兴市	242	2325	36667
湖州市	44	344	7731
绍兴市	47	750	6751
金华市	78	1250	24424
衢州市	18	111	2014
舟山市	2	11	365
台州市	105	309	4359
丽水市	11	35	442

6—36 电子及通信设备制造业企业办科技机构情况

	机构数（个）	机构人员合计（人）	#博士毕业	硕士毕业	本科毕业	机构经费支出（万元）	仪器和设备原价（万元）	进口	境外机构数（个）
总　计	**411**	**18374**	**256**	**1430**	**9603**	**275207**	**208056**	**53982**	**6**
按工业企业规模分组									
大中型企业	165	12921	87	1109	6881	209062	155226	42526	4
大型企业	15	2384	25	130	1391	34711	48979	14079	1
中型企业	150	10537	62	979	5490	174351	106247	28447	3
小型企业	246	5453	169	321	2722	66146	52830	11456	2
按登记注册类型分组									
内资企业	256	10112	211	843	5661	149221	119750	39627	3
国有(单位)									
集体(单位)									
股份合作	1	25		2	11	178	98	72	
国有独资公司	1	130		14	92	2546	1103	881	
其他有限责任公司	50	2940	138	190	1944	48151	47198	26381	
股份有限公司	27	2644	25	393	1653	39325	31379	8194	1
私营独资	4	166	1	3	19	1340	650		
私营合伙	4	35			18	440	201		
私营有限责任公司	158	3627	44	159	1800	50700	35387	4099	2
私营股份有限公司	11	545	3	82	124	6541	3734		
港澳台商投资	71	3590	20	385	1624	64539	44907	3645	2
与港澳台商合资经营	43	1593	7	54	774	24628	23821	428	
与港澳台商合作经营	2	32	3	1	12	1134	1831	1139	
港、澳、台商独资经营	23	1492	3	30	702	13814	9342	1830	2
港、澳、台商投资股份有限公司	3	473	7	300	136	24964	9913	249	
外商投资	84	4672	25	202	2318	61447	43399	10709	1

	机构数（个）	机构人员合计（人）	#博士毕业	硕士毕业	本科毕业	机构经费支出（万元）	仪器和设备原价（万元）	进口	境外机构数（个）
中外合资经营	41	1489	7	87	776	22588	16889	7142	1
中外合作经营	2	124	1	3	61	4226	3824	1262	
外资企业	38	2726	12	99	1240	29924	15128	2156	
外商投资股份有限公司	3	333	5	13	241	4710	7558	150	
按隶属关系分组									
中央	3	335	1	7	312	6578	20789	18135	
地方	408	18039	255	1423	9291	268630	187267	35847	6
按企业控股情况分组									
国有控股	9	830	4	36	622	18502	27658	21555	
集体控股	13	1299	24	86	871	13796	12666	5234	
私人控股	284	9865	190	802	5084	150412	108989	21918	3
港澳台商控股	40	2337	16	346	1000	43931	29351	2189	2
外商控股	48	3381	19	127	1752	40006	24774	2489	1
其他	17	662	3	33	274	8561	4619	597	
按地区分组									
杭州市	121	7387	169	1008	4628	124806	64716	8259	
宁波市	132	5285	26	190	2302	76783	50095	4991	5
温州市	16	586	1	12	203	5190	6462	390	
嘉兴市	55	2578	17	81	1118	24409	23822	7101	1
湖州市	13	454	2	9	147	11358	13663	6590	
绍兴市	18	460	4	14	320	12707	22388	20694	
金华市	26	1038	31	98	662	13698	23052	5470	
衢州市	9	195	4	6	78	1674	1152	67	
舟山市	1	7	1	2	3	385	131		
台州市	19	373	1	10	140	4093	2199	419	
丽水市	1	11			2	106	376		

6－37　电子及通信设备制造业新产品开发、生产及销售情况

	新产品开发项目数（项）	新产品开发经费支出（万元）	新产品产值（万元）	新产品销售收入（万元）	
					出口
总　计	**2042**	**333021**	**4023563**	**3819140**	**1489976**
按工业企业规模分组					
大中型企业	859	237550	3241150	3070059	1299971
大型企业	103	46311	907872	877261	425450
中型企业	756	191239	2333278	2192798	874521
小型企业	1183	95471	782413	749081	190005
按登记注册类型分组					
内资企业	1255	197644	2277649	2165626	821570
国有（单位）	6	369	90	83	
集体（单位）			40	33	
股份合作	10	681	3148	3139	1735
国有独资公司	13	2374	5773	6083	
其他有限责任公司	269	56897	691798	679628	187236
股份有限公司	150	51054	519008	516084	72483
私营独资	36	2345	18204	18141	5976
私营合伙	16	591	3479	3464	
私营有限责任公司	716	73995	981111	913288	548577
私营股份有限公司	39	9337	54999	25682	5564
港澳台商投资	371	72771	833794	787686	206848
与港澳台商合资经营	208	30286	382399	350406	139203
与港澳台商合作经营	18	1134	3788	4188	
港、澳、台商独资经营	121	16536	429377	414912	67645
港、澳、台商投资股份有限公司	24	24815	18230	18180	
外商投资	416	62606	912121	865828	461559

	新产品开发项目数（项）	新产品开发经费支出（万元）	新产品产值（万元）	新产品销售收入（万元）	出口
中外合资经营	148	18756	358146	348900	202410
中外合作经营	11	4052	50022	49576	32244
外资企业	245	34530	463937	427035	224396
外商投资股份有限公司	12	5269	40016	40316	2509
按隶属关系分组					
中央	32	8650	20913	19840	3337
地方	2010	324371	4002650	3799301	1486639
按企业控股情况分组					
国有控股	103	20901	137887	135890	38036
集体控股	65	22184	304050	295917	138401
私人控股	1248	183933	2206591	2096730	860989
港澳台商控股	219	47607	560318	538607	103007
外商控股	297	45872	646161	612489	302599
其他	110	12525	168557	139509	46945
按地区分组					
杭州市	526	143460	1453610	1415662	294742
宁波市	764	81975	860925	819311	392962
温州市	95	6980	80661	66036	18183
嘉兴市	293	44225	504587	444691	186604
湖州市	59	12105	251788	247959	41320
绍兴市	61	18652	294961	274896	222291
金华市	75	16452	375985	358076	231882
衢州市	21	2170	31424	31389	3491
舟山市	3	754	1134	785	
台州市	128	5641	161893	154308	98420
丽水市	17	607	6596	6026	82

6－38 电子及通信设备制造业自主知识产权及相关情况

	专利申请数（件）	发明专利	有效发明专利数（件）	境外授权	专利所有权转让及许可数（项）
总　计	**2947**	**548**	**971**	**22**	**89**
按工业企业规模分组					
大中型企业	1452	309	514	13	25
大型企业	158	46	86		6
中型企业	1294	263	428	13	19
小型企业	1495	239	457	9	64
按登记注册类型分组					
内资企业	1588	313	534	1	80
国有(单位)	1		1		
集体(单位)					
股份合作	2		1		
国有独资公司	12	3	3		
其他有限责任公司	392	88	133		7
股份有限公司	146	52	83		6
私营独资	22	2	8		
私营合伙	11				
私营有限责任公司	956	146	231		67
私营股份有限公司	46	22	74	1	
港澳台商投资	756	89	277	16	5
与港澳台商合资经营	556	71	121	2	5
与港澳台商合作经营	21	4	1		
港、澳、台商独资经营	166	14	28	6	
港、澳、台商投资股份有限公司	13		127	8	
外商投资	603	146	160	5	4

	专利申请数（件）	发明专利	有效发明专利数（件）	境外授权	专利所有权转让及许可数（项）
中外合资经营	369	106	81		1
中外合作经营	4	1	7		
外资企业	214	37	70	5	3
外商投资股份有限公司	16	2	2		
按隶属关系分组					
中央	7	1	11		
地方	2940	547	960	22	89
按企业控股情况分组					
国有控股	78	8	24		
集体控股	155	66	71		11
私人控股	1873	330	502	3	71
港澳台商控股	330	43	186	14	4
外商控股	400	63	142	5	3
其他	111	38	46		
按地区分组					
杭州市	686	190	425	9	7
宁波市	1081	154	215	10	59
温州市	104	12	14		
嘉兴市	417	55	102	1	2
湖州市	168	32	43		
绍兴市	85	24	11		9
金华市	267	53	109	2	12
衢州市	95	21	26		
舟山市	4	3	1		
台州市	29	3	5		
丽水市	11	1	20		

	专利所有权转让及许可收入（万元）	发表科技论文（篇）	拥有注册商标数（件）	境外注册	形成国家或行业标准数（项）
总　计	**1084**	**133**	**1000**	**182**	**113**
按工业企业规模分组					
大中型企业	1073	100	721	163	68
大型企业		25	165	44	4
中型企业	1073	75	556	119	64
小型企业	11	33	279	19	45
按登记注册类型分组					
内资企业	962	120	611	90	63
国有(单位)			1		
集体(单位)			1		
股份合作			1		
国有独资公司					
其他有限责任公司	1	38	114	3	8
股份有限公司	950	62	220	69	13
私营独资			2		
私营合伙					
私营有限责任公司	11	17	222	17	41
私营股份有限公司		3	50	1	1
港澳台商投资		6	189	47	33
与港澳台商合资经营		6	139	37	33
与港澳台商合作经营			1		
港、澳、台商独资经营			48	10	
港、澳、台商投资股份有限公司			1		
外商投资	122	7	200	45	17

	专利所有权转让及许可收入（万元）	发表科技论文（篇）	拥有注册商标数（件）	境外注册	形成国家或行业标准数（项）
中外合资经营		7	107	11	14
中外合作经营			4		3
外资企业	122		85	34	
外商投资股份有限公司			4		
按隶属关系分组					
中央		23	3		
地方	1084	110	997	182	113
按企业控股情况分组					
国有控股		55	10		3
集体控股	951	6	16	1	4
私人控股	11	64	721	126	92
港澳台商控股			68	11	3
外商控股	122	3	158	36	11
其他		5	27	8	
按地区分组					
杭州市		56	440	80	58
宁波市	1072	7	323	90	21
温州市		2	20		3
嘉兴市		29	67	2	10
湖州市		4	8	1	5
绍兴市	11	22	13		
金华市	1	10	43	7	9
衢州市			73	2	4
舟山市			2		
台州市		1	11		3
丽水市					

6—39 电子及通信设备制造业政府相关政策落实情况

单位：万元

	使用来自政府部门的科技活动资金	研究开发费用加计扣除减免税	高新技术企业减免税
总　计	**18514**	**18881**	**25819**
按工业企业规模分组			
大中型企业	12769	13982	22451
大型企业	4320	6375	4851
中型企业	8449	7607	17600
小型企业	5745	4900	3368
按登记注册类型分组			
内资企业	14504	8780	15017
国有(单位)	72		
集体(单位)		139	
股份合作	50	1	
国有独资公司	72	678	214
其他有限责任公司	4268	2060	7742
股份有限公司	5570	2149	4769
私营独资	74		
私营合伙	5		
私营有限责任公司	3491	3627	1931
私营股份有限公司	901	126	361
港澳台商投资	2727	6806	3667
与港澳台商合资经营	2050	2755	3081
与港澳台商合作经营	4		41
港、澳、台商独资经营	34	3991	519
港、澳、台商投资股份有限公司	639	60	25
外商投资	1284	3295	7136

单位:万元

	使用来自政府部门的科技活动资金	研究开发费用加计扣除减免税	高新技术企业减免税
中外合资经营	488	1656	3695
中外合作经营	167	220	619
外资企业	329	1213	1225
外商投资股份有限公司	300	207	1597
按隶属关系分组			
中央	717	208	163
地方	17797	18674	25657
按企业控股情况分组			
国有控股	1404	1146	1082
集体控股	1413	1100	4794
私人控股	13149	8762	12136
港澳台商控股	1575	5622	1913
外商控股	349	1784	4970
其他	625	466	926
按地区分组			
杭州市	9753	8619	12353
宁波市	3931	5176	5067
温州市	293	160	138
嘉兴市	1297	2564	2588
湖州市	491	932	819
绍兴市	702	98	357
金华市	1536	816	3727
衢州市	86	24	22
舟山市	30		
台州市	388	476	745
丽水市	8	16	5

6—40 电子及通信设备制造业技术获取和技术改造情况

单位:万元

	引进技术经费支出	消化吸收经费支出	购买国内技术经费支出	技术改造经费支出
总 计	**11544**	**5150**	**8457**	**79495**
按工业企业规模分组				
大中型企业	9327	3932	3325	69657
大型企业	3512	1780	528	14041
中型企业	5815	2152	2797	55617
小型企业	2217	1218	5132	9838
按登记注册类型分组				
内资企业	8320	3584	3161	46916
国有(单位)				
集体(单位)				
股份合作				
国有独资公司				
其他有限责任公司	956	1000	246	23161
股份有限公司	5117	1648	576	6773
私营独资				
私营合伙	10	22		
私营有限责任公司	2237	915	2141	16909
私营股份有限公司			198	73
港澳台商投资	832	68	1387	12321
与港澳台商合资经营	583	20	1301	5242
与港澳台商合作经营			6	
港、澳、台商独资经营			80	7079
港、澳、台商投资股份有限公司	249	48		
外商投资	2392	1498	3909	20259

单位:万元

	引进技术经费支出	消化吸收经费支出	购买国内技术经费支出	技术改造经费支出
中外合资经营	528	429	123	3250
中外合作经营	80	151		985
外资企业	1784	918	786	11889
外商投资股份有限公司			3000	4136
按隶属关系分组				
中央				1647
地方	11544	5150	8457	77848
按企业控股情况分组				
国有控股	45	38	54	3018
集体控股	600	500		13873
私人控股	8504	3679	4091	40832
港澳台商控股	530		407	7596
外商控股	1809	933	3905	12398
其他	55			1780
按地区分组				
杭州市	3710	285	4580	10717
宁波市	2016	1542	1095	27094
温州市	1220	1172	306	881
嘉兴市	1920	746	947	4439
湖州市	25	15		5638
绍兴市	1912	780	332	4368
金华市	684	552	657	21694
衢州市			406	363
舟山市			90	50
台州市	56	58	44	2783
丽水市				1470

6—41 电子计算机及办公设备制造业基本情况

	企业数（个）	有R&D活动	有科技机构	有新产品销售	年末从业人员（人）
总　计	**149**	**55**	**43**	**50**	**58469**
按工业企业规模分组					
大中型企业	23	5	8	9	47480
大型企业	7	2	2	1	33961
中型企业	16	3	6	8	13519
小型企业	126	50	35	41	10989
按登记注册类型分组					
内资企业	103	42	29	33	13117
国有企业	1	1		1	200
联营企业	1				66
有限责任公司	16	8	7	6	6192
私营企业	85	33	22	26	6659
港澳台商投资	23	7	6	5	17118
与港澳台商合资经营	11	3	3	3	2461
港、澳、台商独资经营	10	2	1	2	10837
港、澳、台商投资股份有限公司	2	2	2		3820
外商投资	23	6	8	12	28234
中外合资经营	5	2	2	2	2675
外资企业	18	4	6	10	25559
按隶属关系分组					
地方	149	55	43	50	58469
按企业控股情况分组					
国有控股	5	3	2	2	4148
集体控股	3				747
私人控股	102	42	30	33	8829
港澳台商控股	18	6	5	5	16681
外商控股	20	4	6	9	27732
其他	1			1	332
按地区分组					
杭州市	41	13	13	12	16596
宁波市	41	13	8	14	29770
温州市	40	18	18	12	2886
嘉兴市	12	7	3	7	7426
湖州市	3				169
绍兴市	5	1	1	1	585
台州市	7	3		4	1037

	工业总产值	主营业务收入	利润总额	资产总计	出口交货值
总 计	**6176403**	**6150653**	**525028**	**3795437**	**4715986**
按工业企业规模分组					
大中型企业	5739857	5727704	499092	3330415	4594214
大型企业	5091413	5110506	480265	2898555	4183508
中型企业	648444	617198	18827	431860	410707
小型企业	436546	422949	25936	465022	121772
按登记注册类型分组					
内资企业	1107795	1071320	331669	1095553	335207
国有企业	14161	14161	512	8319	
联营企业	1092	1662	—199	1888	
有限责任公司	853567	827724	317460	849396	294868
私营企业	238975	227773	13896	235949	40340
港澳台商投资	915667	955081	140873	1078803	576621
与港澳台商合资经营	74956	71753	10495	81697	9353
港、澳、台商独资经营	530344	520463	9686	321489	500828
港、澳、台商投资股份有限公司	310368	362865	120691	675616	66440
外商投资	4152942	4124252	52486	1621081	3804159
中外合资经营	71379	73428	—535	81675	10168
外资企业	4081563	4050824	53021	1539406	3793990
按隶属关系分组					
地方	6176403	6150653	525028	3795437	4715986
按企业控股情况分组					
国有控股	318846	371852	117836	668814	61329
集体控股	36023	36233	4815	27025	
私人控股	362001	343769	20267	347790	95812
港澳台商控股	1328877	1295868	329273	1155563	763898
外商控股	4123744	4096019	50764	1588807	3794948
其他	6912	6912	2073	7437	
按地区分组					
杭州市	2305552	2342436	465903	1961046	1303101
宁波市	3503860	3471716	49005	1492919	3242642
温州市	89444	83249	4132	90095	24161
嘉兴市	190861	170479	2930	171400	101113
湖州市	15929	15048	1084	21991	4366
绍兴市	18301	16868	811	28900	5371
台州市	52457	50858	1163	29086	35232

6—42 电子计算机及办公设备制造业R&D人员情况

	R&D人员合计（人）	#1.参加项目人员	2.管理和服务人员	#女性	#研究人员	#1.全时人员	2.非全时人员
总　计	**2795**	**2695**	**100**	**783**	**448**	**2356**	**439**
按工业企业规模分组							
大中型企业	1934	1893	41	629	207	1799	135
大型企业	1768	1736	32	613	193	1707	61
中型企业	166	157	9	16	14	92	74
小型企业	861	802	59	154	241	557	304
按登记注册类型分组							
内资企业	1338	1262	76	284	240	1066	272
国有(单位)	65	56	9	26	39	65	
其他有限责任公司	713	683	30	181	94	645	68
私营独资	9	8	1	1	4		9
私营有限责任公司	545	509	36	76	103	356	189
私营股份有限公司	6	6					6
港澳台商投资	1337	1314	23	480	193	1230	107
与港澳台商合资经营	62	61	1	11	20	13	49
港、澳、台商独资经营	47	43	4	4	6	28	19
港、澳、台商投资股份有限公司	1228	1210	18	465	167	1189	39
外商投资	120	119	1	19	15	60	60
中外合资经营	58	57	1	10	8	47	11
外资企业	62	62		9	7	13	49
按隶属关系分组							
地方	2795	2695	100	783	448	2356	439
按企业控股情况分组							
国有控股	1205	1184	21	472	157	1183	22
私人控股	743	698	45	107	144	457	286
港澳台商控股	785	751	34	195	140	703	82
外商控股	62	62		9	7	13	49
其他							
按地区分组							
杭州市	2092	2043	49	663	279	1874	218
宁波市	230	224	6	44	54	146	84
温州市	292	258	34	34	51	231	61
嘉兴市	153	144	9	37	57	92	61
绍兴市	6	6		1	3	1	5
台州市	22	20	2	4	4	12	10

	R&D人员折合全时当量合计（人年）	#研究人员	#1.基础研究人员	2.应用研究人员	3.试验发展人员
总　计	**2637**	**421**			**2637**
按工业企业规模分组					
大中型企业	1855	203			1855
大型企业	1768	193			1768
中型企业	87	10			87
小型企业	782	219			782
按登记注册类型分组					
内资企业	1220	219			1220
国有(单位)	65	39			65
其他有限责任公司	707	92			707
私营独资	2	1			2
私营有限责任公司	442	87			442
私营股份有限公司	3				3
港澳台商投资	1330	191			1330
与港澳台商合资经营	58	18			58
港、澳、台商独资经营	45	6			45
港、澳、台商投资股份有限公司	1228	167			1228
外商投资	87	12			87
中外合资经营	55	8			55
外资企业	32	4			32
按隶属关系分组					
地方	2637	421			2637
按企业控股情况分组					
国有控股	1205	157			1205
私人控股	620	122			620
港澳台商控股	780	138			780
外商控股	32	4			32
其他					
按地区分组					
杭州市	2067	271			2067
宁波市	215	50			215
温州市	210	40			210
嘉兴市	124	55			124
绍兴市	3	2			3
台州市	18	4			18

6—43 电子计算机及办公设备制造业R&D经费内部支出情况

单位:万元

	R&D经费内部支出合计	按支出用途分组				
		1.经常费支出	#人员劳务费	2.资产性支出	#①土建工程	②仪器设备
总　计	**125634**	**116525**	**77199**	**9108**	**21**	**9087**
按工业企业规模分组						
大中型企业	115226	107063	73556	8163	11	8153
大型企业	112574	104443	72916	8132	11	8121
中型企业	2652	2620	639	32		32
小型企业	10408	9463	3643	945	11	934
按登记注册类型分组						
内资企业	98756	91885	61068	6870	16	6854
国有(单位)	816	769	240	48		48
其他有限责任公司	92321	86038	58646	6283	11	6272
私营独资	45	42	18	3		3
私营有限责任公司	5492	4970	2142	522	5	517
私营股份有限公司	82	66	23	15		15
港澳台商投资	24498	22464	15710	2034	5	2029
与港澳台商合资经营	1184	1151	397	33		33
港、澳、台商独资经营	674	674	239			
港、澳、台商投资股份有限公司	22639	20639	15074	2001	5	1996
外商投资	2380	2176	421	204		204
中外合资经营	896	692	211	204		204
外资企业	1485	1484	210	1		1
按隶属关系分组						
地方	125634	116525	77199	9108	21	9087
按企业控股情况分组						
国有控股	22513	20534	14938	1978		1978
私人控股	8768	7959	3046	808	5	803
港澳台商控股	92869	86548	59005	6321	16	6305
外商控股	1485	1484	210	1		1
其他						
按地区分组						
杭州市	116499	108255	74538	8245	18	8227
宁波市	3073	2662	1088	411	3	408
温州市	3116	2750	948	365		365
嘉兴市	2500	2453	504	48		48
绍兴市	65	41	24	24		24
台州市	380	365	97	15		15

	按活动类型分组			按资金来源分组			
	①基础研究支出	②应用研究支出	③试验发展支出	#1.政府资金	2.企业资金	3.境外资金	4.其他资金
总 计			**125634**	**1426**	**123331**	**877**	
按工业企业规模分组							
大中型企业			115226	619	113730	877	
大型企业			112574	599	111975		
中型企业			2652	20	1755	877	
小型企业			10408	807	9601		
按登记注册类型分组							
内资企业			98756	724	98031		
国有(单位)			816	28	789		
其他有限责任公司			92321	257	92064		
私营独资			45		45		
私营有限责任公司			5492	440	5052		
私营股份有限公司			82		82		
港澳台商投资			24498	537	23961		
与港澳台商合资经营			1184	25	1159		
港、澳、台商独资经营			674	33	641		
港、澳、台商投资股份有限公司			22639	478	22161		
外商投资			2380	165	1338	877	
中外合资经营			896	165	730		
外资企业			1485		608	877	
按隶属关系分组							
地方			125634	1426	123331	877	
按企业控股情况分组							
国有控股			22513	438	22075		
私人控股			8768	698	8070		
港澳台商控股			92869	291	92578		
外商控股			1485		608	877	
其他							
按地区分组							
杭州市			116499	1027	115473		
宁波市			3073	230	2844		
温州市			3116	142	2974		
嘉兴市			2500	28	1596	877	
绍兴市			65		65		
台州市			380		380		

6—44 电子计算机及办公设备制造业 R&D 经费外部支出情况

单位：万元

	R&D 经费外部支出	对境内研究机构支出	对境内高等学校支出	对境外支出
总　计	**3468**	**97**	**1227**	
按工业企业规模分组				
大中型企业	3030		886	
大型企业	3030		886	
中型企业				
小型企业	438	97	341	
按登记注册类型分组				
内资企业	3180	80	956	
国有(单位)				
其他有限责任公司	3095	65	886	
私营独资				
私营有限责任公司	85	15	70	
私营股份有限公司				
港澳台商投资				
与港澳台商合资经营				
港、澳、台商独资经营				
港、澳、台商投资股份有限公司				
外商投资	288	17	271	
中外合资经营	288	17	271	
外资企业				
按隶属关系分组				
地方	3468	97	1227	
按企业控股情况分组				
国有控股				
私人控股	438	97	341	
港澳台商控股	3030		886	
外商控股				
其他				
按地区分组				
杭州市	3050		906	
宁波市	338	17	321	
温州市	80	80		
嘉兴市				
绍兴市				
台州市				

6—45 电子计算机及办公设备制造业全部R&D项目情况

	项目数 （项）	项目人员折合全时当量 （人年）	项目经费内部支出 （万元）
总　计	**175**	**2548**	**123972**
按工业企业规模分组			
大中型企业	27	1820	114495
大型企业	14	1736	111964
中型企业	13	84	2530
小型企业	148	729	9477
按登记注册类型分组			
内资企业	126	1155	97760
国有(单位)	3	56	794
其他有限责任公司	21	678	92046
私营独资	3	2	42
私营有限责任公司	97	415	4797
私营股份有限公司	2	3	82
港澳台商投资	34	1307	23987
与港澳台商合资经营	17	57	1184
港、澳、台商独资经营	7	41	646
港、澳、台商投资股份有限公司	10	1210	22156
外商投资	15	86	2226
中外合资经营	7	54	741
外资企业	8	32	1485
按隶属关系分组			
地方	175	2548	123972
按企业控股情况分组			
国有控股	11	1184	22080
私人控股	136	586	7852
港澳台商控股	20	746	92555
外商控股	8	32	1485
其他			
按地区分组			
杭州市	67	2019	115562
宁波市	46	210	2762
温州市	41	185	2730
嘉兴市	15	115	2478
绍兴市	2	3	65
台州市	4	16	376

6—46 电子计算机及办公设备制造业企业办科技机构情况

	机构数（个）	机构人员合计（人）	#博士毕业	硕士毕业	本科毕业	机构经费支出（万元）	仪器和设备原价（万元）	进口	境外机构数（个）
总　计	**45**	**4112**	**32**	**1646**	**2041**	**120691**	**58630**	**2692**	
按工业企业规模分组									
大中型企业	10	3460	17	1582	1646	113070	55035	2572	
大型企业	4	3174	17	1578	1579	109537	51996	2517	
中型企业	6	286		4	67	3533	3040	55	
小型企业	35	652	15	64	395	7621	3594	120	
按登记注册类型分组									
内资企业	31	2581	26	1222	1135	95651	53200	2547	
国有(单位)									
其他有限责任公司	9	2114	13	1187	885	90950	51356	2517	
私营独资									
私营有限责任公司	22	467	13	35	250	4702	1844	30	
私营股份有限公司									
港澳台商投资	6	1251	5	420	809	21757	2492	90	
与港澳台商合资经营	3	56		7	32	943	494	90	
港、澳、台商独资经营	1	40	1	8	31	706	2		
港、澳、台商投资股份有限公司	2	1155	4	405	746	20108	1996		
外商投资	8	280	1	4	97	3283	2938	55	
中外合资经营	2	63	1	3	25	341	265		
外资企业	6	217		1	72	2941	2673	55	
按隶属关系分组									
地方	45	4112	32	1646	2041	120691	58630	2692	
按企业控股情况分组									
国有控股	2	1129	4	396	729	19574	2231		
私人控股	30	617	14	43	317	6599	3446	120	
港澳台商控股	7	2149	14	1206	923	91577	50280	2517	
外商控股	6	217		1	72	2941	2673	55	
其他									
按地区分组									
杭州市	15	3518	23	1620	1791	115104	54705	2572	
宁波市	8	168	5	13	80	1758	1070	90	
温州市	18	297	4	10	121	2987	1866	30	
嘉兴市	3	106			33	764	867		
绍兴市	1	23		3	16	78	122		
台州市									

6—47 电子计算机及办公设备制造业新产品开发、生产及销售情况

	新产品开发项目数（项）	新产品开发经费支出（万元）	新产品产值（万元）	新产品销售收入（万元）	出口
总　计	**213**	**132946**	**981740**	**811684**	**140216**
按工业企业规模分组					
大中型企业	38	120825	876806	718209	96930
大型企业	15	115405	682709	552560	34321
中型企业	23	5421	194098	165649	62609
小型企业	175	12121	104933	93475	43287
按登记注册类型分组					
内资企业	132	102324	734955	601695	62088
国有(单位)	4	877	803	803	
其他有限责任公司	20	95102	703202	571196	49544
私营独资	3	45	85	101	
私营有限责任公司	103	6219	29467	28211	12544
私营股份有限公司	2	82	1400	1386	
港澳台商投资	40	24833	30743	28304	237
与港澳台商合资经营	25	1452	17266	16532	237
港、澳、台商独资经营	5	742	13477	11772	
港、澳、台商投资股份有限公司	10	22639			
外商投资	41	5789	216042	181685	77892
中外合资经营	9	1029	20558	7247	4750
外资企业	32	4760	195484	174439	73141
按隶属关系分组					
地方	213	132946	981740	811684	140216
按企业控股情况分组					
国有控股	12	22573	3305	3305	
私人控股	142	9579	83643	66571	32732
港澳台商控股	27	96034	699307	567369	34343
外商控股	19	4532	177400	161471	60173
其他	13	228	18084	12968	12968
按地区分组					
杭州市	51	121168	760101	627691	36022
宁波市	76	3879	50062	44330	22202
温州市	52	3842	32970	19401	13392
嘉兴市	19	3294	120492	104952	57773
绍兴市	10	333	3113	3029	22
台州市	5	431	15002	12282	10805

6—48 电子计算机及办公设备制造业自主知识产权及相关情况

	专利申请数(件)	发明专利	有效发明专利数(件)	境外授权	专利所有权转让及许可数(项)
总　计	**850**	**556**	**928**	**6**	**1**
按工业企业规模分组					
大中型企业	647	517	868	5	
大型企业	612	516	859	5	
中型企业	35	1	9		
小型企业	203	39	60	1	1
按登记注册类型分组					
内资企业	665	464	897	6	
国有(单位)	2	2	1		
其他有限责任公司	519	437	872	6	
私营独资					
私营有限责任公司	144	25	24		
私营股份有限公司					
港澳台商投资	149	91	15		1
与港澳台商合资经营	9	2	1		
港、澳、台商独资经营	2	2	1		1
港、澳、台商投资股份有限公司	138	87	13		
外商投资	36	1	16		
中外合资经营	9	1	7		
外资企业	27		9		
按隶属关系分组					
地方	850	556	928	6	1
按企业控股情况分组					
国有控股	119	83	8		
私人控股	181	29	52	1	
港澳台商控股	523	444	859	5	1
外商控股	27		9		
其他					
按地区分组					
杭州市	675	531	878	5	1
宁波市	40	14	15		
温州市	82	6	21	1	
嘉兴市	49	4	14		
绍兴市	4	1			
台州市					

	专利所有权转让及许可收入（万元）	发表科技论文（篇）	拥有注册商标数（件）	境外注册	形成国家或行业标准数（项）
总　计		**28**	**341**	**182**	**7**
按工业企业规模分组					
大中型企业		25	279	180	
大型企业		25	278	180	
中型企业			1		
小型企业		3	62	2	7
按登记注册类型分组					
内资企业		2	199	75	4
国有（单位）					
其他有限责任公司			168	74	
私营独资					
私营有限责任公司		2	31	1	4
私营股份有限公司					
港澳台商投资		26	138	107	3
与港澳台商合资经营		1	3	1	3
港、澳、台商独资经营			1		
港、澳、台商投资股份有限公司		25	134	106	
外商投资			4		
中外合资经营			3		
外资企业			1		
按隶属关系分组					
地方		28	341	182	7
按企业控股情况分组					
国有控股		25	117	106	
私人控股		2	42	2	5
港澳台商控股		1	181	74	2
外商控股			1		
其他					
按地区分组					
杭州市		27	308	181	3
宁波市			13	1	1
温州市			19		1
嘉兴市					
绍兴市		1	1		2
台州市					

6—49 电子计算机及办公设备制造业政府相关政策落实情况

单位:万元

	使用来自政府部门的科技活动资金	研究开发费用加计扣除减免税	高新技术企业减免税
总　计	**1666**	**8500**	**15921**
按工业企业规模分组			
大中型企业	625	7438	15557
大型企业	605	7158	15557
中型企业	20	280	
小型企业	1041	1062	364
按登记注册类型分组			
内资企业	941	8069	15895
国有(单位)	30	64	
其他有限责任公司	271	7212	15627
私营独资			
私营有限责任公司	641	793	268
私营股份有限公司			
港澳台商投资	545	315	26
与港澳台商合资经营	25	315	26
港、澳、台商独资经营	42		
港、澳、台商投资股份有限公司	478		
外商投资	180	116	
中外合资经营	180		
外资企业		116	
按隶属关系分组			
地方	1666	8500	15921
按企业控股情况分组			
国有控股	440	111	51
私人控股	922	981	287
港澳台控股	305	7292	15584
外商控股		116	
其他			
按地区分组			
杭州市	1122	7563	15799
宁波市	306	257	26
温州市	209	482	70
嘉兴市	30	64	
绍兴市		134	26
台州市			

6—50 电子计算机及办公设备制造业技术获取和技术改造情况

单位:万元

	引进技术经费支出	消化吸收经费支出	购买国内技术经费支出	技术改造经费支出
总　计	**5074**	**704**	**75**	**3235**
按工业企业规模分组				
大中型企业	5013	678		2913
大型企业	4345			1357
中型企业	668	678		1557
小型企业	61	26	75	322
按登记注册类型分组				
内资企业	4406	26	75	312
国有(单位)				
其他有限责任公司	4390	25	38	
私营独资	6	1		
私营有限责任公司	10		36	312
私营股份有限公司			1	
港澳台商投资	668	678		2185
与港澳台商合资经营	668	678		828
港、澳、台商独资经营				
港、澳、台商投资股份有限公司				1357
外商投资				739
中外合资经营				345
外资企业				394
按隶属关系分组				
地方	5074	704	75	3235
按企业控股情况分组				
国有控股				1357
私人控股	728	704	75	1485
港澳台商控股	4345			
外商控股				394
其他				
按地区分组				
杭州市	4355			1751
宁波市	668	678		828
温州市	45	25	74	657
嘉兴市				
绍兴市				
台州市	6	1	1	

6—51 医疗设备及仪器仪表制造业基本情况

	企业数（个）	有R&D活动	有科技机构	有新产品销售	年末从业人员（人）
总　计	**974**	**388**	**296**	**384**	**148556**
按工业企业规模分组					
大中型企业	100	71	81	80	73032
大型企业	5	2	2	2	15033
中型企业	95	69	79	78	57999
小型企业	874	317	215	304	75524
按登记注册类型分组					
内资企业	828	319	241	323	105998
国有企业	5	4	3	5	1278
集体企业	6	1			579
股份合作企业	34	9	4	8	3150
有限责任公司	121	55	41	61	20407
股份有限公司	22	16	13	13	15564
私营企业	640	234	180	236	65020
港澳台商投资	54	28	20	23	17525
与港澳台商合资经营	27	15	12	11	8414
与港澳台商合作经营	3	2		1	772
港、澳、台商独资经营	22	10	7	10	7563
港、澳、台商投资股份有限公司	2	1	1	1	776
外商投资	92	41	35	38	25033
中外合资经营	53	27	24	27	10976
中外合作经营企业	2				125
外资企业	36	13	10	10	13803

	企业数（个）	有R&D活动	有科技机构	有新产品销售	年末从业人员（人）
外商投资股份有限公司	1	1	1	1	129
按隶属关系分组					
中央	1				450
地方	973	388	296	384	148106
按企业控股情况分组					
国有控股	10	6	5	7	2121
集体控股	27	9	8	10	4706
私人控股	828	321	243	322	106738
港澳台商控股	38	18	15	16	14111
外商控股	62	23	19	23	19008
其他	9	11	6	6	1872
按地区分组					
杭州市	264	133	103	109	39776
宁波市	244	94	63	91	38708
温州市	149	46	40	37	23943
嘉兴市	57	29	22	25	8787
湖州市	18	5	5	6	1473
绍兴市	27	12	10	10	3808
金华市	52	9	12	16	7429
衢州市	7				279
舟山市	13	1	1		1416
台州市	136	58	39	90	22105
丽水市	7	1	1		832

单位:万元

	工业总产值	主营业务收入	利润总额	资产总计	出口交货值
总　计	**6587478**	**6356181**	**573092**	**6717925**	**1561380**
按工业企业规模分组					
大中型企业	3923604	3796162	373012	3926865	1068753
大型企业	1255036	1252646	83247	1005557	322623
中型企业	2668568	2543517	289765	2921309	746130
小型企业	2663875	2560019	200081	2791060	492627
按登记注册类型分组					
内资企业	4745170	4548948	377533	4883077	725782
国有企业	51729	49104	1940	56783	4938
集体企业	14359	13846	4	22587	1581
股份合作企业	97573	80337	5897	97045	6459
有限责任公司	903475	837992	84398	855537	71087
股份有限公司	1319572	1301530	100701	1231481	201531
私营企业	2358462	2266139	184593	2619643	440187
港澳台商投资	632960	609508	56952	710738	336874
与港澳台商合资经营	305525	297358	27825	254995	118094
与港澳台商合作经营	15364	14134	574	20364	8169
港、澳、台商独资经营	290042	275733	24985	401491	193228
港、澳、台商投资股份有限公司	22028	22283	3568	33889	17383
外商投资	1209349	1197725	138608	1124111	498723
中外合资经营	534803	515737	54901	473568	189506
中外合作经营企业	1682	1784	29	6249	1433
外资企业	670210	677334	83581	642556	305678

单位：万元

	工业总产值	主营业务收入	利润总额	资产总计	出口交货值
外商投资股份有限公司	2654	2870	97	1737	2106
按隶属关系分组					
中央	26503	23255	376	23183	
地方	6560975	6332926	572716	6694743	1561380
按企业控股情况分组					
国有控股	74124	70721	4262	97319	4959
集体控股	161700	134826	11941	163433	16838
私人控股	4814213	4636100	405354	4902536	820262
港澳台商控股	542365	523503	51128	641349	279785
外商控股	914951	911438	98614	852317	407958
其他	80126	79593	1793	60972	31578
按地区分组					
杭州市	2547076	2459555	252136	2444939	446167
宁波市	1450694	1428416	113005	1543282	456519
温州市	922706	880203	85232	1123847	123236
嘉兴市	364719	358444	40416	356907	94072
湖州市	77335	74121	5145	104533	9706
绍兴市	146443	141653	11821	142079	10254
金华市	209787	202745	11994	225932	100632
衢州市	15837	15226	1445	16003	3370
舟山市	43944	39173	1153	40725	1110
台州市	738932	693444	45164	669069	314690
丽水市	70006	63202	5582	50610	1627

6—52 医疗设备及仪器仪表制造业R&D人员情况

	R&D人员合计（人）	#1.参加项目人员	2.管理和服务人员	#女性	#研究人员	#1.全时人员	2.非全时人员
总　计	**11404**	**10786**	**618**	**2243**	**2804**	**7312**	**4092**
按工业企业规模分组							
大中型企业	6020	5778	242	1327	1300	4220	1800
大型企业	919	898	21	198	111	659	260
中型企业	5101	4880	221	1129	1189	3561	1540
小型企业	5384	5008	376	916	1504	3092	2292
按登记注册类型分组							
内资企业	8712	8192	520	1581	2241	5656	3056
国有(单位)	174	162	12	41	89	155	19
集体(单位)	7	5	2	2	1	7	
股份合作	190	173	17	27	47	131	59
国有独资公司	37	23	14	9	37	22	15
其他有限责任公司	1845	1758	87	260	464	1158	687
股份有限公司	1625	1564	61	355	316	1172	453
私营独资	217	205	12	37	65	115	102
私营合伙	14	13	1		8	3	11
私营有限责任公司	4202	3905	297	767	1160	2593	1609
私营股份有限公司	401	384	17	83	54	300	101
港澳台商投资	953	925	28	221	172	726	227
与港澳台商合资经营	331	323	8	78	37	214	117
与港澳台商合作经营	28	28		6	4	10	18
港、澳、台商独资经营	511	492	19	110	120	420	91
港、澳、台商投资股份有限公司	83	82	1	27	11	82	1

	R&D人员合计（人）	#1.参加项目人员	2.管理和服务人员	#女性	#研究人员	#1.全时人员	2.非全时人员
外商投资	1739	1669	70	441	391	930	809
中外合资经营	748	712	36	169	198	356	392
外资企业	973	941	32	267	190	560	413
外商投资股份有限公司	18	16	2	5	3	14	4
按隶属关系分组							
地方	11404	10786	618	2243	2804	7312	4092
按企业控股情况分组							
国有控股	231	203	28	55	143	193	38
集体控股	228	209	19	47	51	142	86
私人控股	8732	8249	483	1605	2158	5551	3181
港澳台商控股	826	791	35	185	153	609	217
外商控股	1166	1127	39	308	278	650	516
其他	221	207	14	43	21	167	54
按地区分组							
杭州市	4599	4325	274	914	1149	2921	1678
宁波市	2701	2615	86	601	503	1825	876
温州市	1476	1341	135	182	371	1101	375
嘉兴市	821	769	52	195	325	554	267
湖州市	38	33	5	6	12	18	20
绍兴市	219	210	9	58	79	185	34
金华市	140	122	18	22	29	103	37
衢州市							
舟山市	10	10			5	7	3
台州市	1392	1354	38	264	328	597	795
丽水市	8	7	1	1	3	1	7

	R&D人员折合全时当量合计（人年）	＃研究人员	＃1.基础研究人员	2.应用研究人员	3.试验发展人员
总　计	**9637**	**2371**			**9637**
按工业企业规模分组					
大中型企业	5155	1100			5155
大型企业	803	94			803
中型企业	4351	1006			4351
小型企业	4482	1271			4482
按登记注册类型分组					
内资企业	7333	1890			7333
国有（单位）	154	79			154
集体（单位）	7	1			7
股份合作	173	43			173
国有独资公司	37	37			37
其他有限责任公司	1614	411			1614
股份有限公司	1415	265			1415
私营独资	176	61			176
私营合伙	9	7			9
私营有限责任公司	3355	936			3355
私营股份有限公司	393	52			393
港澳台商投资	839	160			839
与港澳台商合资经营	272	35			272
与港澳台商合作经营	14	2			14
港、澳、台商独资经营	470	113			470
港、澳、台商投资股份有限公司	83	11			83
外商投资	1465	321			1465

	R&D人员折合全时当量合计（人年）	#研究人员	#1.基础研究人员	2.应用研究人员	3.试验发展人员
中外合资经营	540	141			540
外资企业	907	176			907
外商投资股份有限公司	18	3			18
按隶属关系分组					
地方	9637	2371			9637
按企业控股情况分组					
国有控股	211	133			211
集体控股	186	42			186
私人控股	7319	1807			7319
港澳台商控股	744	144			744
外商控股	1010	227			1010
其他	166	19			166
按地区分组					
杭州市	4142	1044			4142
宁波市	2333	419			2333
温州市	1184	273			1184
嘉兴市	674	275			674
湖州市	28	9			28
绍兴市	159	59			159
金华市	90	26			90
衢州市					
舟山市	9	4			9
台州市	1010	259			1010
丽水市	8	3			8

6—53 医疗设备及仪器仪表制造业 R&D 经费内部支出情况

单位：万元

	R&D经费内部支出合计	按支出用途分组				
		1.经常费支出	#人员劳务费	2.资产性支出	#①土建工程	②仪器设备
总　计	**145314**	**129590**	**54949**	**15724**	**357**	**15367**
按工业企业规模分组						
大中型企业	79128	69755	30412	9373	252	9121
大型企业	17808	15911	6406	1897	236	1662
中型企业	61320	53844	24006	7476	17	7459
小型企业	66186	59836	24537	6351	105	6246
按登记注册类型分组						
内资企业	110803	98853	40530	11950	344	11606
国有(单位)	2101	1939	1075	162	8	154
集体(单位)	62	53	30	9		9
股份合作	1677	1597	821	80		80
国有独资公司	530	474	148	56		56
其他有限责任公司	19723	17899	9946	1824	18	1806
股份有限公司	29671	26524	9819	3147	236	2911
私营独资	2506	1976	825	530	18	512
私营合伙	136	120	36	16		16
私营有限责任公司	50715	44856	16309	5859	63	5796
私营股份有限公司	3684	3416	1521	268	2	267
港澳台商投资	13207	11063	4601	2144	6	2138
与港澳台商合资经营	5547	5028	1972	518		518
与港澳台商合作经营	155	153	98	1		1
港、澳、台商独资经营	4906	4785	2228	121	6	115
港、澳、台商投资股份有限公司	2601	1097	303	1504		1504

单位:万元

	R&D经费内部支出合计	按支出用途分组				
		1.经常费支出	#人员劳务费	2.资产性支出	#①土建工程	②仪器设备
外商投资	21304	19674	9817	1630	6	1624
中外合资经营	10217	9407	3749	810	2	808
外资企业	10882	10144	6019	738	5	733
外商投资股份有限公司	206	124	50	82		82
按隶属关系分组						
地方	145314	129590	54949	15724	357	15367
按企业控股情况分组						
国有控股	2841	2619	1341	222	8	214
集体控股	3163	3069	1171	94	3	91
私人控股	113460	101198	40765	12262	334	11928
港澳台商控股	9816	8126	3533	1690	6	1684
外商控股	12922	11930	6738	993	1	992
其他	3111	2649	1401	462	5	458
按地区分组						
杭州市	63859	58655	25819	5204	273	4931
宁波市	35728	30543	12685	5185	8	5177
温州市	15840	14235	5672	1605	16	1589
嘉兴市	11990	11276	5207	714	30	685
湖州市	604	515	153	89	4	85
绍兴市	2750	2467	952	283	3	281
金华市	1549	1455	549	94		94
衢州市						
舟山市	210	204	65	6		6
台州市	12460	10088	3820	2373	24	2349
丽水市	323	152	27	171		171

单位:万元

	按活动类型分组			按资金来源分组			
	①基础研究支出	②应用研究支出	③试验发展支出	#1.政府资金	2.企业资金	3.境外资金	4.其他资金
总　计			**145314**	**4267**	**140402**	**21**	**625**
按工业企业规模分组							
大中型企业			79128	1468	77228	21	411
大型企业			17808	809	16589		411
中型企业			61320	660	60639	21	
小型企业			66186	2798	63174		215
按登记注册类型分组							
内资企业			110803	3943	106234		625
国有(单位)			2101	10	2091		
集体(单位)			62		62		
股份合作			1677	169	1502		6
国有独资公司			530		530		
其他有限责任公司			19723	649	19074		
股份有限公司			29671	854	28407		411
私营独资			2506	45	2461		
私营合伙			136		136		
私营有限责任公司			50715	1972	48533		209
私营股份有限公司			3684	245	3439		
港澳台商投资			13207	117	13091		
与港澳台商合资经营			5547	98	5449		
与港澳台商合作经营			155	11	143		
港、澳、台商独资经营			4906	8	4898		
港、澳、台商投资股份有限公司			2601		2601		
外商投资			21304	207	21077	21	

单位:万元

	按活动类型分组			按资金来源分组			
	①基础研究支出	②应用研究支出	③试验发展支出	#1.政府资金	2.企业资金	3.境外资金	4.其他资金
中外合资经营			10217	127	10069	21	
外资企业			10882	80	10802		
外商投资股份有限公司			206		206		
按隶属关系分组							
地方			145314	4267	140402	21	625
按企业控股情况分组							
国有控股			2841	30	2811		
集体控股			3163	142	3021		
私人控股			113460	3726	109152		582
港澳台商控股			9816	216	9601		
外商控股			12922	86	12816	21	
其他			3111	68	3000		44
按地区分组							
杭州市			63859	2429	60979		452
宁波市			35728	440	35239		49
温州市			15840	782	15058		
嘉兴市			11990	305	11685		
湖州市			604	13	592		
绍兴市			2750	37	2630		84
金华市			1549	53	1496		
衢州市							
舟山市			210	4	206		
台州市			12460	204	12195	21	41
丽水市			323		323		

6－54　医疗设备及仪器仪表制造业R&D经费外部支出情况

单位：万元

	R&D经费外部支出	对境内研究机构支出	对境内高等学校支出	对境外支出
总　计	**5714**	**2098**	**2837**	**194**
按工业企业规模分组				
大中型企业	1386	142	1244	
大型企业				
中型企业	1386	142	1244	
小型企业	4328	1956	1593	194
按登记注册类型分组				
内资企业	4691	1952	2104	168
国有(单位)	170		170	
集体(单位)				
股份合作	5	5		
国有独资公司				
其他有限责任公司	923	263	553	30
股份有限公司	281		281	
私营独资	119	52	67	
私营合伙				
私营有限责任公司	3163	1612	1023	138
私营股份有限公司	30	20	10	
港澳台商投资	444		326	
与港澳台商合资经营	100		82	
与港澳台商合作经营	99			
港、澳、台商独资经营	65		65	
港、澳、台商投资股份有限公司	179		179	

	R&D经费外部支出	对境内研究机构支出	对境内高等学校支出	对境外支出
外商投资	580	146	407	26
中外合资经营	434	49	385	
外资企业	146	97	23	26
外商投资股份有限公司				
按隶属关系分组				
地方	5714	2098	2837	194
按企业控股情况分组				
国有控股	170		170	
集体控股				
私人控股	4794	1952	2108	168
港澳台商控股	324		306	
外商控股	412	146	239	26
其他	15		15	
按地区分组				
杭州市	2303	1127	833	30
宁波市	1266	434	756	76
温州市	680	370	269	
嘉兴市	580	92	270	88
湖州市	23		23	
绍兴市	194	14	180	
金华市	131	3	128	
衢州市				
舟山市				
台州市	538	59	380	
丽水市				

6—55 医疗设备及仪器仪表制造业全部R&D项目情况

	项目数（项）	项目人员折合全时当量（人年）	项目经费内部支出（万元）
总　计	**1467**	**9117**	**137340**
按工业企业规模分组			
大中型企业	485	4958	76182
大型企业	58	786	17573
中型企业	427	4172	58610
小型企业	982	4159	61158
按登记注册类型分组			
内资企业	1222	6895	105545
国有(单位)	15	143	1994
集体(单位)	1	5	53
股份合作	28	157	1557
国有独资公司	7	23	246
其他有限责任公司	223	1539	19075
股份有限公司	155	1366	29278
私营独资	43	165	2282
私营合伙	6	8	136
私营有限责任公司	699	3112	47480
私营股份有限公司	45	376	3445
港澳台商投资	105	816	11433
与港澳台商合资经营	49	266	5320
与港澳台商合作经营	3	14	155
港、澳、台商独资经营	50	453	4737
港、澳、台商投资股份有限公司	3	82	1222

	项目数 （项）	项目人员折合 全时当量 （人年）	项目经费 内部支出 （万元）
外商投资	140	1407	20363
中外合资经营	89	511	9815
外资企业	47	879	10414
外商投资股份有限公司	4	16	133
按隶属关系分组			
地方	1467	9117	137340
按企业控股情况分组			
国有控股	27	184	2430
集体控股	32	171	3059
私人控股	1215	6913	108831
港澳台商控股	79	715	8058
外商控股	82	979	12284
其他	32	155	2678
按地区分组			
杭州市	551	3900	61490
宁波市	398	2262	33456
温州市	157	1082	14242
嘉兴市	96	628	11344
湖州市	8	25	565
绍兴市	36	151	2599
金华市	26	77	1535
衢州市			
舟山市	2	9	210
台州市	190	977	11784
丽水市	3	7	115

6—56　医疗设备及仪器仪表制造业企业办科技机构情况

	机构数（个）	机构人员合计（人）	#博士毕业	硕士毕业	本科毕业	机构经费支出（万元）	仪器和设备原价（万元）	进口	境外机构数（个）
总　计	**331**	**11398**	**151**	**971**	**5192**	**130203**	**79563**	**13918**	**7**
按工业企业规模分组									
大中型企业	101	6819	76	652	2842	79020	48246	9666	2
大型企业	8	716	6	43	409	10885	1784	857	
中型企业	93	6103	70	609	2433	68135	46461	8809	2
小型企业	230	4579	75	319	2350	51182	31317	4252	5
按登记注册类型分组									
内资企业	271	8312	101	517	3906	92692	53340	6205	6
国有(单位)	4	113		4	63	1566	236		
集体(单位)									
股份合作	4	137		2	79	1385	3939	1136	
国有独资公司	1	31			24	246	56		
其他有限责任公司	45	1879	24	153	834	20802	9722	23	1
股份有限公司	21	1425	20	77	719	21818	8328	1707	
私营独资	11	206	6	12	90	1974	1331		
私营合伙	2	23			5	27	392		
私营有限责任公司	174	4097	50	259	1977	41411	26967	3249	5
私营股份有限公司	9	401	1	10	115	3462	2369	89	
港澳台商投资	20	922	3	37	312	11889	11226	5089	1
与港澳台商合资经营	12	343	1	15	132	5515	3793	425	
与港澳台商合作经营									1
港、澳、台商独资经营	7	496	2	16	150	5152	5929	4664	
港、澳、台商投资股份有限公司	1	83		6	30	1222	1504		

6—56 续表

	机构数（个）	机构人员合计（人）	#博士毕业	硕士毕业	本科毕业	机构经费支出（万元）	仪器和设备原价（万元）	进口	境外机构数（个）
外商投资	40	2164	47	417	974	25622	14997	2624	
中外合资经营	26	1239	12	59	551	12925	10076	1827	
外资企业	13	905	35	358	409	12563	4839	797	
外商投资股份有限公司	1	20			14	134	82		
按隶属关系分组									
地方	331	11398	151	971	5192	130203	79563	13918	7
按企业控股情况分组									
国有控股	6	166		5	96	2003	329		
集体控股	9	231	5	10	129	4589	2199	256	
私人控股	272	8778	102	528	4035	97171	58074	7029	6
港澳台商控股	15	777	2	25	226	8589	9167	4826	
外商控股	23	1339	38	394	646	15778	8846	1806	
其他	6	107	4	9	60	2074	948		1
按地区分组									
杭州市	126	4832	84	631	2551	53438	24078	5413	1
宁波市	63	2391	28	112	993	34284	21786	5788	4
温州市	43	1557	7	66	599	15829	8629	148	
嘉兴市	26	728	12	94	334	8283	4674		1
湖州市	5	61	1	6	23	1067	657		
绍兴市	10	252	1	13	109	2679	2162	200	
金华市	15	342	5	12	88	2492	2083	58	1
衢州市									
舟山市	1	7			5	210	6		
台州市	41	1219	13	35	483	11913	15478	2311	
丽水市	1	9		2	7	9	10		

6—57 医疗设备及仪器仪表制造业新产品开发、生产及销售情况

	新产品开发项目数（项）	新产品开发经费支出（万元）	新产品产值（万元）	新产品销售收入（万元）	
					出口
总计	**1764**	**174945**	**2010961**	**1914393**	**354095**
按工业企业规模分组					
大中型企业	577	94804	1431945	1385339	269105
大型企业	70	17784	404728	392698	29223
中型企业	507	77020	1027217	992642	239882
小型企业	1187	80142	579016	529053	84990
按登记注册类型分组					
内资企业	1467	132191	1465429	1376748	153138
国有(单位)	20	2508	13094	12468	2896
集体(单位)	1	62			
股份合作	35	2086	9142	7454	
国有独资公司	7	530	6108	6108	
其他有限责任公司	241	24168	307319	287256	10507
股份有限公司	179	30810	492087	481336	48610
私营独资	47	2758	28989	26797	4131
私营合伙	25	711	6068	5904	
私营有限责任公司	862	64407	545543	493460	79307
私营股份有限公司	50	4153	57078	55966	7688
港澳台商投资	127	14921	176366	158790	106390
与港澳台商合资经营	66	7053	81946	73231	45964
与港澳台商合作经营	4	203	5309	5309	1434
港、澳、台商独资经营	54	5064	84443	75583	55258
港、澳、台商投资股份有限公司	3	2601	4667	4667	3734

	新产品开发项目数（项）	新产品开发经费支出（万元）	新产品产值（万元）	新产品销售收入（万元）	出口
外商投资	170	27834	369167	378854	94567
中外合资经营	104	15562	256589	269918	90064
外资企业	62	12066	111695	107986	3743
外商投资股份有限公司	4	206	882	950	760
按隶属关系分组					
地方	1764	174945	2010961	1914393	354095
按企业控股情况分组					
国有控股	32	3248	19842	19180	2896
集体控股	31	3182	29600	25498	4197
私人控股	1470	136278	1568668	1498419	240482
港澳台商控股	93	10678	121942	107844	76449
外商控股	105	17714	237009	229672	19235
其他	33	3845	33899	33781	10835
按地区分组					
杭州市	654	76318	758146	724864	97739
宁波市	456	39103	460875	435158	100911
温州市	192	21528	262997	239563	20210
嘉兴市	108	12874	214710	209417	4526
湖州市	13	884	13143	12769	3077
绍兴市	43	3421	34360	34061	3662
金华市	36	3356	35035	42340	23384
衢州市	1	31			
舟山市	2	210			
台州市	255	16192	231696	216220	100585
丽水市	4	1028			

6—58 医疗设备及仪器仪表制造业自主知识产权及相关情况

	专利申请数（件）	发明专利	有效发明专利数（件）	境外授权	专利所有权转让及许可数（项）
总　计	**2354**	**414**	**822**	**12**	**51**
按工业企业规模分组					
大中型企业	858	169	385	5	41
大型企业	104	36	111		
中型企业	754	133	274	5	41
小型企业	1496	245	437	7	10
按登记注册类型分组					
内资企业	1826	288	673	7	51
国有(单位)	25	1	8		
集体(单位)					
股份合作	22	3	11		
国有独资公司	1		2		
其他有限责任公司	410	64	149	2	2
股份有限公司	202	62	162	3	
私营独资	88	8	47		4
私营合伙					
私营有限责任公司	1041	138	248	2	45
私营股份有限公司	37	12	46		
港澳台商投资	228	21	41	2	
与港澳台商合资经营	166	11	25	2	
与港澳台商合作经营	11				
港、澳、台商独资经营	36	7	15		
港、澳、台商投资股份有限公司	15	3	1		

	专利申请数（件）	发明专利	有效发明专利数（件）	境外授权	专利所有权转让及许可数（项）
外商投资	300	105	108	3	
中外合资经营	184	49	49	2	
外资企业	116	56	59	1	
外商投资股份有限公司					
按隶属关系分组					
地方	2354	414	822	12	51
按企业控股情况分组					
国有控股	33	3	10		
集体控股	46	14	7		
私人控股	1899	297	691	9	51
港澳台商控股	107	12	23		
外商控股	175	77	82	3	
其他	94	11	9		
按地区分组					
杭州市	851	197	404	5	2
宁波市	776	122	175	2	30
温州市	229	28	74	5	15
嘉兴市	167	21	50		4
湖州市	40	8	26		
绍兴市	36	9	27		
金华市	91	5	13		
衢州市					
舟山市					
台州市	164	24	53		
丽水市					

	专利所有权转让及许可收入（万元）	发表科技论文（篇）	拥有注册商标数（件）	境外注册	形成国家或行业标准数（项）
总　计	**1833**	**154**	**1273**	**288**	**191**
按工业企业规模分组					
大中型企业	1833	79	633	216	130
大型企业		13	4	2	11
中型企业	1833	66	629	214	119
小型企业		75	640	72	61
按登记注册类型分组					
内资企业	1827	125	871	196	104
国有(单位)		5			2
集体(单位)					
股份合作		3	15		2
国有独资公司		2			
其他有限责任公司	145	57	161	5	22
股份有限公司		22	54	6	19
私营独资			26		
私营合伙			4		
私营有限责任公司	1682	35	581	184	55
私营股份有限公司		1	30	1	4
港澳台商投资	6		187	54	52
与港澳台商合资经营	6		41	16	8
与港澳台商合作经营			3		
港、澳、台商独资经营			141	38	16
港、澳、台商投资股份有限公司			2		28
外商投资		29	215	38	35

	专利所有权转让及许可收入（万元）	发表科技论文（篇）	拥有注册商标数（件）	境外注册	形成国家或行业标准数（项）
中外合资经营		7	197	35	3
外资企业		22	18	3	32
外商投资股份有限公司					
按隶属关系分组					
地方	1833	154	1273	288	191
按企业控股情况分组					
国有控股		10	3		5
集体控股		4	11	1	3
私人控股	1827	108	993	219	107
港澳台商控股		3	172	53	44
外商控股		28	87	15	32
其他	6	1	7		
按地区分组					
杭州市	145	111	386	30	38
宁波市		21	365	67	60
温州市	1682	13	286	156	43
嘉兴市		7	24	4	35
湖州市			28	15	
绍兴市			9		7
金华市	6	2	36	3	6
衢州市					
舟山市					
台州市			139	13	2
丽水市					

6－59　医疗设备及仪器仪表制造业政府相关政策落实情况

单位：万元

	使用来自政府部门的科技活动资金	研究开发费用加计扣除减免税	高新技术企业减免税
总　计	**5922**	**16069**	**15858**
按工业企业规模分组			
大中型企业	1822	12378	10695
大型企业	959	2252	2009
中型企业	863	10126	8686
小型企业	4100	3691	5163
按登记注册类型分组			
内资企业	5526	9379	12366
国有(单位)	10	125	57
集体(单位)			
股份合作	169	387	335
国有独资公司	160	119	
其他有限责任公司	787	1395	2467
股份有限公司	1399	3016	4426
私营独资	69	48	9
私营合伙			
私营有限责任公司	2688	3811	4615
私营股份有限公司	245	479	457
港澳台商投资	145	2440	919
与港澳台商合资经营	115	503	430
与港澳台商合作经营	18		75
港、澳、台商独资经营	12	1890	153
港、澳、台商投资股份有限公司		46	262

单位:万元

	使用来自政府部门的科技活动资金	研究开发费用加计扣除减免税	高新技术企业减免税
外商投资	252	4250	2572
中外合资经营	172	2330	419
外资企业	80	1920	2153
外商投资股份有限公司			
按隶属关系分组			
地方	5922	16069	15858
按企业控股情况分组			
国有控股	190	244	57
集体控股	142	326	308
私人控股	5173	8998	12581
港澳台商控股	219	2120	690
外商控股	120	4090	2153
其他	78	291	68
按地区分组			
杭州市	2964	5824	7014
宁波市	950	5221	3888
温州市	1011	1821	2580
嘉兴市	314	1392	547
湖州市	173		
绍兴市	60	470	294
金华市	128	439	145
衢州市			
舟山市	4		
台州市	308	902	1392
丽水市	10		

6—60 医疗设备及仪器仪表制造业技术获取和技术改造情况

单位:万元

	引进技术经费支出	消化吸收经费支出	购买国内技术经费支出	技术改造经费支出
总　计	**3030**	**2453**	**3967**	**55343**
按工业企业规模分组				
大中型企业	1077	1559	2951	48067
大型企业	3	50	205	11078
中型企业	1074	1509	2746	36989
小型企业	1954	894	1017	7276
按登记注册类型分组				
内资企业	1825	948	2528	42135
国有(单位)			428	12
集体(单位)				
股份合作	48	38	11	13
国有独资公司				415
其他有限责任公司	88		491	8433
股份有限公司	135	83	261	21131
私营独资	51	36	65	951
私营合伙	9	1	16	
私营有限责任公司	1164	552	1110	10829
私营股份有限公司	330	239	147	350
港澳台商投资	435	289	1057	10551
与港澳台商合资经营	135	81	105	6990
与港澳台商合作经营				
港、澳、台商独资经营	301	208	952	3561
港、澳、台商投资股份有限公司				

单位:万元

	引进技术经费支出	消化吸收经费支出	购买国内技术经费支出	技术改造经费支出
外商投资	770	1216	382	2657
中外合资经营	555	1216	382	1629
外资企业	215			1028
外商投资股份有限公司				
按隶属关系分组				
地方	3030	2453	3967	55343
按企业控股情况分组				
国有控股			428	427
集体控股	348	590	200	
私人控股	2032	1574	2215	49672
港澳台商控股	435	289	952	3764
外商控股	215		172	1478
其他				2
按地区分组				
杭州市	120	600	1574	9095
宁波市	604	739	305	28479
温州市	278	32	678	551
嘉兴市	215		180	1185
湖州市	112	33	56	45
绍兴市				737
金华市	806	451	35	698
衢州市				
舟山市				
台州市	895	598	1139	14550
丽水市				2

七、全国及分省（市、区）情况

7—1 各地区科技活动人员情况

	科技活动人员（人）	大学本科及以上学历
全　国	**6702018**	**2923833**
北　京	529811	272004
天　津	151702	64999
河　北	185719	84933
山　西	165228	47473
内蒙古	69037	31875
辽　宁	221031	108054
吉　林	113961	59383
黑龙江	146593	74549
上　海	334627	161529
江　苏	733060	254232
浙　江	500287	194222
安　徽	236524	96630
福　建	179271	69967
江　西	102626	47681
山　东	457173	207844
河　南	261331	111722
湖　北	284910	126680
湖　南	199864	99450
广　东	805526	324940
广　西	89125	43593
海　南	19708	10731
重　庆	102504	50318
四　川	279583	123083
贵　州	56292	28832
云　南	91417	44149
西　藏	3350	2353
陕　西	206929	91217
甘　肃	70359	37504
青　海	20412	9238
宁　夏	23881	11875
新　疆	60160	32765

7—2　各地区研究与试验发展(R&D)人员情况

	单位数(个)	有R&D活动单位	R&D人员(人)	其中:女性	其中:研究人员
全　国	**444712**	**47037**	**3542244**	**894443**	**1747589**
北　京	10998	2175	269932	90062	153530
天　津	7498	961	86374	24163	45360
河　北	14709	810	91794	26628	60438
山　西	4908	440	67022	15817	41404
内蒙古	4989	390	32873	10321	19719
辽　宁	24398	1001	126393	37205	78865
吉　林	6396	368	65380	20286	43380
黑龙江	6283	584	83052	24001	53644
上　海	18316	1782	177488	47074	91588
江　苏	65825	8160	406231	86703	150611
浙　江	33239	9012	286751	67781	96291
安　徽	14534	1484	94610	18286	47271
福　建	20645	1765	101374	24727	40355
江　西	8681	649	53470	13246	29128
山　东	45617	2988	275360	70550	129758
河　南	19942	1554	144025	31918	69436
湖　北	17219	1471	142917	31434	81945
湖　南	15361	2084	109749	26478	57239
广　东	55825	4426	446579	93739	178873
广　西	7132	700	52481	14799	30146
海　南	712	117	7194	2094	3599
重　庆	7400	624	58886	15774	31857
四　川	14547	1099	130400	33279	72097
贵　州	2774	282	23431	7062	13822
云　南	4698	512	37780	12573	21607
西　藏	151	35	1618	503	953
陕　西	5043	575	98701	28909	60815
甘　肃	2507	358	31301	7616	19111
青　海	638	113	7643	2016	4650
宁　夏	1156	161	10370	2564	4875
新　疆	2568	357	21065	6835	15222

	R&D人员按工作量分		R&D人员按学历分			
	全时人员	非全时人员	博士毕业	硕士毕业	本科毕业	其他学历
全 国	**2197609**	**1344635**	**201728**	**495133**	**1091322**	**1754061**
北 京	179020	90912	45505	67914	88500	68013
天 津	52093	34281	6018	12640	25443	42273
河 北	48238	43556	3057	12689	30143	45905
山 西	37094	29928	2400	8138	17482	39002
内蒙古	19537	13336	1353	4762	12151	14607
辽 宁	78788	47605	9007	20285	38147	58954
吉 林	34115	31265	6980	15101	21337	21962
黑龙江	53014	30038	4788	12673	25476	40115
上 海	117203	60285	18006	32077	53160	74245
江 苏	244766	161465	14512	36230	103069	252420
浙 江	159869	126882	9295	24173	87755	165528
安 徽	59491	35119	4128	13458	30515	46509
福 建	62717	38657	3764	8764	31308	57538
江 西	31571	21899	1918	6725	16922	27905
山 东	176314	99046	9900	28961	98972	137527
河 南	79127	64898	3915	15496	44392	80222
湖 北	90617	52300	10056	19508	37088	76265
湖 南	61113	48636	5752	16823	35986	51188
广 东	333995	112584	13329	60178	130120	242952
广 西	27759	24722	2839	10151	16689	22802
海 南	4010	3184	484	1205	1739	3766
重 庆	34608	24278	3973	9636	18949	26328
四 川	75552	54848	7109	20216	46665	56410
贵 州	12371	11060	1256	3038	8261	10876
云 南	18593	19187	2739	6795	12756	15490
西 藏	1109	509	92	368	763	395
陕 西	68393	30308	5731	15900	32227	44843
甘 肃	17586	13715	2113	5088	11867	12233
青 海	3635	4008	285	742	2367	4249
宁 夏	5341	5029	355	1259	3769	4987
新 疆	9970	11095	1069	4140	7304	8552

	R&D人员折合全时当量（人年）	其中：研究人员	其中：		
			基础研究	应用研究	试验发展
全　国	**2553829**	**1210841**	**173683**	**335587**	**2044599**
北　京	193718	107218	29482	52441	111794
天　津	58771	30220	4749	10492	43534
河　北	62305	39947	3808	10581	47919
山　西	46279	26069	2782	7894	35606
内蒙古	24765	14525	1885	4074	18807
辽　宁	84654	50134	7666	13109	63884
吉　林	45313	29581	6751	12231	26333
黑龙江	61854	38587	7408	8397	46052
上　海	134952	66759	14160	22852	97948
江　苏	315831	111415	8519	17213	290109
浙　江	223484	68950	5943	10783	206766
安　徽	64169	30998	5829	8353	49987
福　建	76737	28091	3435	8090	65218
江　西	34823	18835	2246	4660	27918
山　东	190329	89811	9481	20070	160777
河　南	101467	48800	2888	5622	92966
湖　北	97924	53243	5985	15485	76457
湖　南	72637	36366	5360	11631	55653
广　东	344692	140196	9273	20499	314925
广　西	33987	19175	5129	10031	18829
海　南	4893	2070	578	903	3413
重　庆	37078	19676	3634	6049	27396
四　川	83800	45254	9273	18293	56242
贵　州	15087	8483	2055	2578	10455
云　南	22552	12541	3895	6285	12375
西　藏	1259	686	330	645	283
陕　西	73218	45323	5579	15095	52545
甘　肃	21661	13094	2303	5005	14352
青　海	4858	2683	653	1185	3023
宁　夏	6378	2817	1076	1128	4175
新　疆	14382	9321	1581	3926	8875

7—3 各地区研究与试验发展(R&D)经费情况

	R&D经费内部支出（万元）	其中：		
		基础研究	应用研究	试验发展
全　国	**70625775**	**3244923**	**8937885**	**58442966**
北　京	8218234	956109	2168640	5093478
天　津	2295644	94219	378231	1823196
河　北	1554492	52822	230886	1270778
山　西	898835	22831	164303	711705
内蒙古	637205	11234	60283	565688
辽　宁	2874703	73012	361569	2440124
吉　林	758005	61727	180451	515824
黑龙江	1230434	95907	189232	945298
上　海	4817031	310459	689890	3816677
江　苏	8579491	225144	532269	7822086
浙　江	4942349	113365	302541	4526437
安　徽	1637219	122379	156585	1358253
福　建	1708982	41885	94875	1572226
江　西	871527	24397	78890	768246
山　东	6720045	132841	366053	6221155
河　南	2111675	31000	94107	1986569
湖　北	2641180	102496	472519	2066164
湖　南	1865584	69104	249105	1547373
广　东	8087478	167218	373207	7547056
广　西	628696	36005	95588	497106
海　南	70204	10681	24801	34724
重　庆	1002663	64984	131763	805917
四　川	2642695	154232	829966	1658499
贵　州	299665	21805	36002	241860
云　南	441672	55211	110391	276073
西　藏	14599	1977	5331	7290
陕　西	2175042	101416	383492	1690132
甘　肃	419385	56509	88006	274871
青　海	99438	9795	15589	74055
宁　夏	115101	9861	10336	94904
新　疆	266545	14326	63005	189216

单位：万元

	其中：			
	日常性支出	人员劳务费	资产性支出	仪器和设备
全　　国	**59252528**	**16670047**	**11373248**	**9348058**
北　　京	6559340	1891119	1658893	1187882
天　　津	1853558	443444	442084	349635
河　　北	1251688	300663	302804	224358
山　　西	744856	182636	153980	137689
内 蒙 古	541394	120693	95811	91703
辽　　宁	2512699	471477	362005	303856
吉　　林	668322	143672	89681	72894
黑 龙 江	1041582	257457	188849	164521
上　　海	4204858	1391191	612172	508563
江　　苏	7292419	1846520	1287075	1130353
浙　　江	4323623	1456286	618723	587852
安　　徽	1340932	332036	296290	233047
福　　建	1377018	427112	331964	321024
江　　西	697914	174080	173617	155503
山　　东	5807270	1351814	912779	805258
河　　南	1739846	443403	371829	327883
湖　　北	2254809	499213	386369	312494
湖　　南	1628550	404237	237037	210382
广　　东	6957660	2864269	1129817	1032952
广　　西	526983	150319	101710	88868
海　　南	53253	17340	16952	11013
重　　庆	778744	218186	223920	191782
四　　川	1973478	561041	669219	350832
贵　　州	267772	60945	31895	25181
云　　南	351001	98619	90673	73865
西　　藏	12225	3753	2375	2206
陕　　西	1723741	338000	451300	327552
甘　　肃	358839	98338	60545	51243
青　　海	81709	20932	17729	15394
宁　　夏	92956	27897	22146	21429
新　　疆	233523	73389	33023	30863

	其中:			
	政府资金	企业资金	境外资金	其他资金
全　　国	**16962977**	**50631435**	**921427**	**2109939**
北　　京	4720749	2704275	300646	492569
天　　津	441448	1701965	82379	69852
河　　北	273894	1220159	540	59895
山　　西	131631	748695	857	17656
内 蒙 古	93760	523360	10935	9154
辽　　宁	655922	2143293	6402	69090
吉　　林	291062	435739	1686	29519
黑 龙 江	375784	801042	1058	52549
上　　海	1427831	3182831	68024	138345
江　　苏	1145377	7105992	115463	212671
浙　　江	479955	4354470	32672	75253
安　　徽	360739	1188612	2212	85658
福　　建	176073	1484503	13798	34613
江　　西	173103	673328	2447	22650
山　　东	588821	6001743	28443	101041
河　　南	317136	1724876	1321	68345
湖　　北	619388	1926755	9010	86029
湖　　南	265685	1509798	13056	77051
广　　东	657617	7089332	213405	127125
广　　西	152128	451914	866	23785
海　　南	41004	25861	134	3207
重　　庆	208184	755313	3095	36077
四　　川	1495037	1089018	5970	52677
贵　　州	75265	202653	247	21504
云　　南	174612	243819	2062	21180
西　　藏	10583	3671		345
陕　　西	1309954	767315	1257	96517
甘　　肃	162659	239981	1237	15507
青　　海	31177	64134	1461	2668
宁　　夏	26678	86519	3	1904
新　　疆	79755	180507	749	5536

	R&D经费外部支出	对国内研究机构支出	对国内高等学校支出	对国内企业支出	对境外支出
全　国	**4454240**	**1706447**	**940737**	**994953**	**673767**
北　京	785211	399243	152650	158589	16690
天　津	222666	46007	19306	12523	142614
河　北	77555	30106	18189	18091	10921
山　西	55803	25536	17904	11913	450
内蒙古	32781	16584	11609	1976	2605
辽　宁	178024	71665	20064	42671	31871
吉　林	42582	16393	9606	8322	7831
黑龙江	100056	47025	26209	21072	5723
上　海	314336	52961	38050	95971	123658
江　苏	342260	124820	89512	47582	80135
浙　江	331530	117730	77774	101703	33929
安　徽	115207	33068	28468	34836	18598
福　建	116770	38698	19049	15204	43799
江　西	69347	38978	16833	5564	7001
山　东	483222	196572	139603	103457	42753
河　南	89139	41205	21057	12401	3571
湖　北	120389	44234	38912	30852	5765
湖　南	90911	45941	23864	14878	3394
广　东	319074	85216	52175	120661	60499
广　西	32788	12169	7422	10772	2421
海　南	8095	7511	542	35	
重　庆	63853	32715	11562	5301	14115
四　川	170946	68907	42716	41103	5251
贵　州	14409	8843	3847	908	771
云　南	33731	9045	4867	17794	2025
西　藏	261	171		36	
陕　西	120139	54189	25623	8842	2059
甘　肃	35292	16414	10891	3013	4894
青　海	6588	2363	2536	98	
宁　夏	5168	2158	1578	1093	339
新　疆	76131	19993	8341	47702	83

7—4 各地区研究与试验发展(R&D)产出情况

	专利申请数(件)	发明专利	专利授权数(件)	发明专利	有效发明专利数(件)	专利所有权转让及许可数(件)	专利所有权转让及许可收入(万元)
全　国	**417597**	**175566**	**50144**	**24430**	**307392**	**237317**	**667059**
北　京	31241	23207	7811	5843	37737	900	57511
天　津	13332	6007	1260	688	8147	282	19641
河　北	5112	1774	877	292	4333	115	6044
山　西	3181	1422	382	226	2900	51	6226
内蒙古	1232	602	108	69	832	28	71
辽　宁	12127	4932	2127	945	11063	181	16167
吉　林	3039	1801	765	496	3520	58	2448
黑龙江	4943	2824	1351	997	6901	149	784
上　海	26530	14525	4948	2725	26091	909	59578
江　苏	70309	23085	7191	2410	33454	1818	228304
浙　江	59235	13234	6611	1876	28163	1711	33375
安　徽	13553	4014	739	375	6210	578	8301
福　建	10532	3934	601	338	5315	824	11596
江　西	2788	1017	456	74	1427	77	4863
山　东	27878	9671	1852	786	13953	1045	39855
河　南	9611	3443	790	368	5358	188	9097
湖　北	13098	5587	2300	1058	11523	534	21637
湖　南	11001	4608	1079	526	11756	158	8183
广　东	61819	32849	2331	1154	56545	1758	78444
广　西	2225	923	235	105	1727	150	3136
海　南	519	286	71	40	426	29	345
重　庆	7580	2722	986	439	5109	250	7465
四　川	9288	4472	1256	786	7505	224918	32677
贵　州	1926	924	151	63	1308	18	23
云　南	2620	1431	632	259	3121	109	1699
西　藏	49	42	4	2	3		
陕　西	8860	4470	2675	1178	10037	250	3521
甘　肃	1844	938	318	190	1564	138	2015
青　海	223	105	33	27	155		
宁　夏	682	252	44	19	304	45	3548
新　疆	1220	465	160	76	905	46	506

	集成电路布图设计登记数（件）	植物新品种权授予数（项）	形成国家或行业标准数（项）	发表科技论文（篇）	出版科技著作（种）
全　国	**361**	**947**	**27237**	**1478188**	**45563**
北　京	226	61	3146	165322	7844
天　津		2	621	30665	1147
河　北	48	23	404	40425	917
山　西		8	510	21571	789
内蒙古		8	212	13050	451
辽　宁		35	629	54978	2665
吉　林	4	33	174	39042	1148
黑龙江		62	210	45571	1405
上　海	23	12	1074	87971	3329
江　苏	23	80	3203	117481	2386
浙　江	2	24	3079	58060	1713
安　徽	9	53	920	39668	1515
福　建	1	11	739	26588	808
江　西	2	10	210	29001	721
山　东		49	4538	77632	2814
河　南		62	543	55003	1908
湖　北	3	21	996	84882	2681
湖　南	3	60	453	118232	1758
广　东	5	39	1916	78862	2329
广　西		21	270	29235	565
海　南		4	122	5717	320
重　庆	4	25	445	32924	1068
四　川	4	88	891	66706	1478
贵　州		20	272	16326	367
云　南	3	44	300	26408	815
西　藏			3	996	75
陕　西	1	12	747	60690	1417
甘　肃		20	172	26391	659
青　海		8	69	3356	82
宁　夏		10	159	7292	113
新　疆		42	210	18136	276

7—5 各地区研究与试验发展(R&D)项目(课题)情况

	项目(课题)数 (项)	项目(课题)参加人员折合全时当量 (人年)	研究人员	项目(课题)经费内部支出 (万元)
全　国	**865616**	**2262842**	**1061331**	**56172065**
北　京	94213	173310	92784	5566236
天　津	24790	52561	27199	1720192
河　北	19932	53683	34281	1209730
山　西	11075	40746	23520	698427
内蒙古	7352	21433	12737	506302
辽　宁	30431	74550	44058	2091653
吉　林	17191	37078	24231	619805
黑龙江	21533	54600	33453	912930
上　海	55564	118942	57628	3793676
江　苏	73490	282385	98235	7217543
浙　江	68466	208886	62684	4533582
安　徽	27292	55906	28517	1247497
福　建	25127	67812	23778	1390074
江　西	16572	29236	15362	693970
山　东	50566	166722	76260	5513358
河　南	24064	88735	42782	1834428
湖　北	40629	85761	46560	2128750
湖　南	33373	64610	33292	1560212
广　东	72747	307776	124239	7261349
广　西	17413	30452	16430	476834
海　南	3116	4639	1743	49087
重　庆	18545	32676	17039	755744
四　川	38208	73714	41347	1762359
贵　州	9476	12989	7447	228606
云　南	13942	19914	10342	279380
西　藏	498	969	542	10823
陕　西	29281	62367	38685	1487606
甘　肃	9989	18064	10379	296282
青　海	1306	4343	2194	64327
宁　夏	3616	5736	2456	86517
新　疆	5819	12250	7614	174833

7－6 各地区研究开发机构情况

	机构数（个）	R&D人员（人）	博士毕业	硕士毕业	R&D经费支出（万元）	科研用仪器设备原价（万元）	进口
全国	**48670**	**1608924**	**115732**	**269403**	**38094625**	**44094928**	**11590425**
北京	2298	150461	29476	45279	5885597	4881369	1650385
天津	953	34344	3326	5791	938199	1372228	482772
河北	892	34109	1380	5195	736312	1016840	231209
山西	636	18337	890	2442	219469	724684	127149
内蒙古	492	14416	626	1828	344265	334987	84716
辽宁	1498	48425	5090	9111	1177510	1413990	390122
吉林	650	23492	3449	4958	407882	712801	258121
黑龙江	784	30314	2625	5565	468373	667881	168652
上海	1949	89267	9684	20448	2955634	3720510	1390779
江苏	6678	157482	8732	20295	3699701	3913203	1069411
浙江	7654	156333	5577	12867	2977921	3670849	717593
安徽	2221	37439	2313	5509	730156	1145405	248757
福建	1694	44594	1964	4754	927501	1055546	332387
江西	698	18275	899	2387	382636	430014	53687
山东	3484	139500	7047	17286	3503409	3816339	960439
河南	1794	64928	1883	7751	1106664	1229323	237637
湖北	1564	57303	5442	11042	1235279	1738957	378821
湖南	1764	42852	3673	8167	709435	1106178	104321
广东	4452	238065	6963	42935	4665427	5092439	985280
广西	714	16779	1430	2833	270154	316479	89427
海南	216	2498	225	522	47323	53176	15774
重庆	764	23566	1855	3809	516547	702405	235888
四川	1534	62772	4021	10464	1860839	1886649	432181
贵州	331	8552	655	1011	116035	303065	63738
云南	614	13935	1126	2414	232164	485986	190630
西藏	31	670	17	137	6560	12135	601
陕西	900	50094	3097	9487	1501612	1501303	454701
甘肃	472	14238	1328	2452	186554	371474	123087
青海	123	3137	190	416	52935	60566	16630
宁夏	225	4343	166	469	63947	122217	18522
新疆	589	8401	582	1784	168612	235913	77034

7—7 各地区高技术产业生产经营情况

单位:亿元

地区	企业单位数(个)	从业人员平均人数(人)	当年价总产值	主营业务收入	利润总额	利税	出口交货值
全国	**28189**	**10922252**	**74708.9**	**74482.8**	**4879.7**	**6753.1**	**37001.6**
东部地区	20457	8533907	61602.4	61775.7	3698.3	5074.0	35033.9
中部地区	3666	1103099	5438.6	5283.5	516.7	719.8	717.0
西部地区	2444	892968	4877.8	4672.1	418.6	626.3	712.9
北京	1103	249889	2992.7	3333.8	182.2	264.9	1217.0
天津	817	240022	2242.4	2291.1	115.6	187.4	1114.8
河北	438	171439	843.2	883.1	89.3	123.3	158.0
山西	157	120945	249.2	233.9	12.8	20.4	53.6
内蒙古	107	27846	234.7	225.2	31.1	40.3	6.6
辽宁	987	218709	1711.8	1709.8	141.0	182.8	516.2
吉林	436	101147	726.7	642.4	57.5	79.8	7.2
黑龙江	199	72422	351.6	399.2	47.7	70.4	14.4
上海	1423	531834	6900.6	7019.7	251.2	307.9	4987.0
江苏	4868	2267628	16277.8	16169.6	942.1	1285.7	9726.0
浙江	3339	646326	3413.3	3323.7	296.3	404.4	1290.0
安徽	745	146412	682.2	661.5	69.6	95.1	44.7
福建	791	321249	2620.9	2576.5	197.7	242.1	1494.4
江西	555	218106	1037.5	1039.3	64.0	101.6	146.9
山东	1847	545398	5175.6	5148.8	383.6	554.7	1564.9
河南	728	244892	1227.1	1185.6	129.7	169.2	59.5
湖北	798	214977	1312.0	1257.0	151.3	192.1	377.7
湖南	683	157767	930.6	906.1	89.3	141.5	34.6
广东	5774	3547488	21050.2	20952.8	1225.6	1684.1	13479.4
广西	338	110210	432.4	383.8	55.9	69.0	95.1
海南	57	12634	85.7	76.7	14.5	19.5	2.3
重庆	324	88616	531.5	507.8	25.4	45.9	57.1
四川	830	325736	2154.3	2104.9	154.6	257.9	453.1
贵州	150	66968	322.5	266.0	27.2	38.6	9.7
云南	144	26672	169.4	160.1	21.5	33.2	6.5
西藏	11	1471	6.1	5.1	2.1	2.7	
陕西	381	198975	858.4	865.2	77.6	108.9	68.9
甘肃	81	27545	80.9	76.2	11.7	15.1	2.6
青海	28	5145	23.3	21.3	1.2	2.2	0.1
宁夏	16	6708	35.9	30.9	6.0	7.1	9.3
新疆	34	7076	28.5	25.5	4.2	5.4	3.8

注:本表的统计范围为年主营业务收入500万元及以上的工业企业。

7—8　各地区高技术产业R&D活动人员

	有R&D活动的企业单位数（个）	R&D人员合计（人）	#全时人员	#研究人员	R&D人员全时当量（人年）
全　　国	**2460**	**463392**	**377713**	**191332**	**399074**
东部地区	1859	360660	298668	143288	316360
中部地区	308	44009	34290	19374	35896
西部地区	224	43516	33405	19932	36202
北　　京	100	11420	9220	3949	8440
天　　津	56	8189	5706	3524	6750
河　　北	34	7444	5883	4407	6632
山　　西	17	1559	1164	587	1098
内 蒙 古	9	311	201	160	227
辽　　宁	34	7564	6238	4324	4047
吉　　林	16	1968	1563	802	1644
黑 龙 江	19	5675	3549	3612	4924
上　　海	120	21254	18133	8112	19278
江　　苏	524	73216	53902	19679	64496
浙　　江	273	27681	20792	6759	24485
安　　徽	43	7863	6421	3638	6693
福　　建	98	16567	13027	5888	14034
江　　西	37	6804	5471	2665	5418
山　　东	114	19825	15893	9337	15618
河　　南	84	9232	6305	3668	7262
湖　　北	73	12634	10514	6617	10461
湖　　南	54	5917	4415	2199	4964
广　　东	531	174644	155963	81404	156235
广　　西	23	1375	1111	819	1115
海　　南	9	420	149	229	392
重　　庆	43	4595	3745	2021	4000
四　　川	32	13425	11990	5736	11640
贵　　州	28	5495	4461	1913	4932
云　　南	13	1187	577	325	1002
西　　藏	1	10	7	3	10
陕　　西	57	15303	10298	8259	12006
甘　　肃	10	1150	647	563	727
青　　海	2	29	27	15	22
宁　　夏	4	522	232	101	408
新　　疆	2	114	109	17	114

注:本表至7—13表的统计范围为大中型工业企业。

7—9 各地区高技术产业R&D活动经费情况

单位:万元

地区	R&D经费内部支出	#人员劳务费	#仪器和设备	#1.政府资金	2.企业资金	R&D经费外部支出合计
全国	**9678300**	**3339904**	**1125447**	**784202**	**8511872**	**697070**
东部地区	7855617	2944487	957311	342085	7185570	568871
中部地区	633876	184520	79560	102781	523026	50724
西部地区	751954	148000	69641	212815	520759	41455
北京	368388	121670	30151	44889	319016	120634
天津	220547	78895	19437	4232	165600	131751
河北	90836	24505	16963	5641	82954	18634
山西	13882	3576	890	331	13224	306
内蒙古	3672	1073	505	172	3500	41
辽宁	258646	29020	11963	78128	153117	11080
吉林	19327	3622	948	1078	18083	1322
黑龙江	158880	30254	6024	47316	111316	23618
上海	673565	255588	63011	65657	595463	47456
江苏	1351327	349406	181853	38078	1228085	57987
浙江	524402	223734	55996	21820	498603	30301
安徽	122141	25815	17797	34670	86049	10569
福建	373649	115137	31861	9757	356749	29809
江西	104371	23458	21900	23989	79167	20719
山东	612385	133804	65699	33299	567169	39261
河南	98992	27494	18889	11433	86305	7618
湖北	198633	77597	14969	16861	179437	6544
湖南	95857	26581	5114	15497	78845	4968
广东	3630850	1639775	491185	118009	3362966	88123
广西	15746	3786	1367	1966	13570	1965
海南	9668	1973	1154	703	8965	4916
重庆	64451	19179	13519	8618	55015	7562
四川	247534	54150	5139	68449	178232	13735
贵州	98334	14287	2290	30059	64106	1871
云南	17283	3717	832	1448	15513	1277
西藏	648	15	313		579	
陕西	261870	44837	39969	89350	161054	13506
甘肃	30314	3945	4796	11954	17888	978
青海	722	165	57	60	662	55
宁夏	7680	2101	855	715	6965	387
新疆	3701	744		25	3676	76

7—10 各地区高技术产业新产品开发和生产

单位:万元

地区	新产品开发项目数(项)	新产品开发经费	新产品产值	新产品销售收入	出口
全国	**42820**	**10069385**	**165026115**	**163647630**	**74345122**
东部地区	31366	7956937	147421724	146816695	72711334
中部地区	4346	784798	8046425	8087730	1093435
西部地区	5499	960978	6547946	5947922	449742
北京	1394	503264	13659447	13607777	6007693
天津	1570	286850	8539382	8481937	5385088
河北	860	84196	694240	701062	83849
山西	101	14488	491332	478459	6483
内蒙古	30	3962	68013	85620	15
辽宁	532	187839	2326777	2185478	87700
吉林	230	20702	335604	317110	2911
黑龙江	847	158131	347638	292694	
上海	2192	851462	10779647	11761955	3730029
江苏	5125	1839490	25657113	25619005	10797376
浙江	2234	580192	7409716	6956994	2467966
安徽	1190	151688	688313	841827	93865
福建	1042	401274	9075524	8074863	3942138
江西	519	123956	1275836	1175791	143898
山东	2189	685158	10021091	11133363	2924834
河南	783	129567	1087199	1323861	123975
湖北	1380	285418	2962179	2781652	681371
湖南	373	79681	1541567	1486141	43843
广东	14595	2710412	61567664	60464340	37372362
广西	270	20935	225311	199155	13706
海南	165	14639	17900	15401	
重庆	667	57767	1632013	1469500	53559
四川	2487	372848	1643519	1385860	112719
贵州	729	134270	684536	581453	36549
云南	87	13069	276181	261031	26081
西藏					
陕西	987	326309	1609766	1586068	96839
甘肃	164	16562	177660	170318	23049
青海	10	710	257	215	179
宁夏	58	6555	198738	178064	87046
新疆	10	7992	31952	30638	

7—11 各地区高技术产业专利情况

单位:件

地　区	专利申请数	发明专利	拥有发明专利
全　国	**59683**	**35371**	**50166**
东部地区	51127	31600	44884
中部地区	4037	1700	2648
西部地区	3486	1602	2075
北　京	2804	1942	2136
天　津	1889	1075	872
河　北	349	202	285
山　西	100	44	79
内蒙古	12	10	8
辽　宁	650	338	271
吉　林	113	41	105
黑龙江	270	90	183
上　海	3453	2554	2509
江　苏	7528	2679	3604
浙　江	3358	1252	2199
安　徽	938	400	347
福　建	1865	949	624
江　西	349	147	203
山　东	3087	1472	1268
河　南	997	345	328
湖　北	886	536	1201
湖　南	767	228	490
广　东	26740	19458	31356
广　西	92	27	195
海　南	54	17	31
重　庆	420	218	320
四　川	1452	648	417
贵　州	520	294	399
云　南	110	58	221
西　藏	1	1	
陕　西	732	290	466
甘　肃	114	40	29
青　海			
宁　夏	18	9	11
新　疆	15	7	9

7—12 各地区高技术产业技术获取和技术改造情况

单位:万元

地 区	技术引进经费支出	消化吸收经费支出	购买国内技术经费支出	技术改造经费支出
全 国	**687810**	**138268**	**212944**	**2687343**
东部地区	608389	88925	174398	1776275
中部地区	15341	20718	15173	216232
西部地区	31338	6855	16317	592634
北 京	58452	260	4375	8930
天 津	153264	1443	6310	90271
河 北	2122	1265	1812	27409
山 西		124	908	812
内蒙古		12		6091
辽 宁	5090	142	2123	39851
吉 林	706		90	531
黑龙江	26946	21627	4844	61820
上 海	49054	5991	11728	102880
江 苏	130605	21596	52315	693797
浙 江	22273	17394	12226	261491
安 徽	312	7413	2935	34269
福 建	102565	4261	30784	98744
江 西	5020	1856	790	28630
山 东	11068	22651	11295	170118
河 南	1131	677	2838	43790
湖 北	620	341	2765	35837
湖 南	8257	10308	4937	72896
广 东	78986	12319	36610	322451
广 西	240	1430	1257	16268
海 南		1745	6943	184
重 庆	33	733	2722	43668
四 川	30166	280	10312	306163
贵 州	251	596	8	35281
云 南	20	80	482	2224
西 藏				
陕 西	628	3711	1534	156236
甘 肃				19130
青 海				
宁 夏		13		7146
新 疆				427

7—13 各地区高技术产业企业办R&D机构情况

地 区	有R&D机构的企业单位数（个）	R&D机构数（个）	R&D机构人员（人）	R&D机构经费支出（万元）	仪器设备
全 国	**2227**	**3184**	**413640**	**8784256**	**5906711**
东部地区	1634	2331	327449	7580549	4631393
中部地区	299	416	38143	481936	539548
西部地区	228	340	36974	531257	506518
北 京	83	104	11629	388112	120314
天 津	46	61	6016	135963	115129
河 北	35	40	5089	63988	59336
山 西	17	21	1250	10159	14270
内蒙古	9	9	236	4360	4856
辽 宁	33	54	6305	139792	91837
吉 林	16	16	2119	18265	108280
黑龙江	17	27	2650	32456	29134
上 海	111	170	24723	713007	627402
江 苏	423	620	50152	1183946	517429
浙 江	293	388	29852	545013	392684
安 徽	48	81	5347	80471	73373
福 建	77	101	12119	337694	204918
江 西	33	48	6518	58138	103349
山 东	104	175	19346	651911	295862
河 南	91	131	9130	101200	90655
湖 北	70	84	11282	165486	184597
湖 南	40	51	4616	66483	73304
广 东	452	656	167866	3548905	2296232
广 西	20	26	1218	18749	15588
海 南	10	16	657	12010	2087
重 庆	34	57	2940	40917	46470
四 川	47	63	16400	246285	188624
贵 州	31	41	4088	36604	105649
云 南	15	16	1259	22926	19848
西 藏	1	1	8	335	313
陕 西	51	96	8957	132758	96163
甘 肃	13	18	1223	12734	22043
青 海	1	1	8	80	575
宁 夏	4	10	577	7653	6272
新 疆	2	2	60	7857	118

7—14 各地区高技术产业投资基本情况

单位：亿元

地区	施工项目数（个）	新开工	全部建成或投产项目数（个）	项目建成投产率（%）	投资额	新增固定资产	固定资产交付使用率（%）
全国	**10723**	**7117**	**6011**	**56.06**	**6944.73**	**4450.41**	**64.08**
东部地区	5216	3173	2677	517.34	3995.70	2406.50	635.52
中部地区	4368	3272	2797	557.89	2168.91	1296.78	510.32
西部地区	1139	672	537	457.07	780.11	747.12	681.59
北京	105	41	24	22.86	136.94	36.51	26.66
天津	131	75	66	50.38	215.93	192.91	89.34
河北	342	241	198	57.89	214.12	134.19	62.67
山西	94	55	50	53.19	48.09	17.05	35.45
内蒙古	72	55	48	66.67	53.90	23.00	42.67
辽宁	318	222	157	49.37	440.27	174.56	39.65
吉林	847	788	757	89.37	275.43	208.13	75.57
黑龙江	166	120	103	62.05	103.90	72.60	69.88
上海	211	99	78	36.97	232.34	85.02	36.59
江苏	1377	932	893	64.85	1324.22	971.44	73.36
浙江	587	294	241	41.06	152.63	104.99	68.79
安徽	701	496	372	53.07	415.29	147.07	35.41
福建	300	167	84	28.00	161.18	88.40	54.84
江西	740	491	517	69.86	453.03	356.27	78.64
山东	762	464	384	50.39	520.96	260.71	50.04
河南	668	492	381	57.04	325.86	187.33	57.49
湖北	491	337	296	60.29	266.24	160.93	60.45
湖南	589	438	273	46.35	227.17	124.40	54.76
广东	769	424	374	48.63	495.85	302.70	61.05
广西	302	211	177	58.61	93.33	53.90	57.75
海南	12	3	1	8.33	7.93	1.17	14.78
重庆	197	136	105	53.30	195.21	46.37	23.75
四川	406	230	216	53.20	334.43	378.69	113.23
贵州	55	33	16	29.09	19.69	5.95	30.21
云南	97	52	29	29.90	31.09	9.80	31.52
西藏	18	5	11	61.11	1.68	1.22	72.79
陕西	218	115	99	45.41	163.60	286.43	175.08
甘肃	98	69	35	35.71	22.43	11.02	49.14
青海	12	5	7	58.33	4.53	4.20	92.70
宁夏	12	5	4	33.33	3.80	0.87	22.93
新疆	26	22	15	57.69	3.65	2.57	70.24

主 要 指 标 解 释

科技活动：指在自然科学、农业科学、医药科学、工程与技术科学、人文与社会科学领域（简称科学技术领域）中与科技知识的产生、发展、传播和应用密切相关的有组织的活动。为核算科技投入的需要，科技活动可分为科学研究与试验发展（R&D）、科学研究与试验发展成果应用及相关的科技服务三类活动。

科学研究与试验发展：指在科学技术领域，为增加知识总量以及运用这些知识去创造新的应用进行的系统的创造性的活动，包括基础研究、应用研究、试验发展三类活动。

基础研究：指为了获得关于现象和可观察事实的基本原理的新知识（揭示客观事物的本质、运动规律，获得新发现、新学说）而进行的实验性或理论性研究，它不以任何专门或特定的应用或使用为目的。其成果以科学论文和科学著作为主要形式。

应用研究：也指为获得新知识而进行的创造性研究，主要针对某一特定的目的或目标。应用研究是为了确定基础研究成果可能的用途，或是为达到预定的目标探索应采取的新方法（原理性）或新途径。其成果形式以科学论文、专著、原理性模型或发明专利为主。

试验发展：指利用从基础研究、应用研究和实际经验所获得的现有知识，为产生新的产品、材料和装置，建立新的工艺、系统和服务，以及对已产生和建立的上述各项作实质性的改进而进行的系统性工作。其成果形式主要是专利、专有技术、新产品原型或样机样件等。

科学研究与试验发展成果应用：指为使试验发展阶段产生的新产品、材料和装置，建立的新工艺、系统和服务以及作实质性改进后的上述各项能够投入生产或实际应用，解决所存在的技术问题而进行的系统性的工作。这类活动的成果形式大多是可供生产和实际操作的带有技术和工艺参数的图纸、技术标准和操作规范。

科技服务：指与科学研究与实验发展有关，并有助于科学技术知识的产生、传播和应用的活动。

从业人员年平均人数：从业人员是指在从事劳动并取得劳动报酬或经营收入的全部劳动力。从业人员年平均人数是指在报告期平均每天拥有的从业人员数。

科学家和工程师：指具有高、中级技术职称（职务）的人员和无高中级技术职称（职务）的大学本科及以上学历的人员。

专业技术人员：指从事专业技术工作的人员以及从事专业技术管理工作且在1983年以前审定了专业技术职称或在1984年以后聘任了专业技术职务的人员。

工程技术人员：指负担工程技术和工程技术管理工作并具有工程技术能力的人员。

从业人员劳动报酬：指工业企业在报告期内直接支付给本企业全部从业人员的劳动报酬总额，包括职工工资总额和企业其他从业人员劳动报酬两部分。

工业总产值：指以货币表现的工业企业在报告期内生产的工业产品总量，包括本年生产成品价值，对外加工费收入，自制半成品、在制品期末期初差额价值。

产品销售收入：指工业企业销售产成品、自制半成品的收入和提供工业性劳务等取得的收入总额。

产品销售利润：指企业销售收入扣除其成本、费用、税金后的余额。

利润总额：指企业在生产经营过程中各种收入扣除各种消耗后的盈余，反映企业在报告期内实现的盈亏总额（亏损以"–"号表示），包括企业的营业利润、补贴收入、各种投资净收益和营业外收支净额。

年末固定资产原价：指企业在建造、购置、安装、改建、扩建、技术改造固定资产时实际支出的全部货币总额。

生产经营用机器设备原价：指企业在年末拥有的直接服务于企业生产、经营过程的各种机器设备的原价。

微电子控制机器设备原价：指企业在年末拥有的、利用微电子技术（包括电子计算机、集成电路等）对生产过程进行控制、观察测量、测试等生产机器设备的原价。

科技活动人员：指企业在报告年度直接从事（或参与）科技活动以及专门从事科技活动管理和为科技活

动提供直接服务的人员。累计从事科技活动的时间占制度工作时间10%(不含)以下的人员不统计。

科技活动全时人员:指企业科技活动人员中在报告年度实际从事科技活动的时间占制度工作时间90%以上(含90%)的人员。

科技活动非全时人员:指企业科技活动人员中在报告年度实际从事科技活动的时间占制度工作时间在10%(含10%)~90%(不含)的人员。

研究与试验发展人员:指企业科技活动人员中从事基础研究、应用研究和试验发展三类活动的人员。

科技活动经费筹集总额:指企业在报告年度从各种渠道筹集到的计划用于科技活动的经费,包括企业资金、金融机构贷款、政府资金、事业单位资金、国外资金、其他资金等。

企业资金:指报告年度本企业从自有资金中提取或接受在国内注册的其他企业委托获得的计划用于科研和技术开发活动的经费,不包括来自政府有关部门、金融机构以及国外的计划用于科技活动的经费。

金融机构贷款:指企业从各类金融机构获得的用于科技活动的贷款。

政府资金:指企业从各级政府部门获得的计划用于科技活动的经费,包括科技专项费、科研基建费和贷款等。

国外资金:指本企业从中国境外的企业、大学、国际组织、民间组织、金融机构及外国政府获得的计划用于科技活动的经费,不包括从在国内注册的外资企业获得的计划用于科技活动的经费。

其他资金:指科技活动执行单位从上述渠道以外获得的计划用于科技活动的经费,如来自民间非营利机构的资助和个人捐赠等。

科技活动经费支出总额:指企业在报告年度实际支出的全部科技活动费用,包括列入技术开发的经费支出以及技措技改等资金实际用于科技活动的支出,不包括生产性支出和归还贷款支出。科技活动经费支出总额分为内部支出和外部支出。

科技活动经费内部支出:指企业在报告年度用于内部开展科技活动实际支出的费用,包括外协加工费,不包括委托研制或合作研制而支付外单位的经费。

科技活动人员劳务费:指以货币或实物形式直接或间接支付给科技活动人员的劳动报酬及各种费用,包括各种形式的工资、补助工资、津贴、价格补贴、奖金、福利、失业保险、养老保险、医疗保险、工伤保险、人民助学金等。为科技活动提供间接服务人员的劳务费计入其他支出。

固定资产购建:指企业在报告年度为开展科技活动,使用非基本建设资金进行固定资产购置,以及使用基本建设费进行新建、改建、扩建、购置、安装科研用固定资产以及进行科研设备改造及大修理等的实际支出。

设备购置:指在报告期内为进行科技活动而购置的科研仪器设备、图书资料、实验材料和标本以及其他设备的支出。

研究与试验发展经费支出:指报告年度在企业科技活动经费内部支出中用于基础研究、应用研究和试验发展三类项目以及这三类项目的管理和服务费用的支出。

基础研究支出:指报告年度在企业科技活动经费内部支出中用于基础研究项目以及这类项目的管理和服务费用的支出。

应用研究支出:指报告年度在企业科技活动经费内部支出中用于应用研究项目以及这类项目的管理和服务费用的支出。

试验发展支出:指报告年度在企业科技活动经费内部支出中用于试验发展项目以及这类项目的管理和服务费用的支出。

科技活动经费外部支出:指企业在报告年度委托其他单位或与其他单位合作开展科技活动而支付给其他单位的经费,不包括外协加工费。

新产品:指采用新技术原理、新设计构思研制、生产的全新产品,或在结构、材质、工艺等某一方面比原有产品有明显改进,从而显著提高了产品性能或扩大了使用功能的产品。

新产品产值:指报告年度本企业生产的新产品的价值。

新产品销售收入:指报告年度本企业销售新产品实现的销售收入。

新产品出口收入:指报告年度本企业将新产品出售给外贸部门和直接出售给外商所实现的销售收入。

全部科技项目数:指企业在报告年度当年立项并开展研制工作和以前年份立项仍继续进行研制的科技项目数,包括当年完成和年内研制工作已告失败的科技项目,但不包括委托外单位进行研制的科技项目。

研究与试验发展项目数:指企业在报告年度进行的全部科技项目中属于研究与试验发展的项目数。

专利申请数:指企业在报告年度内向专利行政部门提出专利申请并被受理的件数。

发明专利申请数:指企业在报告年度内向专利行政部门提出发明专利申请并被受理的件数。

拥有发明专利数:指企业作为专利权人在报告年度拥有的、经国内外专利行政部门授权且在有效期内的发明专利件数。

技术改造经费支出:指本企业在报告年度进行技术改造而发生的费用支出。在技术改造经费支出中,属于研究与试验发展的经费支出,除了包含在技术改造经费支出中,还要计入企业研究与试验发展经费支出中。

技术引进经费支出:指企业在报告年度用于购买国外技术,包括产品设计、工艺流程、图纸、配方、专利等技术资料的费用支出,以及购买关键设备、仪器、样机和样件等的费用支出。

引进设计、图纸、工艺、配方、专利的支出:指企业在报告年度内用于购买国外产品设计、工艺流程、配方、专利、技术诀窍等的费用支出。

消化吸收的经费支出:指本企业在报告年度对国外引进项目进行消化吸收所支付的经费总额。

购买国内技术经费支出:指本企业在报告年度购买国内其他单位科技成果的经费支出。

享受各级政府对科技的减免税:指各级政府为了鼓励增加科技投入、促进高新技术产品开发、发展高新技术产业等而减负的各种税金总额。

图书在版编目（CIP）数据

2011 浙江科技统计年鉴 / 浙江省科学技术厅，浙江省统计局编. —杭州：浙江大学出版社，2011.12
ISBN 978-7-308-09492-4

Ⅰ.①2… Ⅱ.①浙… ②浙… Ⅲ.①科技统计—浙江省—2011—年鉴 Ⅳ.①G322.755—66

中国版本图书馆 CIP 数据核字（2011）第 279387 号

2011 浙江科技统计年鉴

浙江省科学技术厅
浙 江 省 统 计 局 编

责任编辑 王 波
封面设计 刘依群
出版发行 浙江大学出版社
（杭州天目山路 148 号 邮政编码 310007）
（网址：http://www.zjupress.com）
排 版 杭州中大图文设计有限公司
印 刷 浙江云广印业有限公司
开 本 889mm×1194mm 1/16
印 张 27
字 数 762 千
版 印 次 2011 年 12 月第 1 版 2011 年 12 月第 1 次印刷
书 号 ISBN 978-7-308-09492-4
定 价 180.00 元

浙江大学出版社发行部邮购电话(0571)88925591